我要承認，若不是因為有像荷蘭東印度公司（VOC）和許多私人個體企業那樣的
殘忍行徑與奴隸制度，讓糖和香料得以進口，本書中的許多食譜將不會存在，也可能風貌迥異。
糖及香料的取得有其代價，而代價乃是由那些困於枷鎖中的人們所償付。

本書中的食譜講述了如上的故事、世界社會與政治歷史，
以及人們從過往至今延綿不斷對香料及甜味的索求。因經濟因素，比利時、尼德蘭*與德國自
19 世紀開始，將主力砂糖生產轉為由當地甜菜糖而來。

.

國際社會雖習慣稱「尼德蘭王國」（Kingdom of the Netherlands，荷語：Koninkrijk der Nederlanden）為「荷蘭」
（Holland），但其實後者只包含尼德蘭的兩個省分：北荷蘭（Noord-Holland）與南荷蘭（Zuid-Holland）。2020
年該國政府已宣布正名，在官方宣傳與運動賽事皆停用「Holland」之名，雖中文譯名並未隨之變更，但本書牽涉
低地國家的複雜歷史與人文變遷，因此在內文意指現代及歷史上的尼德蘭王國及其領土，以及指涉相關意涵之人事
物時，會在譯文中使用「尼德蘭」以求精確。「荷蘭人」、「荷蘭語」（「荷語」）及「荷蘭東印度公司」等則依
慣用稱呼沿譯；有正式中文譯名者，如「荷蘭國立博物館」等亦沿譯。

Dark Rye AND Honey Cake

Festival baking from the heart of the Low Countries

比利時節慶經典烘焙

裸麥與蜂蜜蛋糕，低地國家中心的飲食文化、
糕餅發展及74道傳統食譜

瑞胡菈・依絲文（Regula Ysewijn）——著

Ying C. 陳穎——譯

一探低地國家迷人的飲食遺產與社會歷史
——歷史學家安妮・葛雷博士（Dr Annie Gray）

本書精美無比。書中充滿了我想做的食譜、想吃的食物，以及想連續幾個小時沉浸其中的照片。這也是一本引人入勝的讀物、一封寫給低地國家飲食遺產與富饒社會歷史的情書，有時還能讓你近距離地了解瑞胡菈在過去幾年中的個人旅程。

作為英國歷史學家，我對比利時和低地國家的歷史究竟了解多少呢？其實僅限零碎、片段。我在學校裡學過17、18世紀的戰爭，且非常了解沃邦防禦要塞（Vauban's barrier fortresses）[1]這個極為特定的主題；在大學讀過歐洲政治史，對現在法國北部、比利時和尼德蘭所包含的地區是如何被撕裂，且無視當地居民的願望與身分認同、分給不同國家的歷史有些膚淺的了解。我愛上了現代早期那些了不起的藝術品（主要來自佛拉蒙藝術家），它們在風格和主題上如此獨特，對食物歷史學家非常有助益。本書中的許多畫作對我來說就像老朋友一般，從布魯赫爾（Bruegel）[2]到佩特斯（Peeters）[3]，從字母杏仁糕點（參見第216頁）到香料蛋糕（參見第228頁）。

這本書帶來的樂趣在於，我現在了解了更多。瑞胡菈的作品一如既往地情感豐沛，讓我大開眼界，了解低地國家語言與政治是如何這麼緊密交織，以及此現象怎麼直接融入其烘焙傳統。她豐富了我的日常烘焙知識，還解釋了我在那些曾經自認非常了解的畫作中，所看到的那些令人垂涎三尺卻早已失傳的塔派及餅乾究竟是什麼。

接著是攝影，瑞胡菈作品的狂熱讀者們絕對期待著將非常美麗的照片。她總是有種經典的大師風格，書中照片宛如栩栩如生的林布蘭作品。我們和她一起走過烘焙的歷史、穿越她祖國的城鎮與村莊。她對比利時烘焙的熱愛逐漸增長、反映在整本書中，每個詞彙、每份食譜和每張圖片，都像說故事般在讀者面前展開。

讀了瑞胡菈的介紹，我對過去幾年中我們究竟失去了多少感到震驚，但也同樣驚訝，失去的或許將會重新變為收穫。在英國脫歐與新冠疫情之間，英國和其歐洲大陸鄰國間輕鬆、開放的關係被重塑。那些像我和瑞胡菈一樣，曾因將自己的一小部分和不同國家結合，因此幸福地生活著的人們，不得不轉向內心，探究究竟是什麼讓我們成為了現在的自己。因此，雖然本書是部歷史書、食譜書及擁有優美照片的作品，它也是希望的宣言。瑞胡菈稍微放棄了一些對英格蘭的熱愛，卻為比利時帶來了強烈的光芒。若當前的動盪，將會帶來一些和本書一般璀璨的事物，未來的確可能是光明的。

目錄

本書中以音譯「華夫餅」統稱以兩片烤盤壓制的烘焙物「waffel」（荷）或「waffle」（英），取代較為常見的「鬆餅」或「格子鬆餅」。一來不與也常被譯為「鬆餅」的「pancake」（本書意譯為「煎餅」）混淆；二來因「waffel」本身可厚可薄（最薄可如紙張），可鬆軟也可酥脆，也可能毫無格紋，以音譯統稱更能清楚分辨不同。詳見本書第32-37頁。

食譜
RECIPES

聖燭節、狂歡節與復活節
Candlemas, Carnival and Lent

園遊會
Kermis (fair)

聖馬丁節與聖尼古拉斯節
Saint Martin and Saint Nicholas

「對整個世界保持仁慈與善良」

這句話是一本被稱作「布拉邦食譜書」（*Brabants kookboek*）的 17 世紀烹飪手稿的開場白。這部手稿收藏在安特衛普的亨德里克·康西安斯遺產圖書館（Hendrik Conscience Heritage Library）[4]，為了寫作本書，我在這裡度過了很長一段時間。

對一本食譜書來說，這段話並不尋常，它們更像是老祖母分享的智慧之語。但事實或許正是如此。手寫烹飪筆記通常是傳家寶：經常由一人開始，並由後代傳承。

發現這份手稿非常令人難忘，因為它年代久遠，且幾乎全用荷語寫成。它來自我的出生地，也帶來一份親切感。閱讀脆弱的書頁、辨認字跡，讓我不禁揣想那些曾經擁有這部手稿的女士們。有時我會想像她們是我的祖先，藉以填補自己家族歷史中的空缺，因為我並未擁有家族代代相傳的食譜。我出生在一個將食物用來烹煮和食用，而非發現、品味和記錄的家庭。

我經常好奇，如果我的母親是一位熱中烹飪的廚師或烘焙師傅會如何？當我第一次對食物產生興趣時，會有食譜書可供實驗與參照嗎？又或許，因為烹飪近在身旁、不會錯過，也沒什麼好好奇的，我可能會將它視為稀鬆平常？或許所有曾經發生過及從未發生的——那些我從未擁有的書籍、香料、蛋糕模具、指導——都是本該如此，只有這樣，我才可能成為今日的自己。

相較之下，我所有的童年記憶都或多或少和我們家族旅行中遇到的食物有關。我以前認為飲食狂歡屬於出國度假的範疇，父母送給我最大的禮物是帶我遊遍匈牙利、捷克、瑞士、奧地利，後來還去了英格蘭、威爾斯與蘇格蘭。在比利時家中，食物很乏味，蔬菜以 80 年代的風格煮至爛熟，無論是味道還是質地都消失無蹤；沒有胡椒、沒有鹽，只有罐子裡的百里香。那罐百里香大概在 20 年後的今天都還沒用光。

食物從來不加修飾，它是為了維持生存而存在，而非讓人開心。這是清教徒的風格，就像維多利亞時代的嬰幼兒食物[5]。

因此，在暑假旅行中穿越國境，就像世界從黑白轉為彩色，在味道與香氣上都令人大開眼界。

我的前幾本書，出自自己童年時對英國及其歷史和飲食文化的迷戀，隨後變成終生的熱情。對一切英國事物的迷戀，都讓我能藉此逃離比利時，不光是因為那些我聯想到的、缺乏想像力的食物，也是因為審視自己家鄉時，同樣會看到它的缺點。

在比利時，你永遠不可能逃避法蘭德斯（Flanders）與瓦隆尼亞（Wallonia）間的對抗，以及我們的語言鴻溝（參見第 17 頁）。這些問題在過去引起了不少動盪不安，如今也同樣如此。以前我不懂比利時複雜的歷史與政治，本地也只有極少數人真正明白。我逃入珍·奧斯汀（Jane Austen）與夏綠蒂·勃朗特（Charlotte Brontë）的世界，以它們大量餵養我的英倫情結，不受政治與社會問題影響，這些問題可能會污染我對那完美的英國小世界的看法。如果要擁抱自己的國家，我需要變成一個外來者向內窺探，就像我曾經一直以外地人的角度看待英國食物與文化一樣，沒有被現實所破壞。

我在 2016 年取得比利時啤酒侍酒師資格後出版的《比利時咖啡館文化》（*Belgian Café Culture*）一書，為我的返鄉之路打下基礎。在一箱艾倫·戴維森（Alan Davidson）[6] 的藏書中，我發現了一本 18 世紀的荷語食譜書。它吸引了我的目光，從那之後，我便開始蒐集與閱讀擁有數百年歷史的荷語食譜書，就像在過去十年中蒐集英語食譜書一般。

過去我將自己的心牢牢上鎖，遠離家鄉，但這些我讀過的食譜書和手抄本，每一本都帶走了心房的一小塊。身為一名作家，你需要絕對熱愛自己所寫的主題與人物，它們得接管你的生活、夢想、清醒時的每一個想法。為了寫出這本書，並使它成為最好的樣貌，不僅得投入其中，更需為此癡迷。

我在生活中為飲食史與自己家鄉的歷史留下一席之地，讓它有充分的時間成長。它就像一粒種子，我一直把它藏在盒子裡，但始終不願種下。現在既然我已經將其種入土中，便希望讓它慢慢生長，養成深入且強健

的根。如此一來，從種籽中開出的花朵，就會長出長長的、能夠抵禦強風的莖。本書就是那朵花，而它的莖則是我爲了找到回家的路所耗費的那些歲月，也是那些我在 2016 年被出版商初次拒絕這本書後所做的那些研究。當時我的出版商覺得我還沒有準備好，但在 2020 年，她說了「Yes」。

在能開始動筆寫這本書之前，我必須先了解比利時的疆界是怎麼形成的，在過去 800 年間又經歷了哪些變化。因爲當回顧此地的歷史時，不可能只單著眼在比利時—— 一個在 1830 年憑藉地緣政治智慧才成立的國家。

研究本地歷史更好的方法，是著眼於「低地國家」（the Low Countries）。因爲在政治與飲食習慣方面，低地國家的人們共享這段歷史、這些故事與許多傳統。

若要寫一篇低地國家的飲食概論，我可能會需要四倍的頁數，因此本書聚焦在低地國中心（即我的出生地）與其對廣泛低地國區域的影響，這些區域也反過來形塑了比利時。

烘焙眞正體現了飲食文化的核心：城鎮自豪地烘焙當地甜派（vlaai）、香料蛋糕（peperkoek）與地區節慶人形麵包（gebildbrot）。烘焙傳統是歷經艱辛才得以留存，並且找到方法不和現代脫節的傳統。

無論是狂歡節，還是聖尼古拉斯節或聖馬丁節、聖誕節或除夕夜，低地國家的人們都會升起火來加熱他們的烤爐、華夫餅烤盤與煎鍋，製作最愛的節慶點心。

小彼得・布魯赫爾（PIETER BRUEGEL II, 1564-1638）：〈狂歡節與大齋期[7]之戰〉，比利時皇家藝術博物館（KMSK Brussels）。此畫作爲小彼得・布魯赫爾複製其父老彼得・布魯赫爾（Pieter Bruegel the Elder）的作品。

每個節日都有自己的食譜

第一本以荷蘭語印刷的食譜書《烹飪名著》（*Een notabel boecxken van cokeryen*）是在印刷術開展的早期，約 1510 年時於布魯塞爾出版。整本書皆是獻給婚禮、宴席與其他慶典的食譜。

這也是爲何本書會大致圍繞著宴席與節慶安排，從包含華夫餅與冬季麵包的 12 日聖誕佳節開始，到聖燭節與狂歡節的煎餅、大齋期的扭結餅、園遊會的甜派與油炸點心，再到聖尼古拉斯節與聖馬丁節的甜點——全年的節慶烘焙。

食物在法蘭德斯與尼德蘭藝術中的重要性

我不但在自己的研究中檢視了六個世紀的烹飪文獻，也開始研究藝術。16 及 17 世紀的法蘭德斯與尼德蘭藝術將食物放在中心地位，承載各種寓意，向過去開了一扇窗。在老彼得・布魯赫爾的帶領之下，我們見證了〈狂歡節與大齋期之戰〉（*The Battle between Carnival and Lent*，左頁畫作）中慶祝活動的鮮明對比之處。

狂歡節是一段自我放縱期，落在復活節前 40 天的禁慾期（即大齋期〔Lent〕）開始前一週，以一個在荷語中稱爲「齋戒夜」（*Vastenavond*）的一天告終。這一天在德語中同樣名爲「齋戒夜」（*Fastnacht*），在法語中則是「油膩星期二」（*Mardi Gras*），英語裡則爲「懺悔星期二」（Shrove Tuesday）。

在左頁的畫作中，從左方進入畫面的遊行隊伍，以狂歡節的化身人物打頭陣：一位頭頂著派餅的男人騎著酒桶，酒桶前方還用刀掛著火腿。這位老兄顯然剛剛享用過豐盛的晚餐，正揮舞著一支串著豬頭、一大一小的家禽以及香腸的烤肉叉。在他身後走著的，則是一些手持蠟燭、炊具和樂器的人物，他們之中有人戴著面具、有人沒有。一位修女扛著一個裝著煎餅、白麵包與華夫餅的盤子在頭頂上，隊伍後方則有一位戴面具的人物手持一盤華夫餅，還有一位孩童在手臂下夾著一個佛拉麵包（參見第 74 頁），另一手則拿著別款蛋糕。越是仔細地觀賞這幅畫，它就顯得越不尋常。畫作前景處有兩位男士在一片華夫餅前擲骰子，其中一位男士頭上佩戴著三片華夫餅。緊接著，在狂歡節遊行隊伍後方，有一位正在明火上用大型黑鐵模烤華夫餅的女人，旁邊放著一桶麵糊。

與之相對，大齋期的代表則是一位瘦弱的角色——可能是位女子——坐在推車上的椅中，頭上戴著象徵神性的蜂箱，手拿一束意在約束、教誨的細樹枝。在這鬥爭場景裡，她的矛是一個掛著兩條鯡魚的大型麵包鏟；她身後則是一盆貽貝、未發酵的麵包與和扭結麵包（與大齋期有關）。主角後方的人們拿著掛在長棍上的扁麵包：其中一位頭上頂著裝有一條鯡魚的盤子，另一位則身背一袋未發酵麵包，在他前方有位女士提著一個裝著麵包與扭結麵包的籃子。與狂歡節的隊伍被蛋殼、肉骨頭和幾張樸克牌包圍相較，這個隊伍旁僅有一些散落的貽貝殼。

布魯赫爾描繪的，從來不僅是一扇展現常民或宗教生活的窗口。儘管我們如今幾乎都是在博物館中欣賞布魯赫爾的作品，但在當時，它並非單純的裝飾，當畫作掛在家中顯眼的位置時，還是宴客時開啟對話的話題。就飲食而言，他的畫可能曾經提醒人們「何謂傳統」：華夫餅和煎餅屬於狂歡節；大齋期要吃鯡魚和扭結麵包。在他關於諺語的畫作中（參見第 146 頁），低地國甜派是豐饒的象徵；在描繪農民婚禮的畫作裡，有著金色米布丁……這有點像是在社群媒體上看到別人的聖誕節蛋糕，提醒自己也該來做一個。

爲了紀念這位藝術家，在比利時有著醃肉、香腸、水果、低地國甜派與米布丁的傳統宴席，到現在都還被稱爲「布魯赫爾的餐桌」。

布魯赫爾曾在我的家鄉安特衛普生活、工作（雖然他也曾於其他地方生活及工作過），很可能也是在此地出生。安特衛普不僅在布魯赫爾的生命及畫作中具有重大意義，在文化與經濟層面上也非常重要：她從 14 世紀中開始，便是低地國家的應許之地；我們如今依然珍視的許多烘焙傳統，正從此時開始發展。布魯赫爾周圍圍繞著 16 世紀安特衛普的偉大思想家與創新者，例如人文主義地圖繪師亞伯拉罕・奧特柳斯（Abraham Ortelius）、極具影響力的印刷商克里斯多費爾・普朗坦（Christoffel Plantijn），以及藝術收藏家尼可萊斯・永格林克（Nicolaes Jonghelinck）等。奧特柳斯曾在他 1570 年出版、令人歎爲觀止的世界地圖集中，稱安特衛普不僅是這片土地的首都，也是歐洲的首都。

低地國家中心
THE HEART OF THE LOW COUNTRIES

低地國家位於歐洲西北部的北海沿岸地區，形成萊茵—默茲—斯海爾特河三角洲（Rhine-Meuse-Scheldt river delta）的下游盆地。歷史上該地區包括現在的比利時、尼德蘭、盧森堡、法屬法蘭德斯（French Flanders，現爲法國的一部分）[8] 與德國邊境地區，這就是我們共享部分飲食文化的原因。

在一定距離內，內陸大部分的土地不是低於海平面、就是較海平面略高，這也是「低地國家」與「法蘭德斯」（Flanders）得名的由來。「法蘭德斯」及其形容詞「佛拉蒙」（Flemish）[9] 來自低地德語中的「flauma」，意爲洪水氾濫的土地，因爲此地景觀是一片圩田和荒原。裸麥、大麥和蕎麥等耐寒作物的生長受此影響，進一步陶染烘焙文化發展。

中古時代低地國家被劃分爲無數半獨立的公國，在許多戰爭與反叛後，最終成爲我們如今所知的幾個國家。由於其地理位置與出海通道，此地很早便開始發展經濟。

在本書中，我將重點放在低地國家的中心，即現在比利時的區域，並同時考察法屬法蘭德斯、德國與尼德蘭，因爲烘焙和領土疆界無關。即使國家邊界變動，文化卻始終存在。地域名稱與主權可以人爲更改，但風俗傳統卻無法。因此我們在尼德蘭林堡省與法蘭德斯林堡省（Limburg）[10] 一起分享低地國甜派（vlaai），也在西法蘭德斯和法屬法蘭德斯 [11] 製作華夫餅，這只是其中兩個範例而已。

■ 灰色圖標：15 世紀
■ 紅色圖標：現代

語言疆界
LANGUAGE BORDERS

　　我在法蘭德斯（以前稱爲布拉邦）長大，這是比利時的荷語（Dutch）區。儘管語言相同，但荷蘭人和法蘭德斯人往往使用不同的詞彙稱呼事物，詞彙的含意也不同，這可能會導致混亂和鬧笑話。我們也有不同的口音，這表示雖然我們使用相同的語言（language），卻有兩種民族方言（nationlects）：尼德蘭荷語（Netherlandic Dutch）和佛拉蒙荷語（Flemish Dutch）。

　　日耳曼法蘭克語（Germanic Frankish）是荷語的起源，但它也是法語的起源。法語是受到大量日耳曼語影響的羅馬語系。

　　出於語言民族主義，許多荷蘭人聲稱尼德蘭荷語是主要語言，法蘭德斯荷語只是一種方言，但荷語實際上誕生於中世紀的法蘭德斯。現存最早的荷語完整文本《重症服務：根特痲瘋病院章程》（*In der sieker dienste: de Statuten van de Leprozerie van Gent*）是在法蘭德斯城市根特（Ghent）發現的，可追溯到 1236 年。幾乎所有 13 世紀的荷語文本皆來自布魯日（Brugge）。和根特一樣，布魯日是當時低地國家最重要的城市之一。[①]這種語言當時的名稱既不是「荷語」（Dutch）也不是「佛拉蒙語」（Flemish），而是「Diets」[12]。荷語中用來稱呼現代荷語的名稱是「Neverlands」，而英文則稱爲「Dutch」，比起「Nederlands」，在語言學上「Dutch」和「Diets」關聯性更強。1550 年，來自根特的印刷商約瑟·藍布萊西（Joos Lambrecht）在其印行的《荷語拼寫》（*Nederlandsche Spellijnghe*）中，才首次使用「Nederlandsch」一詞來表示該語言。

　　當我在國外告知人們我是比利時人時，他們經常以法語和我溝通。當我說自己講荷語時，他們便無法理解，並斷定我是荷蘭人。比利時實際上有三種官方語言：除了荷語和法語外，還有瓦隆尼亞東部說德語的少數族群。這個地區是「東比利時」（Ostbelgien），在第一次世界大戰後併入比利時。我們相當混亂的政府由法蘭德斯、瓦隆和布魯塞爾大區政府組成，它們有各自的議會。然後還有社群委員會（county commissions）：佛拉蒙（Flemish）、瓦隆—法語（Walloon-French）和瓦隆—德語（Walloon-German）。[13] 這眞的很令人困惑，以至於大多數比利時人都不明白它是如何運作的。法國與佛拉蒙政客間的權力博弈也一直是現在進行式。

　　隨著勃艮第公爵（duke of Burgundy）的到來[14]，自 1430 年起，法語成爲佛萊蒙宮廷的語言。南尼德蘭城市的上層資產階級確實逐漸法語化，尤其是在 1714 年奧地利兼併了前西屬尼德蘭（Spanish Netherlands）[15] 之後。從 18 世紀開始，法語已成爲整個歐洲菁英階層的語言。

　　儘管法語是上層階級的行話，但在法蘭德斯、布拉邦與尼德蘭，早期烹飪書籍和手稿皆爲荷語。這顯示無論說法語多麼時髦，當地語言或方言並沒有被取代。

　　當拿破崙併吞南尼德蘭時，他禁止在官方機構（如法律）中使用任何法語以外的語言。1815 年他在滑鐵盧敗北後，目前比利時、尼德蘭及盧森堡的領土再次統一爲尼德蘭聯合王國（United Kingdom of the Netherlands），由國王威廉一世（Willem I）統治。他於 1819 年頒布一條法律，令所有官方機構均使用荷蘭語，這當然惹惱了說法語的精英。威廉一世創立了根特大學和列日大學，並投資荷蘭語教育，提升王國南部（即後來的比利時）講荷語的人們其知識發展。[①]

　　在北尼德蘭與南尼德蘭之間，不僅有著經濟鴻溝，也存在著不穩定的宗教問題，因爲南部仍然信仰天主教，北部則是新教。甚至政府也每六個月在南部的布魯塞爾和北部的海牙之間換一次地點，讓每個人都開心，用荷蘭語來說則是「讓教堂保持中道」。

　　稍後我在介紹影響阿姆斯特丹「黃金年代」的繁榮城市安特衛普興衰史（參見第 24-29 頁）時，會更詳細地談到這一點。

　　北尼德蘭關注對航運有利，並帶來殖民相關財富與貿易的長長海岸線；南部則有更多手工業、家庭工業坊和農業。爲在南尼德蘭發展工業，威廉一世提供了資金協助。

比利時的誕生

當法國共和國被推翻，由路易十八（Louis XVIII）的君主立憲制取代時，南尼德蘭（即如今的比利時）信仰天主教、說法語的資產階級們正關注法國革命運動，他們希望脫離尼德蘭的威廉一世獨立。1830 年，一場起義在《波第其的啞女》（La muette de Portici）[16] 表演中爆發，這是一部關於拿坡里（那不勒斯）起義反抗非法的（西班牙）國王的歌劇。

南尼德蘭的勞動階級當時正在苦苦掙扎，他們怪罪那些統治者，因此這次起義只不過是一根火柴，點燃了一直靜靜在那裡等待時機的篝火。這場政治衝突導致了尼德蘭聯合王國的終結：儘管大多數人共享同一種語言和大部分的飲食文化，但其他差異還是太多了（尤其是在講法語的資產階級看來），無法統整為一個國家。

1831 年，因與英國王儲公主結婚而獲得英國國籍，來自德國薩克森─科堡─哥達的利奧波德（Leopold of Saxe-Coburg and Gotha）[17] 在國民議會上當選為國家元首。7 月 21 日，他宣誓成為比利時第一任國王。這位新國王「比利時的利奧波德」是每個人的朋友，他會說德語、英語、法語和一些俄語，但不會說他大部分子民們的語言：荷語。

語言疆界

口操法語的菁英對勞動階級的系統性歧視導致了嚴重的社會不平等。因為荷語不被視為正式語言，政府利用比利時的語言自由來使用法語，不會說法語的佛拉蒙人，即比利時的大多數人，被視為二等公民。

貶低人最極端的方法就是把語言當成智力戰爭。佛拉蒙人只說荷語，這使他們無法了解自己法律規定下的權益並提高自己的社會地位，因為教育也只以法語進行。

佛拉蒙運動（Flemish movement）起初是一場文化運動，和許多講法語的菁英人士也有良好關係，但從1840 年開始，一些佛拉蒙支持者也開始提出政治訴求。

1860 年，兩名無辜的佛拉蒙男子因無法聽說法語而不能為自己辯護，最終被判謀殺罪，斬首於夏樂華（Charleroi）的大廣場（Grote Markt）。這讓佛拉蒙運動得到了一些非常重要的東西：「殉道者」，他們證明了說法語的菁英無視一般勞動階級，尤其是那些說荷蘭語的人。

人們譴責針對佛拉蒙人的不平等和歧視，政治家愛德華科爾曼斯（Edward Coremans）是其中之一。他在1895 年提交了一項法案，要求同時以法語和荷語溝通及頒布法律。1896 年，他在一次議會演講中表示，由於必須遵守自己無法閱讀或理解的法律，當時有 270 萬只會說荷蘭語的佛拉蒙人正處於不公及暴虐景況中！平等法法案於 1896 年 11 月 19 日通過，然而，直到 1967年，比利時憲法才獲得正式的荷蘭語譯本。

過去語言疆界決定了社會地位，區分講法語的上層階級與講荷蘭語或瓦隆語的勞動階級。今天這些語言疆界在地理上橫亙比利時，它似乎不再形成上層與下層階級間的障礙，而是在社會標準基本相同的情況下，於講荷蘭語和講法語的人之間形成阻礙。這是一種誤導，因為瓦隆尼亞的勞動階級在過去同樣被講法語的菁英階層歧視[18]。其實歧視從來無關瓦隆尼亞與法蘭德斯間的對立，而是來自數百年來富人對窮人的蔑視。

但是因為講法語的瓦隆人不像佛拉蒙人那樣，有著必須捍衛自己的語言並乞求基本人權的經歷，所以這個時期在法蘭德斯歷史上的分量要重得多，在政治與文化含義上也大得多。若區別人們的不是語言而是膚色，它想必會得到一個正式名稱。

瓦隆尼亞是說法語的比利時人所居地區，在工業革命時期經濟曾相當繁榮，僅次於英國。當地豐富的煤炭和鐵礦儲量使瓦隆尼亞得以發展工業，且在比利時成立後一個多世紀裡，瓦隆尼亞代表了比利時繁榮的一面；而在法蘭德斯，人們卻在挨餓。許多佛拉蒙人從「窮困的法蘭德斯」搬到了瓦隆尼亞或法國北部那些有工廠的地區。

第二次世界大戰後重工業崩潰，瓦隆尼亞經濟衰退，珍貴的煤礦礦井關閉則是另一個打擊，那之後瓦隆尼亞的失業率一直很高。事實上，比利時法語傳播集團 RTBF 的記者阿蘭‧赫拉什（Alain Gerlache）曾陳述，在瓦隆尼亞，有些人出生在父母連一天都從未工作過的家庭中，陷入失業循環與毫無前景的絕望境地（situation désespérée）。[2] 與此同時，法蘭德斯的狀況卻有些改善，財富從瓦隆尼亞轉移至法蘭德斯。對幾十年前還在為其語言奮鬥、設法掙到足夠金錢來吃飽下一頓飯的人們來說，這情況還算不錯。

如今，一般的佛拉蒙人和瓦隆人因彼此刻板印象而分裂。由於瓦隆尼亞似乎無法擺脫經濟困境，一些佛拉蒙人認為瓦隆人就是不想工作。同樣地，某些瓦隆人認為

佛拉蒙人討厭他們，可能是因爲他們擔心佛拉蒙人在想起那些讓他們失望的法語菁英時，會聯想到瓦隆尼亞。還有些瓦隆人認爲，所有佛拉蒙人在第二次世界大戰期間都與敵人勾結，儘管在瓦隆尼亞也有人與敵人勾結。當時瓦隆尼亞的確反抗很激烈，但法蘭德斯同樣也是。其實若將我們聚攏在一張桌前，看看彼此在飲食習俗方面並沒有太大不同，或許能成爲一種接著劑，很容易就能解決這些歧見。

但相反地，我們每個地區都有自己的報紙、雜誌、電視頻道——唉，我們甚至有各自的烘焙大賽（*Bake Off*）。這種分裂是我們最大的悲劇，但非常符合政治現況，借用一位另人尊敬的比利時作家湯姆・蘭諾瓦（Tom Lanoye）的話來說：

「比利時由兩個不同的國家組成：一邊是比利時人，另一邊則是他們的政客。」

（'Belgium consists of two separate countries: the Belgians on the one side, and their politicians on the other.'）

每個語言社群都有自己的議會的事實，強化了比利時並不統一的想法。許多說德語的比利時人並不覺得自己是瓦隆人，佛拉蒙廣播公司 VRT 的記者安德利亞・柯卡茲（Andreas Kockartz）便表示：「我們是比利時人，但不是瓦隆人。」（'Wir sind Belgen aber keine Walloonen'）③

創造國族身分認同與國族料理

爲了合理地從尼德蘭、（特別是）法國獨立出來，比利時需要一個共同的過往。

最重大的共同記憶，是發生在 1302 年的「金馬刺戰役」（Battle of the Golden Spurs，別名「我們打敗法國壓迫者那次」）[19]。教會我這一點的，事實上不是歷史，而是文學。甚至我的學校在教授歷史時，也以文學創作故事而非史書做爲教材，這點相當微妙。

亨德里克・康希安斯（Hendrik Conscience）[20] 寫下《法蘭德斯之獅》（*The Lion of Flanders*），這是一個關於金馬刺戰役的浪漫故事。他寫於 1838 年，新成立的比利時正在尋找自己身分認同的當下。對我們人類來說，身分認同，無論是文化上還是飲食上的，似乎都和呼吸的空氣一樣必不可少。

雖然比利時政府想把一切都當成比利時的愛國主義的表現，但康希安斯卻在不知不覺中將這場戰役視爲爲佛拉蒙與人民權力所做的奮鬥。雖然主角之一，那慕爾的蓋伊（Guy of Namur）來自那慕爾，也就是現在的瓦隆尼亞，講法語的人與佛拉蒙起義者一起對抗法國占領者，但在康希安斯的故事中，這場戰鬥是爲了擺脫「The French」（可以解釋爲所有說法語的人，而不是法國人）。

作爲比利時浪漫主義運動的一部分，康希安斯獲得了巨大的藝術自由，讓這個故事更具史詩色彩。故事來源並非基於早期的拉丁語文獻（他無法閱讀拉丁文），而是基於 15 世紀已經浪漫化的編年史，當時金馬刺戰役已成神話。雖然並非出自作者本意，但這本書對 19 世紀佛拉蒙運動的發展來說居功厥偉，儘管在出版當時本書被用作展現比利時、而非佛拉蒙實力的案例。比利時需要公關宣傳，需要讓人們相信自己有一個身分，而這身分始於比利時之名。如同康希安斯的故事一般，它也部分基於現實。「比利時」來自「貝爾蓋人」（Belgae）[21]。我們在學校學到，尤利烏斯・凱撒（Julius Caesar）曾說：「貝爾蓋人是所有高盧人中最勇猛的」，所以我們有一個好故事來支持比利時這個名字。

事實上，凱撒說過的那句話並不完整。在《高盧戰記》（*Bellum Gallicum*）中，他進一步說道：

因為他們距離行省 [22] 的文化和優越的文明最遠，前往當地的商人較少，因此他們的（商品）進口會激起萎靡不振的精神，且他們距離住在萊茵河對岸的日耳曼部落很近，經常與對方開戰。

這段話讓人得以正確看待那句對比利時之名的讚美。我以凱撒自己的話爲此作結：

人們只想相信自己願意相信的。

（*Fere libenter homines id quod volunt credunt.*）

人們的記憶、想記得的事，以及希望別人記住他們的方式，也是選擇性的。

據說我們的貝爾蓋英雄安比奧里克斯（Ambiorix）[23] 屠殺了一整個羅馬軍團，儘管這場戰役的考古證據實際上付之闕如，甚至安比奧里克斯是否存在也無法確定。

1830 年後，凱撒描述勇猛的貝爾蓋人的那段話、英雄安比奧里克斯，以及金馬刺戰役，被用來創造架空歷史小說和比利時人的身分。是「比利時人」而非佛拉蒙人，這點很重要。

與此同時，人們正在努力塑造比利時身分認同。1831年，傑哈德‧勒葛雷爾（Gérard Le Grelle）成為安特衛普市長，也是唯一一位經直選產生的市長。1840 年，他在安特衛普創辦了魯本斯節（Rubens festival）以紀念這位著名畫家，促進當時尚不存在的比利時身分認同發展，此時距比利時成立才剛過了 10 年。

布魯塞爾的法語菁英們當時正在效仿巴黎：開設法國餐廳、由法國廚師掌舵、菜單和菜餚都是法式的，豪華的法國餐廳正當紅。比利時有句諺語是這麼說的：「若巴黎下雨，布魯塞爾就下毛毛雨」（'If it rains in Paris, it drizzles in Brussels'）。

19 世紀的比利時旅遊指南會寫到法國料理及其葡萄酒，同時提及德國和英國啤酒。我們的民族驕傲比利時啤酒當時還不存在，比利時料理也不存在。

一份 1888 年的旅遊指南提到，在布魯塞爾大廣場以北的小巷裡，除了豪華餐廳外，還有顧客大部分為比利時人的普通餐廳。那份旅遊指南說，那些餐廳很不錯，提供牡蠣（當時不是獨門豪華料理）、牛排和羊排。這些簡單的食物和位於布魯塞爾證券交易所周圍的上流階層餐廳所準備的法式（à la Francaise）或巴黎風（à la Parisienne）奢華菜餚形成鮮明對比，但精心準備的簡單食物物有所值，隨著旅遊業興起，許多新到訪這座城市的遊客也明白這一點。

1910 年的布魯塞爾國際博覽會加速了當地餐館的發展趨勢，媒體提供了越來越多關於比利時美食的資訊，特別在法國。人們為菜餚加上地方風味重新命名，如「馬林春雞」（poussin Malines）24、根特奶油燉菜（waterzooi Gantoise）25、西慕瓦河谷鱒魚（truites de la Semois）26。旅客們此時可以將享受「當地」美食作為體驗的一部分，烹飪也開始成為文化的一部分。

即使是過去喜歡豪華餐廳的法國遊客，在布魯塞爾肉販街（Rue des Bouchers）27 上更平凡的餐廳中也吃得很開心。歷史學家彼得‧史克利爾斯（Peter Scholliers）在他的書中提到了一本 1930 年的雜誌，該雜誌報導，法國人喜歡這個城市的鬧區，那裡有大眾美食餐廳，可以在鋪著紙桌布和餐巾紙的大理石餐桌上用合理的價格享用貽貝和薯條。我們的國菜就此誕生。

比利時將這種新創餐飲文化銘記在心：畢竟，沒有比透過美食來建立身分認同更好的方式了。

安特衛普：歐洲糖業首都
ANTWERP: SUGAR CAPITAL OF EUROPE

　　安特衛普之名來自一個講述羅馬士兵西爾維烏斯・布拉博（Silvius Brabo）如何從巨人安提貢（Antigoon）的暴行中拯救這座城市的中世紀傳說。安提貢要求所有想要通過斯海爾特河（Scheldt）的人繳交過路費，當有人付不起錢時，巨人就砍下他們的手扔進河裡。布拉博打敗巨人後，砍下了安提貢的手扔進了河中。在荷蘭語中，「hand werpen」為「扔手」之意，由於當地方言中單詞開頭的「H」不發音，「hand werpen」變成了「Antwerpen」，傳說就是如此。

　　建立在高盧羅馬人聚居地之上的安特衛普，一直有成為偉大城市和貿易與工藝品大都會的企圖心。這座城市位於斯凱爾特河畔，能因此通往大海，地理位置優越。在茲溫河（Zwin）──1134 年因暴風雨形成的一條連接布魯日內陸與大海的水道──淤塞之後，布魯日和附近的達默（Damme）逐漸沒落，安特衛普的重要性與日俱增。

　　自 15 世紀末開始，安特衛普市場便有糖與香料交易，兩者皆是烘焙文化進一步發展不可或缺的元素。最早關於安特衛普糖廠的記錄是在 1508 年，是一座「揚・德拉弗利糖廠」（Jan de la Flie suyckersierdere）[④]。到了 16 世紀，安特衛普已成為整個歐洲經濟的主動脈[⑤]，並取代威尼斯成為歐洲製糖之都。[④]

　　甘蔗產區在 15、16 世紀開始轉移。直到中世紀末，靠近威尼斯的西西里島、黎凡特（Levant）、地中海東岸與摩洛哥都設有甘蔗種植園。在葡萄牙和西班牙的推廣下，甘蔗種植園在大西洋區擴散，如加那利群島（Canary Islands）、馬德拉群島（Madeira）、亞速爾群島（Azores）、巴拉圭、維德角（Cape Verde）、聖多美（Sao Tomé），以及後來的安地列斯群島（Antilles）、新西班牙（New Spain）[28] 以及最重要的巴西等地。葡萄牙選擇安特衛普作為其貿易與加工港口。

　　到了 1560 年，安特衛普至少有 25 家精煉糖廠，一份 1575 年的請願書上列出了 28 家糖廠的名字。[④] 當時所有的糖廠都位於市中心靠近運河處，住宅建築大到能容納整家企業，並有能供包裝與在出售前乾燥糖塊的倉庫空間。

　　這就是「糖運河」（Suikerrui 或 Sugar Canal）得名之故。糖運河從碼頭一直延伸到市政廳。最初僅有第一部分被稱為糖運河，其他部分則根據附近的商業活動被稱為鹽運河（Salt Canal）與奶油運河（Butter Canal）。

　　安特衛普港口提供了就業機會，並允許奢侈品和布料進出口。許多熟練的紡織工人在此地加工由英國進口的布料：從英國運來的所有布料中有近三分之二運往安特衛普，而且經常更多。隨著返英的船隻帶回的，是能帶來巨額稅收的大量奢侈品。出口興旺，糖和香料自大西洋運來，然後通過陸路運往法國、德國，並翻越阿爾卑斯山遠至義大利。來自歐洲許多地方的商人聚集在安特衛普市場交易，一個行業引領了另一個行業，如為了包裹圓錐形的糖磚，藍色糖紙的生產對製糖業來說也是必要的。

　　葡萄牙人與西班牙人在他們的大西洋島嶼上種植甘蔗，並在種植園中使用奴工。許多非洲人在 16 世紀被運至南美洲和中美洲的歐洲殖民地。

　　糖到達安特衛普，在此進行煉製與交易，安特衛普從中受益匪淺。不過，我們不能說安特衛普建立在製糖業之上，因為製糖只是眾多其他工藝與產業中的一種。這些產業、製造業與工藝品的結合確實使安特衛普極具魅力。

　　隨著大規模的城市擴張和發展，安特衛普迎來黃金年代，這在一定程度上要歸功於在 16 世紀中葉負責安特衛普三分之一街道開發的土地開發商吉爾伯特・凡史宏貝克（Gilbert Van Schoonbeke, 1519-1556）。

　　1641 年，英國作家約翰・伊夫林（John Evelyn）以抒情性筆調如此描寫安特衛普：

　　從普朗坦商店返家，僅是為了那位知名印刷商[29]之故，我買了一些書。不過這座城市最讓我著迷的，是那些美麗的樹蔭和莊嚴的樹木步道，它們將這座擁有無與倫比堅固工程的城鎮變為歐洲最迷人的地方之一。我也從未看過比這座宏偉而著名的安特衛普城更沉靜、清潔、建築優雅與文明的所在，我因此在第二天對此進行了更深入的思考⋯⋯

〈斯海爾德河岸旁的安特衛普碼頭吊塔〉（*Crane on the Antwerp Quay by the Frozen Schelde*），
賽巴斯提安‧法蘭克斯（SEBASTIAEN VRANCX, 1573-1647），荷蘭國立博物館（Rijksmuseum
Amsterdam）。兩名孩童的手臂下夾著佛拉麵包（vollaard loaves）。

(Returning hence by the Shop of Plantine, I bought some bookes for the namesake only of that famous printer. But there was nothing about this city, which more ravishes me then those delicious shades and walkes of stately Trees, which renders the incomparably fortified Workes of the Towne one of the Sweetest places in Europe. Nor did I ever observe a more quiet, cleane, elegantly built, and civil place than this magnificent and famous Citty of Antwerp, which caused me to spent the next day in farther contemplation of it ...)

凡史宏貝克在比利時和安特衛普啤酒史上同樣舉足輕重。他創建了一個系統，為自己在新城區（Nieuwstad）建造的啤酒廠提供乾淨水源。由於啤酒廠區的發展，安特衛普從一個必須進口啤酒的城市發展為出口城市。在1600 年左右，啤酒關稅占該市總收入的 65% 以上，⑥遠超過糖的關稅。

由於安特衛普的繁榮，太多工作機會創造了一個全新的階級制度：富裕的中產階級。這在歐洲所有人不是富有就是貧窮的當時，是獨一無二的。有份文獻指出，即使是泥瓦匠、木匠和其他工匠也能負擔得起高額租金，還有模仿貴族奢華服飾的需求。⑤

這個富有的中產階級沒有頭銜、也沒有貴族血統，因此顯示身分的方式是他們擁有的房子、穿的衣服、牆上的藝術品，以及餐桌上的華麗飾品與食物。

安特衛普是當時最大的奢侈家用品市場之一，尤其是專為餐桌設計的用品，如湯匙、鹽罐、桌鈴、水壺和高腳杯。所有我們看到的這些，都出現在安特衛普靜物畫家的作品中，例如克拉拉‧佩特斯（Clara Peeters）的作品（參見第 197 頁）。

這些精美的餐具反映了主人的社會地位，因為只有最富有的人才能負擔得起這種浮誇。贈送一對夫婦幾把純銀刀和湯匙、接著是套裝餐具，在當時是幫助這對夫婦建立社會地位的一種方式。若他們拿來使用，便能加以炫耀；若需要用錢，則可以出售。

和社會知名人士掛在餐廳牆壁上的藝術作品與壁畫一樣，這些裝飾性的餐桌用品都有助於精心策畫一場晚餐體驗，晚餐中可以討論與此相關的話題。[7]

這也是人們展示昂貴餐具和陶瓷（通常是台夫特陶瓷〔delftware〕）的時代，但實際上並沒有天天使用它們，它們的存在只是為了證明富裕程度。17 世紀，壁爐會以台夫特磁磚圍邊，因為人人渴求壁爐提供的溫暖。過去當人們聚集在壁爐邊時，擺放在壁爐檯上的作品非常重要。正是出於這個原因，我們如今仍然將獎杯放在那裡。壁爐檯就像房子裡的一個重要地方：是我們聚集之處，也是展示自己最珍愛的藝術品或是孩子們在學校裡製作的手工禮品的所在，即使火早已熄滅。

到了 1570 年代，由於許多在製糖廠工作的外國人與當地人在海外自行開辦或協助開辦製糖廠，從而引發競爭，安特衛普逐漸失去在製糖業上的壟斷。安特衛普人康拉德·羅特（Konrad Rot）於 1573 年在德國奧格斯堡（Augsburg）創立了當地第一家製糖廠。1585年，製糖業在漢堡（Hamburg）興起，而德勒斯登（Dresden）則於 1587 年緊隨其後。[8] 在此之前，每個人都從安特衛普進口精製糖，這也是為何安特衛普會在糖貿易中表現強勁。

安特衛普沒落、阿姆斯特丹興起

1576 年災難襲來，安特衛普市慘遭叛亂的西班牙傭軍洗劫，他們殺害了近一萬名（實際人數尚有爭議）男女老幼，在當時幾乎占總人口的 10%。這場恐怖的大屠殺被稱為「西班牙之怒」（Spanish Fury）。傑佛利·帕克（Geoffrey Parker）在其 1977 年的著作《尼德蘭起義》（The Dutch Revolt）中稱之為「安特衛普大屠殺」（the holocaust of Antwerp）。

安特衛普加入了根特綏靖聯盟（the alliance of the Pacification of Ghent），該聯盟聯合了北尼德蘭與南尼德蘭（即現在的比利時）的天主教及新教徒，共同對抗西班牙壓迫。但在 1585 年，安特衛普在長達一年的圍城之後被西班牙總督亞歷山卓·法內斯（Alexander Farnese）擊敗。安特衛普淪陷後，約有一半的人口，特別是新教徒，從此逃離、遷移至尼德蘭北部城鎮如米德爾堡（Middelburg）、哈倫（Haarlem）、萊頓（Leiden）、多德雷赫特（Dordrecht），以及最重要的──阿姆斯特丹。少數人逃往法國、英國和德國城市，如漢堡、亞琛（Aachen）和科隆（Cologne）。英國商人也離開安特衛普搬到了米德爾堡。[9] 偉大的印刷商克里斯多福·普朗坦[30]也逃離了安特衛普，在萊頓大學任職，儘管最後他像許多其他人一樣，在局勢稍微平靜後回到了安特衛普。

安特衛普在貿易、藝術及科學上的輝煌歲月已經結束，轉移至尼德蘭北部省分。西班牙士兵還燒毀了這座城市的紀錄，這使得我們如今無法完全了解安特衛普黃金時代的偉業。

本書中提到的食譜書與手稿作者、藝術家、商人和知識分子，都離開了安特衛普，並為開啟尼德蘭黃金時代做出重大貢獻。從那時起，所有重要的食譜書都在尼德蘭出版，特別是在阿姆斯特丹，儘管過去食譜書都來自現在的比利時地區。

不僅糖貿易隨著人口向南尼德蘭外移而傳播；與殖民地相關的其他行業也在安特衛普難民們落腳之處得到發展。在如此多的商人與公司離開後，安特衛普城市和港口在低地國家的影響力可能已經下滑，儘管如此，由於安特衛普難民在低地國、法國和英國各地建立了連繫和業務，並在當地發展貿易，安特衛普依然獲得了貿易夥伴。許多城市經濟因安特衛普的企業家精神獲得蓬勃發展，最令人印象深刻的是阿姆斯特丹，她承接了北歐貿易中心和糖業之都的桂冠。

阿姆斯特丹

尼德蘭七省聯合共和國（Republic of the Seven United Netherlands）成立於 1588 年尼德蘭反抗西班牙統治期間。共和國是一個多省邦聯組織，每個省都有一位被稱為「執政」（荷語為 stadhouder，即 stadtholder 或 steward）的執政官，通常從奧蘭治王室（House of Orange）中選出。對於我們的烘焙故事來說必不可少的是，蜂蜜蛋糕（薑餅）模具經常被雕成總督的形象（參見第 241 頁）。

當尼德蘭控制了一些西班牙和葡萄牙殖民地時，便建立了尼德蘭殖民帝國。共和國透過其貿易公司「荷蘭東

印度公司」（Indische Compagnie，VOC）與「荷蘭西印度公司」Geoctrooieerde Westindische Compagnie，GWC）控制貿易網路。糖貿易產生的收入讓共和國能夠支持對法國、英國、西班牙和葡萄牙的戰爭。

在 1684 年，尼德蘭、德國、葡萄牙和法國共擁有 50 個甘蔗種植園；到了 1778 年，甘蔗種植園的數量已經上升到 450 個，奴役了大約四萬五千人從事苦役或成爲家庭奴工。到了 18 世紀，咖啡及可可種植園加入了甘蔗種植園，以滿足歐洲對這些商品的需求。

1742 年至 1751 年擔任蘇里南（Suriname）總督的瓊‧雅各布‧茅里丘斯（Joan Jacob Mauricius）在詩歌中譴責種植園主的不當行爲，1771 年一部名爲《蘇里南生活》（*The Surinam Life*）的匿名創作戲劇，也講述了在種植園發生的種種駭人故事。娶了一名非洲婦女的詩人亨德里克‧史浩騰（Hendrik Schouten）在詩歌中抗議種族不平等；寶拉‧凱瑟（Paula Keijser）於 1985 年在她的書《甘蔗：糖殤》（*Sugar Cane, Sugar Grief*）中寫道，儘管有人反對那些生活宛如國王般的種植園主的行爲，但直到 18 世紀末或 19 世紀初奴隸制度才被公開譴責，當時發起了一場旨在終結荷屬西印度群島奴隸制的運動。然而，凱瑟寫道，尼德蘭刊物《思想家》（*De Denker*）於 1764 年刊登了一封信件譯文，這封信是由一名奴隸寫給其兄弟的，信中敍述了奴隸主多項極其可怕的行爲，但隨後爲此辯駁，指出若種植園不利用奴工的勞動力，糖將會變得過於昂貴。

歐洲殖民地廢除奴隸制的倡議來自英國。1814 年尼德蘭簽署了一項國際條約以結束奴隸貿易。1863 年，尼德蘭的主要奴隸殖民地蘇里南正式廢奴，但影響不大，因爲奴隸們受到契約約束，廢奴後還需持續在種植園工作至少 10 年。與此同時，茶杯、盤子與糖罐上印有種植園奴隸的影像，頗令人深思；糖罐上則貼著「零奴工」（slave-free）的標籤。

尼德蘭現在有一個「掙脫枷鎖節」（Keti Koti），以紀念 1863 年蘇里南和荷屬安地列斯群島（Dutch Antilles）的廢奴日。

明斯特和約

1648 年 5 月 15 日，《明斯特和約》（Treaty of Münster）結束了西班牙與尼德蘭七省聯合共和國（或稱北部省分）之間長達 80 年的戰爭，這也是對安特衛普的最後一擊。安特衛普位於南尼德蘭的布拉邦省，在斯海爾特河上建立國界[31]後，安特衛普失去了該河主權，船隻再也無法通過並到達安特衛普。

1715 年安特衛普有 18 至 20 家糖廠，到了 1740 年只剩下 4 到 5 家。[④] 難題在於原糖不再從原產國運到安特衛普海岸，而必須從阿姆斯特丹來。這代表安特衛普失去了最佳位置，因運至南尼德蘭的出口貨物需要繳納大量稅款。安特衛普試圖經由奧斯坦德（Ostende）[32]買糖以繞過稅收，但事實證明，因需向布魯日和根特繳納關稅，藉由水路運輸效率太低且成本太高。列日的煉糖廠也需要從荷蘭（Holland）或澤蘭（Zeeland）[33]進口原糖，但它們的優勢是當地產煤可作燃料，而安特衛普連燃料也需進口。

在接下來的數年中，許多家族經營的糖廠進行了多次合併、創建了大型糖業公司，獨立糖廠因無法與之競爭而倒閉。到了 18 世紀下半葉，整個製糖業都掌握在少數幾家公司手中，製糖業由過去主要被家族企業主導的格局轉向寡頭壟斷。由於最終產品品質下降，市場對安特衛普精製糖的需求也隨之下降，糖廠改爲在根特和布魯塞爾開設。不過，在食糖消費量上升的驅動下，到了 18 世紀最後 25 年，在如今的比利時各地開設了更多糖廠。[④] 過去以進出口爲主的糖業現在成了國內產業。

貴族世家勒‧葛雷爾（Le Grelle）於 1756 年創立了海曼斯企業（Huysmans & Cie）糖廠。該家族與瑞典東印度公司（Swedish East India Company）合作，從英國、中國和葡萄牙進口紡織品、可可、茶葉、瓷器與糖。第一份提到該家族的文件是在 1670 年，當時紀堯姆‧勒‧葛雷爾（Guillaume Le Grelle）在安特衛普成爲一位糕點師（*pasteibakker*）。勒‧葛雷爾的家庭成員，尤其是傑哈爾‧勒‧葛雷爾（Gérard Le Grelle）掌管了很大一部分的安特衛普文化遺產，如梅爾街（Meir）[34]上的幾棟宅邸、布爾拉劇院（Bourla Theatre）[35]、河濱碼頭、安特衛普周圍的城堡與安特衛普日報[36]。在國際上，傑哈爾還是負責設計連接安特衛普與德國科隆（Cologne）鐵路的建築師，這條鐵路被稱爲「鐵萊茵」（Iron Rhine）。

刻版畫〈煉糖廠〉（*De suikerraffinadeur; of Volledige beschrijving van het suiker [The Sugar Refiner]*）。
J.H. 海斯赫（J.H. Reisig, 多德雷赫特 , 1793）。

從蔗糖到甜菜糖

1806 年，拿破崙・波拿巴（Napoleon Bonaparte）透過「大陸封鎖」（the continental blockade）政策封鎖了所有從英國至歐洲大陸的進口，這表示甘蔗再也無法入境。拿破崙強迫法國與比利時的農民種植甜菜，好實現食糖自給自足。

到了 1812 年，安特衛普已有 15 家糖廠改用甜菜。④然而，在解除封鎖後，大多數煉糖廠又轉而使用甘蔗。由於本土作物就能生產甜菜糖，從而避免進口關稅，這點讓我很難理解。但這些進口關稅在封鎖後的幾年中調降，煉糖廠的數量在 1833 年再次增加到 50 家以上，一年後又回落至 36 家。④ 德國海關則禁止糖進口，並由甜菜根中自行生產提煉砂糖（參見第 248 頁的「德式香料蛋糕」）。

由於甜菜產業支持國內農業，比利時政府認為這對未來有益。保護主義政治在全歐興起，比利時農民因此積極種植甜菜。1843 年「糖法」（*suikerwet*）頒布，該法對蔗糖徵收遠高於甜菜糖的稅收，擁有數百年歷史的蔗糖產業因而崩潰，取而代之的是甜菜和廉價糖的時代。烹飪書籍中的食譜變得越來越甜，新紅甜菜糖直接催生了新食譜。

紅糖（Brown sugar）[37]

1832 年在安特衛普成立的「坎蒂可」（Candico）是當今比利時最重要的糖廠之一，它最初是一家甜菜煉糖廠。當我們開車前往當地時，煉糖廠是一路普遍的景象。多虧了這本書，我終於得以進入並觀看煉糖過程。他們製作「坎蒂紅冰糖」（*kandij*）[38] 的方法，是將白甜

菜糖緩慢加熱數次，然後靜置直到在金屬框架周圍形成產生焦糖色晶體。過去是使用煮糖銅鍋中交錯的金屬條代替這些框架。糖加熱得越緩慢，晶體就越大。

將糖多次加熱直至晶體呈現所需的淺棕色或深棕色後，剩下的就是如咖啡般色深、味道濃郁且獨特的糖漿（stroop），這正是我們煎餅和華夫餅的代表性夾餡。它的顏色和糖蜜（molasses）一樣深，但味道溫和，更像黃金糖漿（golden syrup）[39]。

製糖廠會保留部分完整晶體用於某些用途，其餘則研磨成淺棕或深棕色的坎蒂紅糖（kandij sugar），也稱爲「卡薩納多紅糖」（cassonade sugar）[40]。這個漫長的過程使製糖廠能夠自給自足並將所有產品用完，唯一的剩餘是糖漿；其他紅糖製造商則需要購買糖漿或糖蜜將糖染成棕色，而非通過焦糖化製作。

別把卡薩納多紅糖或坎蒂紅糖（在英語中直譯爲「糖果砂糖」〔candy sugar〕，我覺得讓人十分混淆）和流行於尼德蘭及世界其他地區的「巴士德細紅砂糖」（brown basterdsuiker）混在一起。巴士德細紅砂糖是白糖，只是加入了轉化糖漿（invert sugar）以防止硬化並以焦糖染色得到紅糖，這是一種不同的產品。巴士德細紅砂糖的製作過程比卡薩納多紅糖或坎蒂紅糖更簡單、快速，但本書中需要紅糖的食譜也可採用巴士德細紅砂糖，其中的轉化糖漿能讓烘焙成品保持濕潤的時間更長。

另一種紅糖則是將甘蔗糖蜜添加至精製白糖中製成，這是一種在美國常見的做法。若將這種糖加以清洗，便會露出下面的白色晶體。

比利時人喜好由甜菜提煉製成的糖蜜，而其他國家的人更喜歡從甘蔗提取製作的糖蜜風味。我們有另一種從不用於烘焙，只在製作煎餅時使用的糖。1859 年比利時人卡爾・赫拉夫（Karl Graeffe）在布魯塞爾創辦了一家糖廠，他發明了一種具有獨特風味和香氣的淡色紅糖，這種紅糖並非依照坎蒂可製作坎蒂紅糖的方式生產，而是在純白糖中添加了甜菜糖蜜，稱爲「赫拉夫卡薩納多紅糖」（Cassonade Graeffe brown sugar）。儘管比利時人對這種味道情有獨鍾，但由於其不尋常的風味和香氣，是一種需要熟悉才能喜愛的味道。其包裝上繪製的孩童圖樣也非常受到歡迎，比利時人甚至以當地方言暱稱這種糖爲「小朋友砂糖」（kinnekessuiker）。

1953 年，該公司被蒂勒蒙製糖公司（Tirlemontoise）收購，後者也擁有坎蒂可。蒂勒蒙公司意識到「赫拉夫卡薩納多紅糖」之名對比利時消費者的情感價值，決定不更名，就像他們並未更改坎蒂可的名字一樣。而且，我可以發自內心誠摯地說，若他們改了坎蒂可的名字，我一定會發起抗議。我們比利時人似乎對坎蒂紅糖有著一種其他國家的人所沒有的執著：紅糖是我們許多烘焙糕點的主要食材。無論你喜歡在煎餅上加入坎蒂紅糖、糖漿（或者像我一樣兩者皆是），還是赫拉夫的卡薩納多紅糖，它深深扎根於家庭製作煎餅的懷舊記憶。這兩個品牌從我出生之前就沒有改過包裝，所有比利時人都對它們情有獨鍾。或許這種對糖的依戀，從過去糖曾經那麼重要的年代開始，就伴隨著我們的歷史而生。

食譜與短文
Recipes & Essays

布魯諾・菲爾浩文（BRUNO VERGAUWEN），狂歡節（Carnival），2022。

比利時華夫餅
THE BELGIAN WAFFLE

　　我將在本書中概述低地國華夫餅的整體風貌。正如《家務辭典》（*Huishoudelyk woordboek, 1743*）中所述，冬天是華夫餅登場的時間，而且確實，從聖馬丁節（Saint Martin）[41]到復活節的所有宴會上都會出現華夫餅。在描繪冬季慶典的畫作中，華夫餅會作為狂歡的明確象徵出現。即使對我父親這代人（出生於 1950 年代）來說，華夫餅依然代表著歡樂與興奮。

　　儘管在美國，比利時華夫餅人氣超高，但其實沒有「比利時華夫餅」這種東西。到底哪種華夫餅才屬於真正的「比利時風格」，一直都有很多疑問。

　　美國對比利時華夫餅的概念起源於 1964 的紐約，當時比利時的維米爾什（Vermersch）家族在皇后區（Queens）的紐約世界博覽會（New York World's Fair）中開設了華夫餅屋，儘管他們的招牌上寫著「美麗寶石布魯塞爾華夫餅」（Bel-Gem Brussels Waffles），但人們卻將其讀作「比利時華夫餅」（Belgian waffle）。許多雜誌如《國家地理雜誌》（*National Geographic*）對此進行了報導，並展示了一張一位婦女咬了口上面覆蓋著奶油與草莓的厚片布魯塞爾華夫餅的照片，並宣稱「比利時華夫餅提供了一種美食體驗」。[10]

　　這張照片有兩點錯得離譜：首先，紐約世界博覽會上供應的華夫餅雖確實來自比利時，但並非來自布魯塞爾，這是佛拉蒙華夫餅（*Vlaamse，wafel*，食譜參見第 42 頁）。其次，世界博覽會上的華夫餅被作為街頭小吃食用，這種行為在比利時是不被接受的，因為它應該坐在華夫餅屋或茶室裡享用，或在園遊會（*kermis*）購買，包裝好後帶回家，放在盤子裡好好坐著吃。布魯塞爾華夫餅或佛拉蒙華夫餅上總是覆蓋著一層糖粉，這就是它為什麼它並非街頭小吃的原因。

　　在比利時華夫餅風靡美國之前，若在比利時將布魯塞爾華夫餅作為街頭小吃出售是無法想像的。但隨著美國觀光客到來，街頭興起了對布魯塞爾華夫餅的需求。幸運的是，這種 1990 年代的現象目前已經減少。雖然仍有提供外帶華夫餅的地方，但人們只會吃一次，就會意識到他們看起來像是處在爆炸的糖粉中，最後臉和手還會因為這些糖粉而變得黏答答的。

　　布魯塞爾華夫餅誕生於 1874 年。受人尊敬的主廚菲利浦·寇德利耶（Philippe Cauderlier）寫了第一本收錄許多帶有比利時地名的食譜，其中就包括布魯塞爾華夫餅。這並不是說他發明了華夫餅，因為他的朋友、瑞士糕點師弗洛里安·達雪（Florian

Dasher）早已在自己位於根特的糕餅店名片上印了「布魯塞爾大片華夫餅」（Grosse gaufre de Bruxelles）。

在搬到根特創辦企業之前，寇德利耶與達雪皆在布魯塞爾受訓及生活。寇德利耶在 49 歲出版第一本書時已經有了一個完整並蓬勃發展的職業生涯。當比利時成為一個國家時，他才 18 歲，這表示他成長於比利時身分認同正在形成的年代。任何美食家都知道，不管對哪個企業或地區來說，地方特色都是銷量密碼，而這影響了寇德利耶將地區食譜納入書中的選擇。

正如寇德利耶所解釋的那樣，原始的布魯塞爾華夫餅（原文為 *Brusselse wafel*，參見第 44 頁）是透過將蛋白打發至硬性發泡而製成的，這正是讓其體積膨發、外表粗脆的原因。直到當時，華夫餅都是由啤酒、愛爾啤酒酵母（ale barm，一種在啤酒釀造過程中刮起的酵母泡沫）[42] 或酵母作為膨脹劑製作，或者根本不使用膨脹劑，因此在這種情況下使用打發蛋白是非常嶄新的做法。

原始的布魯塞爾華夫餅不適合在市集、餐旅業或糕餅店製作，因為麵糊必須新鮮打發，否則蛋白霜會塌陷、麵糊會消泡。佛拉蒙華夫餅的麵糊含有酵母與打發蛋白，可以事先製作且較為穩定，若放在冰箱冷藏，全天皆能使用。隨著佛拉蒙華夫餅和布魯塞爾華夫餅合而為一，很少還有人記得佛拉蒙華夫餅這個名字。為了正確記錄歷史，我在第 42 頁提供了正確的食譜與名稱：佛拉蒙華夫餅含有酵母，而布魯塞爾華夫餅則沒有。

列日華夫餅

當人們談到「比利時華夫餅」時，經常會描述另一種華夫餅，即列日華夫餅（*Luikse wafel*，參見第 46 頁）。布魯塞爾與佛拉蒙華夫餅呈現完美的長方形，顏色則是金色；列日華夫餅則是金褐色的橢圓形，特點是撒有糖粒且厚實。儘管老式華夫餅烤盤沒有那麼深，但三種華夫餅的厚度大致相同。列日華夫餅是唯一一種作為街頭小吃食用的華夫餅（不包括第 56 頁的「糖漿薄脆餅」〔*lacquemant*〕，這是一種園遊會小吃），它目前在比利時觀光區被當成「比利時華夫餅」行銷。

從燒熱的烤盤開始
FROM A HOT IRON

在比利時，我們爲每一種啤酒提供專用玻璃杯，因此擁有一個附上多片可替換烤盤的熱壓華夫餅機，以便做出每一種華夫餅的傳統造型，對人們來說並不是很奢侈。我自己也有四台電熱壓華夫餅機及數個古董華夫餅熱壓烤盤。

華夫餅的物件研究

布魯日的格魯修斯博物館（Gruuthusemuseum）[43] 收藏了兩個 15 世紀早期的華夫餅熱壓烤盤，它們是低地國家、甚至可能是世界上已知最古老的華夫餅烤盤。博物館將其中一個烤盤的年代標爲 1430 年至 1450 年之間，其一側刻有勃艮第公爵「無畏的約翰」（John the Fearless）[44] 的紋章，另一側刻有大衛之星（Star of David）[45]。第二個烤盤的一側有著勃艮第公爵「好人菲利普」（Philip the Good）[46] 的紋章，另一側則是上帝的羔羊。這兩個烤盤是長方形的，上面並沒有現代華夫餅具代表性的的網格圖案。在德國，我發現了許多類似的 15 世紀烤盤 [⑪]，而且不是只有長方形的。一個圓烤盤可追溯至 1473 年，上面有薩爾斯堡（Salzburg）大主教的紋章；同樣在薩爾斯堡，還有年分爲 1497 年的長方形烤盤，上面刻有起重器紋樣。雕刻最精美的，是一個紐倫堡（Nuremberg）的方形烤盤，一側刻的是鵜鶘和她的幼鳥，以及一隻帝國之鷹（Reichsadler）[47]，另一側是布倫瑞克獅子（Brunswick lion）和魚，中間精巧地刻著年分——1531 年。16 和 17 世紀則有更多鐵烤模，此時正是它們雕刻最爲複雜、最能顯示鐵匠工藝的時代。

在一份可追溯到 1580 年左右的安特衛普手稿中，一份杏仁華夫餅的食譜要求使用一種稱爲「根特艾瑟」（Ghentsh Yser）[⑫] 的烤盤：「如果你有的話」。這是唯一提到這種類型烤盤的地方，所以我們不清楚它的外觀以及製作出的華夫餅模樣。

從 18 世紀開始，雕刻風格變得較爲樸拙，不那麼專業。我擁有最珍貴、可能也是年代最古老的烤盤，就是用很樸拙的方式雕刻的：僅是很省事地刻上年分 1886 年，加上名字「安娜」（Anna），姓氏則因年代太久而無法辨認（參見第 36 頁照片）。上面還簡單地刻了一棵樹、地形和扭結，我的圓形烤盤上則都刻著簡單的花朵圖樣。

過去很可能只有少數專業的華夫餅烤盤鍛造者創造了那些留存至今的早期複雜鐵盤，也很可能人們會特別委託這些民間藝術家。若考慮到雕刻的主題，這些令人驚嘆的烤盤也非常可能爲菁英階層所有。就像會爲自己的劍尋找最熟練的鐵匠一樣，他們要求最好的華夫餅烤盤鍛造者。

隨著這些雕刻烤盤變得越來越普遍，製造它們的鐵匠也越來越多，但並非所有的鐵匠技術都像那些受到菁英階層委託的人那般熟練。在 16 世紀的繪畫，例如布魯赫爾的畫作中，展示了一種不同類型的烤盤，上面有著今日華夫餅的網格圖案。然而，這並不是指菁英階層不吃華夫餅，因爲當時的烹飪書籍證實他們的確吃過。

華夫餅烤盤設計

最早的華夫餅熱壓烤盤有著長而優雅的手柄並呈現鉗形，兩個鐵盤從長邊以鉸鏈連接。自 20 世紀開始，大多數烤盤都產生了變化：由於不再用於明火，而是用於爐台或爐灶，它們的手柄變短了。華夫餅烤盤的打開方式也變了：連接兩個鐵盤的鉸鏈現在改爲由短邊打開。早期華夫餅烤盤的優點，是可以將手柄的一端放在地板上，同時保持鐵盤打開以裝滿華夫餅麵糊，如約阿希姆・布克萊爾（Joachim Beuckelaer）的畫作〈尼德蘭廚房場景〉（A Dutch Kitchen Scene, c.1561-1570）及掛在它對面的照片所示，這幅畫作是英國國民信託協會（National Trust）收藏在約克郡的「司庫之家」（Treasurer's House）[48] 的一幅畫作。較爲晚近製造的烤盤則不能如此使用，它們顯然是用於廚房和爐灶上，而非在開放式壁爐或戶外明火上使用。由於開啟方式的設計，最早的華夫餅烤盤不會接觸地板；若你使用的是現代的版本，則需將其放在凳子或桌子上。

格紋或裝飾

華夫餅熱壓烤盤有兩種：長方形網格烤盤，以及長方或圓形的無邊框扁烤盤，能製作薄如紙張的華夫餅，通常刻有紋章、家徽、城市徽章、格言、願望和《聖經》場景，也可能刻上夫婦的名字，通常與日期和心型、花朵、生命之樹⑪甚至還有風車（出現在一個18世紀的低地國華夫餅熱壓烤盤上）組合在一起。

烤盤上另一個引人注目的刻紋是家紋或標誌，由類似符號的字母製成。格魯修斯博物館還有一個18世紀的扁烤盤，上面刻有「新年快樂」的字樣，在德國也可以找到類似的例子。比利時、尼德蘭、德國、法國與斯堪地納維亞國家也都能找到這類扁鐵盤。

這些無邊框扁烤盤也有非常簡單的網格圖案，網格更像是雕刻刻痕而不是凹陷壓痕。後者在上世紀成為最普遍的做法，除了在斯堪地納維亞國家和義大利，當地華夫餅電子烤盤上仍然描繪了老式雕刻的簡化版。

用這些扁烤盤製作的華夫餅是薄而脆的威化餅（wafers）。直到17世紀，它通常被稱為「紐威爾」（nuwelen，意為薄華夫餅）或「歐布利」（oblyen），之後「烏布利」（oublie）成為法國食譜與低地國家的荷語文本中使用的名稱。荷式烹飪中也會出現「克奈普」（kniepertjes或knijpertjes）等辭彙，意為「擠壓物」，指的是壓緊華夫餅模具使其閉合，以烘烤麵團並烤出薄片的動作。

這些威化餅在德國被稱為「歐布拉」（oblaten），源自拉丁語的「歐布拉塔」（oblata），意為祭品，因為薄威化餅被用作聖餐中的「聖體」（hosts）[49]。斯堪地那維亞半島稱它們為「克魯姆卡克酥餅」（Krumkake），在義大利則是「皮翠爾薄脆餅」（pizzelle），通常這些薄薄的華夫餅或威化餅是捲起來的，正如我們在許多尼德蘭黃金時代及西班牙和義大利描繪甜點的繪畫中所看到的那樣。

第二種華夫餅烤盤帶有網格圖案，是我們今天最常與華夫餅連結在一起的那種。過去有不同深淺的華夫餅網格，用以製作厚或薄片華夫餅。

像列日、布魯塞爾和佛拉蒙華夫餅那樣，不同華夫餅的形狀各有不同，是到20世紀才出現的現象。就像每一種比利時啤酒都需要自己的啤酒杯一樣，每一種比利時華夫餅都需要有自己的華夫餅烤盤，這進一步發展了華夫餅的物質文化。第一台電熱壓華夫餅機在1911年

開賣，結果一炮而紅，因為這代表著再也不用在爐灶上使用烤盤了。然而要讓每個家庭都能負擔得起電熱壓華夫餅機還需要幾十年的時間。

我爸爸還記得小時候電華夫餅電烤盤在他生活中出現的情景。他感嘆，從那時起烘烤華夫餅就再也不那麼常見了。傳統烤盤需要放在明火或爐子上，這個耗時的過程不僅能產出令人垂涎的華夫餅，也讓一家人有了可以一起做的事。使用電熱壓機後，沒有人需要照看火勢、留意烤盤、切除側面多餘的麵糊，或拿盤子準備盛放烤好的華夫餅了。從那以後，母親製作華夫餅時，直到整疊華夫餅出現前都無人照看。

新年、復活節與婚禮的華夫餅

過去人們經常鍛造華夫餅烤盤並作為結婚贈禮（如左頁照片所示，可在刻紋中辨認出安娜的名字），但它們也可能是一位貴族送給另一位貴族的禮物。勃艮第公爵們的鐵烤盤有可能並非他們所有，而是作為禮物送給盟友，或者是為了在某種慶典中紀念公爵們而製作。在這些鐵烤盤中，其中一幅描繪了上帝的羔羊，這是復活節主題之一。在中世紀，西歐許多地方的新年始自復活節；隨著格里曆（Gregorian calendar，即公曆）的引入，新年移至1月1日，烤華夫餅的習俗也隨之轉移。當風俗畫和靜物畫上描繪冬季時，華夫餅總會出現在畫布上。在許多農村地區，復活節和新年肇始之間的關聯持續了數個世紀。

人們在整個冬天都會享用華夫餅，尤其是在聖誕節的12天期間，包括1月6日的主顯節。近年來，比利時開始沿用法國的習俗，在主顯節吃國王餅（galette des rois），以紀念三王（the Three Kings）[50]來朝。

因為華夫餅與宴席有關，所以它們也在狂歡節（Carnival）和園遊會出售。自19世紀開始，華麗的大型華夫餅餐車（waffle palaces）隨著市集從一個城鎮移動到另一個城鎮。你可以在那裡坐下來享用華夫餅，而不是把它當成街頭小吃。每個城鎮都有華夫餅屋（茶室），而聖誕假期時與家人一起外出享用華夫餅成為一種習俗。

16 世紀啤酒華夫餅
Waffles with beer 16th century

　　我在一份來自根特的 16 世紀烹飪手稿中，找到了三種厚華夫餅食譜，而這個厚啤酒華夫餅的食譜就是其中之一。它的標題是「要做厚華夫餅就別一分爲二」（To make thick waffles you do not split），這表明某些華夫餅會先被分成兩半後再淋上奶油，但這三份食譜中的華夫餅是完整的，雖然通常也還是會淋上奶油。這三種食譜都以啤酒製作，爲華夫餅帶來了有趣的味道。我們無法確切說出 16 世紀的啤酒是什麼味道，畢竟口味、產品和製程和許多事物一樣，都隨著時間而改變。但在那個時期，根特地區有兩種啤酒：小啤酒（small beer）和雙倍啤酒（double beer），名字分別是「克拉伯拉爾」（Crabbelaer）與「克拉瓦爾」（Clauwaert），後者的酒精濃度更高。這兩種啤酒以名爲「賀勞德」（Gruit）的多種香草調味，常見的香草包括香楊梅（sweet gale）、洋蓍草（yarrow）、艾草（mugwort）、歐夏至草（horehound）、金錢薄荷（ground ivy）和普通的石楠花（heather），但若能取得香草也會一併加入。帶有香料調性的啤酒或低酒精度的佐餐啤酒將是完美的選擇。

　　這份食譜與下一頁的 17 世紀食譜的不同之處在於，本食譜做出的不是麵糊，而是較爲緊實的麵團，並且還需要「大量砂糖」（*veel suijckers alsoe dattet welsoet is*）。作者可能指的是搗碎的糖塊（即我們認爲的糖粉），或是珍珠糖（pearl sugar ／ nib sugar）。後者使這份啤酒華夫餅更接近列日的厚華夫餅（參見第 33 頁）。事實上，若作者指的是珍珠糖，它可能正是列日華夫餅的祖先。無論如何，在測試食譜後，我發現將兩者結合的效果最好。

　　古代食譜，尤其是這一時期的食譜，在數量和說明方面可能非常模糊，並且經常省略麵粉等基本食材。而這個食譜在當時而言算是極爲詳盡，它提示了麵團的質地──勺子可在麵團中維持直立──並指示應該在計畫烘焙前半天開始；甚至說明要用煤炭生火來加熱烤盤。雖然我一如既往地盡量保持接近原文，但下方是我的現代譯文。這份古代食譜可製作約 42 片大華夫餅，但由於它們最好在新鮮狀態時食用，所以我提供了原食譜六分之一的量。如有需要，歡迎自行加倍或乘以六。

份量：7 片大華夫餅（取決於你的烤盤尺寸）
使用模具：普通華夫餅烤盤[51]（更多資訊參見第 263 頁）

無鹽奶油　175 g（6 oz），融化
佐餐啤酒（低酒精濃度啤酒）
　或帶香料調性的啤酒　115 ml（3¾ fl oz）
中筋麵粉　250 g（8 oz）
糖粉　25 g（1 oz）
速發乾酵母　8 g（¼ oz）
蛋黃　1 顆份
珍珠糖　150 g（5½ oz），輕裹上一層植物油以防糖
　自麵糊中吸水受潮
油或豬油　若烤盤沒有不沾設計時防沾黏用
奶油或糖　搭配食用

作法

1. 在小型醬汁鍋中以小火融化奶油，加入啤酒，然後將鍋子從火上移開，靜置冷卻至微溫。
2. 將麵粉、糖粉和酵母在大調理盆或裝上鉤型攪拌棒的電動攪拌機盆中混合。於中心挖出一個凹洞，加入蛋黃，接著加入一半的融化奶油，攪拌直至完全混合，然後倒入剩餘的融化奶油並攪拌均勻。將攪拌盆加蓋後靜置半天。
3. 拌入珍珠糖，並將麵糊分成七份。混合完成的麵糊質地類似濃稠蛋糕麵糊。
4. 預熱華夫餅烤盤。若需要可在加熱的烤盤先塗上油或豬油。用勺子將麵糊舀入華夫餅烤盤中，接著闔上烤盤。烘烤至呈金黃色（所需時間取決於你的烤盤，因此請不時檢查確認）。可依個人喜好搭配甜奶油一起趁熱享用（不過我認爲華夫餅本身甜度已經足夠）。
5. 若需製作甜奶油，只需在小醬汁鍋中以中火融化等量的奶油和糖，直到糖完全消融即可。

* 將剩餘的華夫餅保存在密封容器中，它們可以很輕易地使用預熱好的華夫餅烤盤或烤麵包機復熱。

17 世紀華夫餅
Waffles 17th century

　　沒有什麼比食譜上寫著「嘿，這是一份 17 世紀的食譜，製作看看，來體驗那些如今已不復存在的事物吧」聽起來更好的了。事實上，我們過去曾緊攥著自己歷史悠久的華夫餅食譜，不僅珍惜它們，還將其帶入現代依然與之相關的所在。若你真的想體驗 17 世紀華夫餅的味道，會需要在明火上使用華夫餅烤盤烘烤。要費很大力氣、承受眼睛被煙燻以及手部痠痛，這就是為什麼最終男人接手了烘烤華夫餅的工作。

　　我的爸媽剛好趕上了人們還在使用手持華夫餅烤盤製作華夫餅的年代。爸爸解釋了自己的祖父會如何烤製華夫餅，而孩子們如何在一旁看著。60 年代初期沒有電視機，所以爸爸和他的兄弟姐妹們會看著在廚房桌上製作的華夫餅麵糊，期待它膨脹起來；當麵糊從勺子裡倒上燒熱的烤盤時，激動人心的時刻就來了。在每次烘烤之間，會以布巾包裹住的一塊木頭為烤盤塗上豬油，壓軸場景則是一疊華夫餅，以及充滿整間屋子，喚起記憶的香氣。「那些夜晚可真溫馨呀！」爸爸笑著說。但是當祖母終於存夠錢買了第一台電熱壓華夫餅機時，觀看製作華夫餅的夜晚就結束了。儘管我很感謝電熱壓機，且在比利時每個家庭都有一台，但有時進步並非總是正面的。

　　下面的食譜的確來自 17 世紀，摘自並翻譯自第 12 頁提到的《布拉邦食譜書》手稿。

份量：20 片華夫餅（取決於你的烤盤尺寸）
使用模具：普通華夫餅烤盤（更多資訊參見第 263 頁）

含鹽奶油　450 g（1 lb）
全脂牛奶　700 ml（24 fl oz）
中筋麵粉　700 g（1 lb 9 oz）
速發乾酵母　10 g（⅜ oz）
菜籽油　1 大匙
全蛋　6 顆
油或豬油　若烤盤沒有不沾設計時防沾黏用

作法

1. 在小型醬汁鍋中以小火將放入牛奶中的奶油融化，靜置放涼。
2. 將麵粉和酵母在大調理盆或電動攪拌機的盆中混合。於中心挖出一個凹洞，倒入油與蛋黃，接著加入一半的奶油和牛奶混合物，攪拌直至完全混合，然後倒入剩餘的奶油及牛奶混合物並攪拌均勻。
3. 預熱華夫餅烤盤，準備好麵糊、勺子及油刷。
4. 為華夫餅烤盤刷上油或豬油。將麵糊舀至華夫餅烤盤上。一旦熟悉了自己的烤盤，就能計算出所需的麵糊份量。將烤盤闔上並立即轉動 2 至 3 次（比利時的華夫餅烤盤可旋轉），使麵糊均勻分布烤盤四周。
5. 烘烤至呈金黃色（所需時長取決於你的烤盤，所以需不時檢查），然後趁熱食用。將剩餘的華夫餅保存在密封容器中，它們可以很輕易地使用預熱好的華夫餅烤盤或烤麵包機復熱。

* 《布拉邦食譜書》手稿沒有提及任何食用建議，但在 17 世紀，華夫餅通常會淋上融化奶油享用。如今這仍是一種慣常吃法，儘管在茶室通常是提供小包裝奶油，讓你能塗在自己的華夫餅上。如果夠幸運，奶油不是完全冰冷，就能漂亮地融化在酥脆的熱華夫餅上。將華夫餅撒上糖粉，搭配打發鮮奶油或是我個人最喜歡的配料白乳酪（fromage blanc, quark）[52] 也非常好，這會讓這些華夫餅成為早餐的極佳之選。

佛拉蒙華夫餅
Vlaamse wafel

如今也被稱爲布魯塞爾華夫餅（Brussels waffle）

　　佛拉蒙華夫餅（*Vlaamse wafel* 或 Flemish waffle）是同類華夫餅中最大的一種：棱角分明、厚度扎實，看起來簡直就像是自身的漫畫版本。這種華夫餅是以一種清淡的酵母麵糊製成，由於加入了打發蛋白和少許泡打粉，麵糊變得更加輕盈。經適當烘烤後，應當外層酥脆、內裡柔軟。

　　本食譜是我調整自比利時美食之父菲利浦・寇德利耶的佛拉蒙華夫餅食譜而來。寇德利耶是 1830 年比利時建國後，第一位出版烹飪書籍中有著比利時地區冠名食譜的主廚，他以其作品協助發展了比利時烹飪特色。

　　不過，若你今天試圖尋找這種華夫餅，是找不到的，因爲在 20 世紀初的某個時點，它被更名爲布魯塞爾華夫餅，佛拉蒙華夫餅一詞則完全消失了。在上世紀的烹飪書中，這種華夫餅通常名爲「麵糊華夫餅」（batter waffle）；但佛拉蒙華夫餅是 1851 年之前，烹飪書籍中最常見到具佛拉蒙文化傳統的一品，這是地方美食學院（Academie voor de Streekgebonden Gastronomie，ASG）在 2006 年的發現。佛拉蒙華夫餅名稱消失的原因尚不清楚，但我傾向認爲責任在比利時的語言鴻溝。畢竟這種華夫餅在國外以「比利時華夫餅」之名行銷，而布魯塞爾是我們的首都，這座城市理應整合這個國家（參見第 32-33 頁）。

　　享用佛拉蒙／布魯塞爾華夫餅的正確方式，是爲了特殊場合坐在茶室中：將華夫餅放在盤裡，逐列、逐格地切下它。我丈夫和我在民事婚禮（civil wedding）[53] 後，坐在我們最喜歡的華夫餅屋享用了華夫餅，這就是它的特別之處！

份量：若使用深烤盤，約 12 片華夫餅；普通烤盤則可製作約 22 片
使用模具：普通華夫餅烤盤（更多資訊參見第 263 頁）

無鹽奶油　200 g（7 oz）
全脂牛奶（full-fat milk）　800 ml（28 fl oz）
全蛋　4 顆（蛋黃蛋白分開）
中筋麵粉　500 g（1 lb 2 oz）
速發乾酵母　15 g（½ oz）
肉桂粉　一小撮（⅛ 小匙）
鹽　½ 小匙
油或豬油　若烤盤沒有不沾設計時防沾黏用
糖粉　灑於華夫餅表面

配料建議
無鹽奶油
打發鮮奶油
新鮮草莓

作法

1. 在小型醬汁鍋中以小火將放入牛奶中的奶油融化，靜置放涼。此時將蛋黃與蛋白分離。

2. 將麵粉、酵母與肉桂粉在大調理盆或電動攪拌機的盆中混合。於中心挖出一個凹洞，倒入蛋黃，接著加入一半的奶油和牛奶混合物，攪拌直至完全混合，然後加入鹽、倒入剩餘的奶油及牛奶混合物並攪拌均勻。

3. 將蛋白打至硬性發泡，然後以大幅度但輕柔的動作將其拌入麵糊中，盡可能保留不要破壞氣泡。將麵糊放在室溫或冰箱中靜置 1 小時，需要時再取出。

4. 將華夫餅烤盤預熱到最高溫，並準備好麵糊和量杯（我的量杯容量與烤盤尺寸搭配地剛剛好）。

5. 迅速將麵糊舀至華夫餅烤盤上，使其分布至所有格孔中。深烤盤需要 2 杯麵糊，普通烤盤則需要 1 杯。將烤盤闔上並立即轉動 2 至 3 次（比利時的華夫餅烤盤可旋轉），使麵糊均勻分布烤盤四周。烘烤至呈淺金黃色，這只需要不到 2 分鐘的時間。

6. 上桌前撒上大量糖粉：這是必須的，因爲華夫餅本身並不甜。然後搭配配料，你可以塗抹奶油，或將鮮奶油以擠花方式擠入華夫餅格中。新鮮草莓對我來說太奢侈了，但這就是 1964 年紐約世界博覽會上供應華夫餅的方式（參見第 32 頁）。

* 我的丈夫和其他許多人都喜歡這種華夫餅以一種老派，甚至可謂歷史悠久的方式供應：上面加上冰冷的奶油，這樣它就會融化至鬆餅格洞中。

布魯塞爾華夫餅
Brusselse wafel 19th century

　　此食譜改編自菲利浦・寇德利耶於 1874 年發布的第一份布魯塞爾華夫餅食譜。如果你想要的是那種記憶中在比利時旅行時吃到的發酵布魯塞爾華夫餅，則需要按照前幾頁的佛拉蒙華夫餅食譜製作。你可以在第 32 至 33 頁了解它們的歷史，以及兩者名稱混淆的原因。

　　布魯塞爾華夫餅是特別爲新年頭幾天準備的美食。傳統上，就像許多佛拉蒙家庭一樣，我爸媽和我會前往安特衛普一家著名的茶室，它位於主要大街和大廣場的轉角。我們必須得排隊候位，爸爸會變得很神經緊繃。我記得總是在下雨，茶室總是太熱、太吵、人太多，而且聞起來像濕地毯。但一想到華夫餅，我就能忍耐父親的緊繃情緒，以及抵達我們那張桌子前的種種障礙。那個華夫餅烘烤成金黃色，外表酥脆，且如果做得好的話，裡面仍然厚實有嚼勁，會撒上大量的糖粉，並在每一個格洞中點上冰涼的現打鮮奶油。由於麵糊中不含糖，配料昇華了華夫餅的風味，沒有它們將會很無趣。

份量：10 片華夫餅（取決於你的烤盤尺寸）
使用模具：普通華夫餅烤盤（更多資訊參見第 263 頁）

無鹽奶油　　250 g（9 oz）
全脂牛奶　　250 ml（9 fl oz）
冷水　　250 ml（9 fl oz）
中筋麵粉　　400 g（14 oz）
秈米粉（rice flour）[54]
　　或玉米粉（玉米澱粉）　　100 g（3½ oz）
鹽　　5 g（⅛ oz）
肉桂粉　　5 g（⅛ oz）
全蛋　　4 顆（蛋黃蛋白分開）
油或豬油　　若烤盤沒有不沾設計時防沾黏用
糖粉　　灑於華夫餅表面

配料建議

無鹽奶油
打發鮮奶油
新鮮草莓
比利時傳統白乳酪（platte kaas，一種濃稠夸克乳酪）

作法

1. 在小型醬汁鍋中以小火將放入牛奶中的奶油融化，然後倒入冷水中冷卻。
2. 將麵粉、鹽與肉桂粉在大調理盆或電動攪拌機的盆中混合。於中心挖出一個凹洞，倒入蛋黃，接著加入一半的奶油和牛奶混合物，攪拌直至完全混合，然後倒入剩餘的奶油及牛奶混合物並攪拌均勻。
3. 將麵糊靜置，此時準備好華夫餅烤盤。
4. 將蛋白打至硬性發泡，然後以大幅度但輕柔的動作將其拌入麵糊中，盡可能保留不要破壞氣泡。
5. 若華夫餅烤盤沒有不沾設計，以奶油或豬油爲烤盤上油，接著用勺子將麵糊舀入烤盤中。一旦熟悉了自己的烤盤，就能計算出所需的麵糊份量。將華夫餅烤至金黃色（所需時間取決於你的烤盤，因此請不時檢查確認）。
6. 保存這些華夫餅的最佳方法是先烘烤再冷凍，食用前解凍約 30 分鐘，然後以預熱好的華夫餅烤盤加熱。若保存在密封容器中，它們在隔天重新加熱時仍然會很美味。
7. 撒上一層厚厚的糖粉，然後將打發鮮奶油擠入每個格洞中即可享用。

其他食用方式
許多人更喜歡以奶油而非鮮奶油搭配這種華夫餅。只需在熱華夫餅上塗抹上柔軟的奶油使其融化，然後撒上糖粉。

我的享用方法
早餐時，我更喜歡以比利時傳統白乳酪（濃稠夸克乳酪）填滿華夫餅的格洞。

列日華夫餅
Luikse wafel

列日華夫餅（Liège waffle）是來自瓦隆大區列日的傳統街頭小吃，瓦隆人稱其爲「瓦弗」（wafe），詞源上和古法蘭克語（Frankish）[55] 中的「瓦弗拉」（wafla）有關，而非現代法語中的華夫餅（gaufre）。

如果沒有一個好故事，它就不會是一個標誌性的糕點：傳說列日華夫餅的起源可追溯至 18 世紀，當時列日采邑主教（Prince-Bishop）[56] 要求其廚師爲他製作甜點。

這些華夫餅及其香氣，是組成我安特衛普童年時光的重要部分。在當時，它們是在擠在建築物中的華夫餅小攤上出售的。雖然我將在街上吃這種華夫餅的香氣和體驗與家鄉連繫在一起，但這是 1990 年代的現象，這種氣味只留在我們這代人的記憶中。如今這種香氣已然消失，縱然仍有幾處華夫餅小攤，但數量不足以讓鎮上的香氣如此濃郁。現在你更容易在根特和布魯日找到列日華夫餅，而非在列日。

如果製作得宜並烘烤兩次，這些華夫餅絕對是一種享受。因爲如同街邊小攤上那樣烘烤兩次，可以更好地使糖焦糖化。要充分體驗列日華夫餅，請在寒冷的冬日製作，帶著它去散步，用張紙握著它，好溫暖你的雙手。

份量：8 片華夫餅

使用模具：深華夫餅烤盤或普通華夫餅烤盤（更多資訊參見第 263 頁）

高筋麵粉　500 g（1 lb 2 oz）
德梅拉拉糖（demerara）[57] 或細砂糖　25 g（1 oz）
速發乾酵母　15 g（½ oz）
肉桂粉　½ 小匙
水　125 ml（4 fl oz）
牛奶　50 ml（1¾ fl oz）
液態蜂蜜　25 g（1 oz）
全蛋　1 顆
海鹽　½ 小匙
碳酸氫鈉（小蘇打）　⅛ 小匙
無鹽奶油　250 g（9 oz），軟化
珍珠糖　200 g（7 oz），輕裹上一層植物油以防糖
　自麵糊中吸水受潮
奶油或豬油　若烤盤沒有不沾設計時防沾黏用

作法

1. 將麵粉、糖、酵母與肉桂粉在大調理盆或裝上鉤狀攪拌棒的電動攪拌機的盆中混合。倒入水、牛奶、蜂蜜與全蛋，揉捏 5 分鐘。讓麵團靜置 5 分鐘。

2. 在盆中一側加入鹽和小蘇打，另一側加入軟化的奶油丁，揉捏 10 分鐘。10 分鐘後輕輕揉入珍珠糖，使其均勻分布在整個麵團中，接著靜置 5 分鐘。靜置後，麵團將不再顯得濕潤，也會將開始將珍珠糖包覆其中，使糖粒不再脫落。

3. 在托盤或大型密封容器中鋪上烘焙紙。將麵團分爲八份（每份約 150 g ／ 5½ oz），接著放在托盤或容器中。移入冰箱緩慢發酵，若要獲得最佳風味可放置隔夜。

4. 烘烤前 30 分鐘將麵團從冰箱中取出。加熱熱壓華夫餅機。若烤盤沒有不沾設計，請在烤盤塗上奶油或豬油，然後將華夫餅烘烤至呈金黃色（所需時間取決於你的熱壓機——我的需要 5 分鐘）。

5. 第一片華夫餅會很乾淨，但由於珍珠糖融化，第二片會有一些焦糖化，而這正是你要的。每次烘烤時塗上奶油或豬油，都會在華夫餅外形成一層漂亮的焦糖。若是華夫餅師傅爲了防止烤盤變黏而製作出沒有焦糖的列日華夫餅，將會令人失望至極。

6. 將烤好的華夫餅移到網架上冷卻。準備上桌時，可根據需要復熱華夫餅：在熱壓華夫餅機中復熱能添加更多焦糖。這些華夫餅冷卻後會變得像磚頭一樣！若不立即食用，可將烤好的華夫餅冷凍儲存，要吃食先在冰箱中解凍一夜後以熱烤盤加熱，以獲得完美的新鮮出爐體驗。

烏布利薄餅
Oublie

烏布利是一種薄如紙張的華夫餅或威化餅，在整個中世紀直到 19 世紀的宴會桌上都很流行。德語中的「烏布利」（oulie）和「歐布拉」（oblaten）來自拉丁語的「歐布拉塔」（oblatus），表示獻祭。歐布拉餅是聖餐中的聖體，也是中世紀時杏仁膏（marzipan）和紐倫堡德式香料蛋糕（Lebkuchen）的基底。

這些華夫餅不僅出現在烹飪文本中，也在佛拉蒙和尼德蘭 17 世紀繪畫及西班牙與義大利的靜物藝術作品中大量出現。最初它們是以精心雕刻的華夫餅烤盤製成，這些烤盤可以是長方形或圓形。它們是富人的特權，為國宴和婚禮打造，帶有市徽、紋章標誌、花卉、名字以及《聖經》和民間傳說場景。除了帶有花卉刻紋的圓形烤盤外，我還擁有一個罕見的 1800 年代為婚禮打造的長方形烤盤，上面刻有名字和日期。成品幾乎就像一張烤製的結婚賀卡，以麵團和雕刻烤盤代替墨水、紙張與印刷機（參見第 37 頁）。

早期食譜隨著配方有所不同，有的使用水、有的用葡萄酒，或者是兩者混合物，但後來變成了甘邑白蘭地（cognac），有些食譜需要香料和玫瑰水，並非每個食譜皆使用雞蛋。1560 年在安特衛普印行的《新食譜書》（Eenen Nyeuwen Coock Boeck）將華夫餅稱為「紐勒」（Nuelen），即「元旦」之意。這些華夫餅確實與新年慶祝活動有關（參見第 53 頁），而新年小捲餅（參見第 50 頁）仍然如此。此食譜改編自一個手稿，寫在我擁有的一本 19 世紀食譜的空白頁上，作者稱它們為「小普勞威爾」（Prauweltjes）[58]。這種華夫餅也被稱為「克奈普」（kniepertjes，「擠壓物」之意），因為它們是透過壓緊烤盤以獲得完美的壓紋而製成。

份量：30 片烏布利薄餅，直徑 13 cm
使用模具：淺華夫餅烤盤（更多資訊參見第 263 頁）

無鹽奶油　125 g（4½ oz），另加額外份量為烤盤上油
紅糖（light brown sugar）　250 g（9 oz）
全蛋　1 顆
肉桂粉　¼ 小匙
洋茴香籽（aniseed）粉　¼ 小匙
薑粉　一小撮（⅛ 小匙）
鹽　一小撮（⅛ 小匙）
中筋麵粉　250 g（9 oz）
水　260 ml（9¼ fl oz）

變化：以 130 ml（4½ fl oz）的白葡萄酒代替一半的水，或用 1 大匙干邑白蘭地代替 1 大匙水。

作法

1. 在醬汁鍋中以小火融化奶油，將鍋子從火上移開並加入糖，靜置放涼。將全蛋、肉桂粉、洋茴香籽粉、薑粉和鹽以打蛋器混合，然後將奶油與糖加入攪拌均勻。拌入麵粉，然後分次少量加入水，直到麵糊呈現優格般的濃稠度。

2. 麵糊可以立即使用，也可以將其加蓋放在陰涼處靜置至少 24 小時。華夫餅的風味和質地在靜置後會變得更佳，我也曾有幾次將麵糊靜置長達一週。[59]

3. 加熱華夫餅烤盤。以奶油為烤盤上油，然後將 1 小匙麵糊舀至其中一側的烤盤。你可能需要根據烤盤調整麵糊用量，因此請先測試一片華夫餅需要多少麵糊。將烤盤壓緊闔上，並在每一側烘烤 3 分鐘，不過這取決於你的烤盤有多熱，所以請測試一下。

4. 以木鏟從烤盤上取下華夫餅，準備好木勺或派偶（pie dolly）[60] 和一張折疊的紙巾。將華夫餅移到折疊紙巾上，將其放在手掌中（注意，它可能很燙），並在紙巾的幫助下沿著木勺柄或派偶邊緣為烏布利薄餅塑型。靜置 1 至 2 分鐘直到成形，然後便可將派偶取下，再次用於下一片薄餅。如果你有信心，也可以直接在烤盤上捲成形。

5. 將捲好的烏布利高高地放在盤中，以便在晚餐後與甜酒或香料酒及其他烈性飲料一起享用。

新年小捲餅
Nieuwjaarsrolletjes

在法蘭德斯，這些捲製的新年華夫餅（*Nieuwjaarswafels*）或烤盤煎餅（*ijzerkoeken*，因爲它們是以烤盤製作的）並不那麼常見，但它們是瓦隆尼亞和尼德蘭的傳統。在尼德蘭，華夫餅在年末時是平的，因爲這一年已經「展開」（rolled out）了，而到了新年元旦那天，人們會捲起華夫餅，因爲這一年尚未開展。

這些甜點是我們在 16 和 17 世紀繪畫中看到的精緻烏布利捲餅（參見第 48 頁）的後裔。隨著華夫餅烤盤逐漸演進，它們的雕工變得不那麼精細，做出來的華夫薄餅也不那麼精緻，所以烏布利逐漸變成了這種新年華夫餅。

這些華夫餅是用比西法蘭德斯的幸運華夫薄餅（*lukken*，參見第 53 頁）更濕潤的麵團製成的。烘烤時，它們一從烤盤中取出就會捲起來。如果你是荷蘭人，就會填滿打發鮮奶油，若是瓦隆人，則會填入香草或咖啡奶油霜（buttercream）。或者也可以讓它們保持原樣，這也很好。

份量：16 片新年小捲餅（取決於你的烤盤尺寸）
使用模具：淺華夫餅烤盤（更多資訊參見第 263 頁）

無鹽奶油　125 g（4½ oz），另加額外份量爲烤盤上油
紅糖　250 g（9 oz）
全蛋　1 顆
肉桂粉　¼ 小匙
洋茴香籽粉　¼ 小匙
薑粉　一小撮（⅛ 小匙）
鹽　一小撮（⅛ 小匙）
中筋麵粉　250 g（9 oz）
水　160 ml（5¼ fl oz）
鮮奶油或調味奶油霜　搭配食用

作法

1. 在醬汁鍋中以小火融化奶油，將鍋子從火上移開並將糖拌入。靜置放涼後加入全蛋、肉桂粉、洋茴香籽粉、薑粉和鹽，以打蛋器混合，然後拌入一半的麵粉與全部的水，當完全混合均勻後，加入剩下的麵粉。

2. 麵糊可以立即使用，也可以將其加蓋放在陰涼處靜置至少 24 小時。華夫餅的風味和質地在靜置後會變得更佳，我也曾有幾次將麵糊靜置長達一週。

3. 加熱華夫餅烤盤。以奶油爲烤盤上油，然後將 1 大匙麵糊舀至其中一側的烤盤。你可能需要根據烤盤調整麵糊用量，因此請先測試一片華夫餅需要多少麵糊。將烤盤壓緊闔上，每片華夫餅烘烤 2 至 3 分鐘，或直到它們變成深金色。

4. 以木鏟從烤盤上取下華夫餅，準備好木勺或派偶和一張折疊的紙巾。將華夫餅移到折疊紙巾上，將其放在手掌中（注意，它可能很燙），並在紙巾的幫助下沿著木勺柄或派偶邊緣爲烏布利薄餅塑型。靜置一兩分鐘直到成形，然後便可將派偶取下，再次用於下一片薄餅。

5. 在捲餅中填入你選擇的餡料，將填好餡的華夫餅高高堆成金字塔形，放在托板或盤上即可享用。

幸運華夫薄餅
Lukken

這些酥脆、充滿奶油香的華夫餅，傳統上是比利時西法蘭德斯省爲新年所製作。它們是烏布利薄餅的後裔（參見第 48 頁），但稍厚且未捲起。原文「luk」之名來自荷蘭語的「geluk」（運氣），作爲祝福新年好運之意。

在 16 與 17 世紀，人們會在節日大餐後享用這些華夫餅，並佐以甜酒或香料酒。

1890 年，當地烘焙師傅居爾‧德史托佩（Jules Destrooper）開始以自己的祕方製作這些華夫餅，並以「奶油烘餅」（galettes au beurre）之名全年販售。它們成爲全國最受歡迎的餅乾，以至於該地區以外的人們不再將這種奶油餅乾與幸運華夫薄餅或新年連結在一起。

自 1904 年以來，法屬法蘭德斯敦克爾克的一家餅乾店也開始全年烘焙這些幸運華夫薄餅，名爲「敦克爾克烘餅」（gaufre Dunkerquoise）。然而，他們確實注意到這是一種佛拉蒙華夫餅。法屬法蘭德斯的某些地區與法蘭德斯有仍有許多相似之處，甚至說一種佛拉蒙方言，雖然遺憾的是後者正逐漸消失中。

1949 年二次世界大戰結束後，居爾‧德史托佩的兒子開始將他的華夫餅出口至紐約，它們在紐約同樣受到歡迎。成立於 1914 年，以英語和荷蘭語出版了 100 多年的《底特律公報》（Gazette van Detroit）每年在新年前的幾週，都會刊登幸運華夫薄餅烤盤的廣告。這不僅表明德史托佩的華夫餅一飛沖天，人們也會在家裡製作它們。

我在 10 年前獲得以下的食譜，從那以後，它一直是我們家的最愛。幸運華夫薄餅可以使用淺華夫餅電烤盤、冰淇淋甜筒烤盤或爐烤盤（stovetop iron）製作。製作這種華夫餅麵團需要多次秤重和擀平，因此這會是一項家庭活動——在西法蘭德斯省的許多家庭中，直到今天仍然如此。

份量：63 片小華夫餅
使用模具：淺華夫餅烤盤（更多資訊參見第 263 頁）

無鹽奶油　250 g（9 oz）
全蛋　2 顆
細砂糖　475 g（1 lb 1 oz）
鹽　一小撮（⅛ 小匙）
干邑白蘭地或蘭姆酒　2 大匙（若你不想使用酒，可替換爲水）
中筋麵粉　500 g（1 lb 2 oz）

作法

1. 在小型醬汁鍋中以小火融化奶油，然後靜置冷卻。在大調理盆中，將全蛋與糖、鹽和甘邑白蘭地一起攪拌，然後加入融化奶油並充分混合。篩入麵粉，揉成光滑的麵團。將麵團移至密封容器中，並在陰涼處（不要在冰箱中）靜置隔夜。

2. 隔天秤量將麵團以每 20 g（¾ oz）分成一小塊，根據想要的形狀將它們做成球形或粗雪茄形。

3. 將華夫餅電烤盤或爐烤盤加熱至非常高溫，然後將每片華夫餅烘烤 2 至 3 分鐘，或直到它們變成深金色。金色和深褐色的差異就在幾秒之間。由於麵團本身不黏，因此無需爲烤盤額外上油。

4. 將華夫餅放入密封容器中，最長可保存三週。

肉桂華夫餅
Cinnamon waffles

　　肉桂華夫餅（德語：*Zimtwaffeln*）出現在具有數百年歷史的荷蘭語和德語烹飪書籍中，但肉桂華夫餅文化在德國薩爾蘭邦（Saarland）得到進一步發展，在那裡它們有專門的裝飾性華夫餅烤盤。在比利時和尼德蘭，我們更喜歡其他華夫餅，因此在 19 世紀初的某個時點，味道濃郁的肉桂華夫餅便失寵了。

　　整個將臨期（Advent）[61] 期間，人們都會製作肉桂華夫餅。賣給我古董傳家寶肉桂華夫餅烤盤（*Zimtwaffeleisen*，見左頁照片）的那位男士也給了我他的兩則家庭食譜，一則來自他妻子的祖母，可追溯至 1920 年代，另一則大約來自 1960 年代。

　　我很好奇他為什麼要賣掉珍貴的華夫餅烤盤，他解釋說自己已不再使用，因為現在電烤盤也有同樣精細的刻紋。他向我保證，在將臨節期間，他的屋裡依然瀰漫著現做肉桂華夫餅的奶油與肉桂香。所以我也為自己買了電烤盤，作為華夫餅烤盤收藏家，我喜歡為每種華夫餅搭配專用的烤盤，但我也喜歡以電烤盤來簡化製作程序。若使用爐烤盤，熱度是關鍵：若烤盤不夠熱，麵團就會沾黏。

　　1789 年的《法蘭克福烹飪書》（*Frankfurter Kochbuch*）有一個肉桂華夫餅食譜，你可以在下面看到。現代食譜仍然和它一模一樣。雖然華夫餅烤盤賣家給我的家庭食譜還包括杏仁粉與巧克力，這似乎是 1920 年代的流行，幸運的是這種風潮沒有留存，因為這些華夫餅原味時就很完美了。

份量：60 片薄華夫餅
使用模具：具刻紋裝飾的德國肉桂華夫餅淺烤盤
（*Zimtwaffeleisen*）或挪威克魯姆卡克酥餅 [62] 烤
盤（更多資訊參見第 263 頁）

細砂糖　110 g（3¾ oz）
無鹽奶油　225 g（8 oz），融化後放涼
全蛋　1 顆
肉桂粉　15 g（½ oz）
中筋麵粉　225 g（8 oz）

作法

1. 將糖、奶油、全蛋和肉桂放入調理盆中，攪拌至呈現奶霜狀，然後慢慢加入麵粉直至充分混合。
2. 讓麵團在涼爽的地方（最好是冰箱）加蓋靜置一夜，使麵糊風味更加彰顯。
3. 把麵團分為一個個核桃般大小的球狀。
4. 將華夫餅電烤盤或爐烤盤加熱至非常高溫，然後將每一個麵球放入烤盤中，烘烤 1 至 2 分鐘直到呈現金褐色。若烤盤足夠熱，麵團便不會沾黏，因此無需額外上油。
5. 將華夫餅放入密封容器中，最長可保存三週。

糖漿薄脆餅
Lacquemant

糖漿薄脆餅（也會拼寫爲 *lacment*、*lacquement* 或 *lackman*，也常被稱爲「烘餅」〔*galette*〕）是一種脆而薄的發酵華夫餅，在剛從烤盤滾燙出爐時將其切分爲兩半，並塗上由蜂蜜、坎蒂紅糖漿（*kandij* syrup，參見第 29 頁）或紅糖製成的液態糖漿，並以淡淡的橙花水調味。

它們被裝在像裝炸薯條（*frites*）一樣的尖錐紙袋中，溫暖的糖漿從華夫餅中滲出並滲入袋子尖端，通常最後一塊華夫餅會浸在糖漿中。當一次買數片裝在同一袋的華夫餅時（傳統上它們以 6 片爲單位出售好讓人們可共享），總會有人爭吵誰可以把自己的華夫餅浸在糖漿裡。

16 世紀早期的荷蘭語食譜書中出現了一種在烘烤後被分爲兩半，然後塗上融化奶油或奶油與糖等簡單餡料的華夫餅。非常合乎邏輯地，這些早期切半華夫餅演變爲糖漿薄脆餅。

糖漿薄脆華夫餅於 1903 年由一位人稱「寵兒史密茲」（Désiré Smidts）的人發明。他以雇主的名字「拉克蒙」（Lacquemant）爲華夫餅命名，這位雇主是里爾（法屬佛蘭德斯）的一名糕點師，名叫貝爾特·拉克蒙（Berthe Lacquemant），在各園遊會巡迴華夫餅大型餐車。這種華夫餅的靈感來自夾心華夫餅（*gaufre fourrée*）或佛拉蒙華夫餅，在里爾很受歡迎，是那些早期切半華夫餅的後裔。1917 年 9 月 28 日的《布雷達快報》（*Bredasche Courant*）記述了某位人士在尼德蘭鹿特丹園遊會上的回憶，他在那裡吃了來自「知名的馬克斯」（Max，即馬克斯·康賽爾〔Max Consael〕）[63] 的炸麵包（*beignets*）、里爾拉克蒙的冰淇淋和小泡芙（*profiteroles*）、康賽爾的荷蘭小鬆餅（*poffertjes*），以及來自福斯瑪（Vulsma）的華夫餅。最遲從 1912 年在列日園遊會上露面以來，寵兒史密茲便擁有自己的園遊會華夫餅大型餐車，以出售他的糖漿薄脆餅。

寵兒史密茲的孫子馬克·史多佛（Marc Stoffels）先是在園遊會上，然後從 1980 年代初開始，在自己位於安特衛普的「里爾寵兒」（Désiré de Lille）茶室裡繼續其祖父的工作。2016 年，他賣掉了自己的事業，「里

爾寵兒」舊址現已難以辨認、亟需翻新。幸運的是，該家族另一位後裔安－瑪麗·史多佛（Anne-Marie Stoffels）仍然開著實體的「里爾寵兒」華夫餅大型餐車四處旅行，讓家族企業和歷史保持活力。

糖漿薄脆華夫餅是園遊會美食（*gastronomie foraine* 或 *kermis gastronomy*）：僅在大型園遊會（*grande foires*）上提供的食物。我父親對園遊會上的糖漿薄脆餅記憶猶新，也在我還是個小女孩的時候帶我去買糖漿薄脆餅，他會對我說：「Moete ne lekman hebbe?」（在安特衛普方言中意爲「想要一個糖漿薄脆餅嗎？」）多年來我一直認爲華夫餅的名字是「lick-man」[64]，因爲你必須舔舐糖漿。爸爸說，就像布魯塞爾華夫餅一樣，人們幾乎從來不在園遊會中食用這些華夫餅，習俗是購買後帶回家和家人一起享用。今天它們是街頭點心，但也越來越少見了。

當談到傳統上在街上享用的美食時（好吧，是在我這一代——畢竟我爸爸對此可不同意），吃它們的方式有助得到良好的體驗，也因此能提升風味。尖尖的紙筒必不可少，因爲它能讓你將糖漿薄脆餅浸入糖漿聚集的尖端，還能防止你的鞋子被糖漿滴得到處都是。我提供了自製錐形紙筒的說明，因爲我認爲這是必要的。另一件事則是華夫餅壓紋，這些華夫餅壓紋可說相當寬。你可以用與幸運華夫薄餅（參見第 53 頁）或糖漿夾心華夫餅（stroopwafel，參見第 61 頁）相同的烤盤烘烤它們，但我發現若壓紋更寬（即糖漿薄脆餅的傳統做法），便能更好地將糖漿留在薄脆餅表面，風味也會因此更好。我用便宜的冰淇淋甜筒烤盤得到極佳效果，你可以自己決定是否要在收藏中增添另一種華夫餅烤盤：冰淇淋甜筒烤盤也能用來製作幸運華夫薄餅與夾心糖漿華夫餅。在比利時，擁有多個烤盤完全正常，但那是因爲烤華夫餅對我們來說就像與生俱來的特質一樣。

份量：30 片糖漿薄脆餅
使用模具：淺華夫餅烤盤（更多資訊參見第 263 頁）

無鹽奶油　100 g（3½ oz）
全脂牛奶　40 ml（1¼ fl oz）
高筋麵粉　500 g（1 lb 2 oz）
紅糖或細白砂糖　50 g（1¾ oz）
速發乾酵母　½ 小匙
肉桂粉　½ 小匙
全蛋　1 顆
水　110 ml（3¾ fl oz）
鹽　1 小匙

糖漿內餡
紅糖　200 g（7 oz）
無鹽奶油　50 g（1¾ oz）
蜂蜜　1 大匙
水　1 大匙
橙花水　1 大匙
肉桂粉　1 小匙

作法

1. 在小醬汁鍋中以小火將奶油融化至牛奶中，靜置冷卻。

2. 在大調理盆或裝上鉤型攪拌棒的電動攪拌機盆中加入麵粉、糖、酵母、肉桂粉與全蛋。倒入奶油與牛奶混合物，連同一半的水一起揉至完全融合，然後加入剩餘的水並揉捏 2 分鐘。靜置 5 分鐘，接著加入鹽並揉捏 10 分鐘。加蓋靜置 1 小時至體積成爲兩倍大。

3. 在此同時製作糖漿內餡：將所有食材在醬汁鍋中混合，以小火煮沸，期間不斷攪拌，接著靜置冷卻。

4. 準備有烘餅、冰淇淋甜筒或薄華夫餅附件的熱壓華夫餅機。

5. 秤量出重 30 g（1 oz）的多個麵團塊並揉成球狀。加熱烤盤，將麵球擀成約 13 × 6 cm（5 × 2½ inches）的長方形，然後在烤盤中烘烤 2 分鐘或直至呈現淺金褐色。實際需要多長時間取決於你的熱壓機，因此請以第一片華夫餅測試烘烤時間。

6. 趁熱以鋒利的刀子將華夫餅水平切開，舀入 1 勺糖漿。放入錐形紙筒，在尖端積聚的糖漿中轉動華夫餅趁熱享用。

* 你可以將未烘烤的麵球加蓋放在冰箱中保存 2 天。這些華夫餅在烘烤後立即享用風味最佳。

製作錐形紙筒
取一張 A4 紙，將右下角向上折疊到紙張左側做出一個錐形，頂部會剩下約 8 cm（3¼ inches）高，接著將其向下折疊，並將周圍的邊角折至圓錐背面。（最好用一些膠帶固定底部尖端，這樣糖漿就不會滲出並在你的鞋子上流得到處都是：它會黏得亂七八糟！）

圖爾奈華夫餅
Gaufre de Tournai

　　這些非常薄、軟，對半切分並填入奶油和紅糖混合餡料的華夫餅，也稱爲「夾心華夫餅」（*gaufres fourrées*）、「對切華夫餅」（split waffle）或波珀靈厄切餅（*Poperinge splitters*）65。傳統上，西法蘭德斯和法屬法蘭德斯的祖母們會在新年前後烤製它們，尤其是在圖爾奈。圖爾奈曾是法蘭德斯伯國（Graafschap Vlaanderen）的一部分，但現在位於瓦隆大區。儘管圖爾奈的烘焙師傅依然按照自己的食譜新鮮烘焙圖爾奈華夫餅，但傳承四代的馬凱家族鬆餅屋（Gaufrerie Marquette & Fils）所製作的卻最爲流行。我經常從學校的自動販賣機中購買他們的華夫餅。

　　在不到 25 公里（15½ 英里）外，在法國里爾也能找到圖爾奈華夫餅。里爾在 1713 年之前一直是法蘭德斯的一部分。1849 年，來自法蘭德斯的麥可·保勒斯·吉斯林努斯·梅爾特（Michael Paulus Gislinus Méert）取得了里爾一家指標性糕點店的所有權，並帶來圖爾奈華夫餅的傳統。在過去 170 年中，它一直是該店 66 最著名的商品。

　　就在我們家轉角處，一家安特衛普的烘焙坊曾出售圖爾奈華夫餅，裡面填滿香草奶油霜，並撒上糖粉。它在我的小學裡有著神聖地位，被允許回家吃午餐的孩子們經常在回校時於操場上炫耀他們的華夫餅，我超級討厭他們！我們這些在學校吃午飯的孩子會用渴望的大眼看著這些華夫餅，知道到了放學時，華夫餅總是已搶購一空。雖然奶油霜很迷人（當然），但此處提供的是以卡薩納多紅糖（一種淺棕色甜菜糖）67 製成的傳統餡料食譜。在西法蘭斯省，這種糖與奶油混合物被稱爲「公牛奶油」（*stierenboter*）。

份量：30 片華夫餅
使用模具：淺華夫餅烤盤（更多資訊參見第 263 頁）

中筋麵粉　500 g（1 lb 2 oz）
細白砂糖或細紅砂糖　50 g（1¾ oz）
無鹽奶油　125 g（4½ oz），軟化
速發乾酵母　7 g（¼ oz）
全脂牛奶　90 ml（3 fl oz）
全蛋　3 顆
鹽　一小撮（⅛ 小匙）

內餡
無鹽奶油　250 g（9 oz），軟化
糖粉　250 g（9 oz）
還原黃糖（soft light brown sugar）68　250 g（9 oz）

備註： 內餡中通常還會加入 1 至 2 大匙蘭姆酒，這很有趣，但並不是每個人都喜歡。如果你想要做出酒香滿溢的華夫餅，請隨喜好添加。

作法

1. 將麵粉、糖、奶油與酵母在大調理盆或裝上鉤型攪拌棒的電動攪拌機盆中混合。倒入一半的牛奶及 3 顆全蛋後開始揉捏。當所有液體都被吸收後，倒入剩下的牛奶，繼續揉捏 5 分鐘。靜置 5 分鐘。

2. 加入鹽並揉捏 10 分鐘。如有需要，將沾黏在攪拌棒或調理盆壁上的麵糰刮下。揉捏直到麵團變得光滑有彈性，既不太乾也不太濕。將麵團加蓋後靜置 1 小時，直到體積變爲兩倍大。

3. 與此同時製作內餡，將奶油和糖粉一起用打蛋器混合至柔軟的奶霜質地，然後用矽膠攪拌匙拌入紅糖。靜置一旁備用。

4. 稍微揉捏一下麵團，然後將其分成 30 等份，滾成光滑的小球。

5. 加熱華夫餅烤盤，然後將每個麵球壓扁並拉伸成橢圓形，將其放入烤盤中，闔上烤盤壓緊。烘烤至金黃色：需要多長時間取決於你的烤盤，因此請用第一片華夫餅測試烘烤時間。

6. 從烤盤中取出華夫餅，立即用鋒利的刀從中切分爲兩半。趁華夫餅還有些餘溫時，塗上內餡完成製作。

7. 立即享用，或將填好餡的華夫餅放在密封容器中，最長可保存三天。

糖漿夾心華夫餅
Stroopwafel

這種夾了蜂蜜或糖漿混合物的薄華夫餅在法蘭德斯和尼德蘭很受歡迎，因此大多數人都會將其與尼德蘭連結在一起 [69]。正是在 19 世紀的尼德蘭小鎮豪達（Gouda），第一批烘焙師傅開始製作這種華夫餅，稱爲「豪達糖漿夾心華夫餅」（Goudse stroopwafels），不過確切的歷史已無法追溯。與糖漿薄脆餅（參見第 56 頁）和其他夾心華夫餅一樣，這也是歷史悠久的「對切華夫餅」後代。

當我還是個孩子的時候，這是母親經常買的一種點心，裡面填滿了蜂蜜，儘管現在通常使用糖漿。當把這種華夫餅放在一杯咖啡或熱巧克力上時，便會顯現其美妙之處：裡面的糖漿或蜂蜜會變成液態並從邊緣流出。在尼德蘭，還有一種用薄餅乾代替華夫餅製成的版本，稱爲糖漿夾心餅（stroopkoek）。

糖漿夾心華夫餅會在烘烤後被切成整齊的圓形，然後切開，因而產生很多邊角料。在尼德蘭，這些邊角料會以袋裝形式出售，作爲眞正的點心。您可以略過不切，或者像荷蘭人那樣，培養將邊角料作爲點心的愛好。

份量：34 片大華夫餅（直徑 9 cm / 3½ inch）或 39 片小華夫餅（6.5 cm / 2½ inch）
使用模具：淺華夫餅烤盤（更多資訊參見第 263 頁）與 1 個直徑 9 cm（3½ inch）或 6.5 cm（2½ inch）的圓形餅乾切模。如果你的熱壓機淺烤盤有兩種不同大小的壓紋，請使用尺寸較小的那一個；若你只有一個圓形華夫餅烤盤，便可以製作大片華夫餅。

高筋麵粉　500 g（1 lb 2 oz）
無鹽奶油　250 g（9 oz），軟化，另加額外份量爲烤盤上油
德梅拉糖或細砂糖　100 g（3½ oz）
速發乾酵母　15 g（½ oz）
肉桂粉　½ 小匙
海鹽　½ 小匙
泡打粉　⅓ 小匙
牛奶　50 ml（1¾ fl oz）
液態蜂蜜　25 g（1 oz）
全蛋　1 顆

內餡

細白砂糖或細紅砂糖　300 g（10½ oz）
液態蜂蜜　50 g（1¾ oz）
葡萄糖漿（glucose）　50 g（1¾ oz）
水　85 ml（2¾ fl oz）
無鹽奶油　100 g（3½ oz）
肉桂粉　一小撮（⅛ 小匙）

作法

1. 將麵粉、奶油、糖、酵母、肉桂粉、鹽和泡打粉在大調理盆或裝上鉤型攪拌棒的電動攪拌機盆中混合。倒入牛奶、蜂蜜及全蛋後揉捏 5 分鐘。將麵團靜置 5 分鐘，隨後再次揉捏 10 分鐘。將調理盆加蓋，靜置 1 小時。

2. 與此同時，製作餡料。將糖、蜂蜜、葡萄糖漿和水在一個中等大小的醬汁鍋中混合，在小火上攪拌直至糖溶解，接著加入奶油。煮沸後以小火慢燉，直到混合物在糕點溫度計上達到 100° C（210° F）。加入肉桂粉並持續沸騰狀態，直到糖漿達到 112 至 115° C（234 - 240° F）：這稱爲「軟球階段」（soft ball stage）。一開始會出現大泡泡，呈奶霜狀，接著泡泡會變小。我不提供時間，因爲我希望你能專注於溫度計和焦糖，而不是計時器。將平底鍋離火並靜置在旁：你可以在需要爲華夫餅填餡時復熱。

3. 麵團發酵好後，秤取 30 至 40 g（1 - 1½ oz）的麵團，將它們放在鋪有烘焙紙的托盤上或密封容器中。你可以讓它們在冰箱中隔夜緩慢發酵，也可立即烘烤。

4. 加熱華夫餅烤盤，塗上少許奶油，將其中一個麵球壓平並烘烤至金黃褐色，這在我的烤盤上大約需要 2 分鐘。

5. 當華夫餅仍然溫熱時，以圓形餅乾模切出完美的圓形（如果你不介意質樸風格的話，可以省略此步驟）。用鋒利的刀將每個華夫餅水平切開，然後塗抹上內餡。輕輕地將華夫餅的兩半壓在一起：從邊緣漏出的內餡最爲美味！

鹹味地瓜華夫餅
Savoury sweet potato waffles

　　這些華夫餅將會是你做過最美味的鹹味華夫餅——總之我的看法是這樣。香料隱隱提供了一種微妙的風味：它們並非彰顯自身的主角，只是作為輔助。

　　上桌時，我會以比利時傳統白乳酪（*platte kaas*，即夸克乳酪或新鮮白乳酪）搭配它們。這種白乳酪也用於瓦隆乳酪蛋糕或塗在麵包上，上面撒上櫻桃蘿蔔（radish）片 [70]，再搭配比利時調和自然發酵酸啤酒（Gueuze beer） [71]。

份量：10 片中型華夫餅（每人 2 片，午餐或晚餐時食用）
使用模具：普通華夫餅烤盤（更多資訊參見第 263 頁）

地瓜　400 g（14 oz）
無鹽奶油　50 g（1¾ oz）
乳酪　100 g（3½ oz），如半硬質的豪達乳酪（semi-mature gouda）、切達乳酪（cheddar）或紅萊斯特乳酪（red Leicester） [72]
高筋麵粉　100 g（3½ oz）
中筋麵粉　100 g（3½ oz）
泡打粉　¼ 小匙
海鹽　¼ 小匙
煙燻紅椒粉　¼ 小匙
孜然粉　¼ 小匙
義大利餐前麵包普切塔（bruschetta） [73] 綜合香草或奧勒岡葉（oregano）　1 大匙
全蛋　2 顆（蛋黃蛋白分開）
全脂牛奶　50 ml（1¾ fl oz）

配料

平葉荷蘭芹（flat-leaf parsley）
比利時傳統白乳酪或酸奶油（sour cream）、冰島凝乳（skyr）
現磨黑胡椒（cracked black pepper）
細葉香芹葉（chervil sprigs） [74]

作法

1. 烹煮地瓜有兩種方法：若你認為自己有條不紊，可以將整條未去皮的地瓜和晚餐一起放入烤箱，烤至柔軟（這種方法的成果最為美味，而且非常容易，下次你一定會記得在製作晚餐時放一兩條地瓜進去）。烤箱溫度並不重要，只要不超過 200°C（400°F）——只需在 30 分鐘後輕壓地瓜，看它是否變軟；如果烤好了皮會起皺。地瓜烤好後，最多可在冰箱中保存三天。

2. 第二種方法則是在做華夫餅那天烹煮地瓜。如果你能找到小的，請將它們整條一起煮熟，因為這樣會風味較佳；但如果它們很大，就切成方塊，煮時留心，以免被煮化。根據地瓜的大小，約需煮 20 分鐘。

3. 取出地瓜肉，或將地瓜丁放入食物調理機中打成泥，然後冷卻。

4. 同時在小醬汁鍋中以小火融化奶油，注意不要起泡，接著靜置冷卻。將乳酪磨碎。

5. 將麵粉、泡打粉、鹽、香料和香草放入一個大調理盆中攪拌均勻。

6. 在另一個調理盆中，將地瓜泥和融化奶油以打蛋器攪拌均勻。加入蛋黃和牛奶，然後將此混合物加入粉類混合物中。攪拌直至混合均勻，然後將蛋白打至硬性發泡，接著將蛋白霜與磨碎的乳酪一起拌入麵糊中。

7. 加熱華夫餅烤盤。將一團麵糊放在烤盤上，每個華夫餅烘烤 3 分鐘或直到呈現金黃色。

8. 切碎一些荷蘭芹並將其加入白乳酪或酸奶油中。隨心所欲地加入黑胡椒，攪拌混合。

9. 將華夫餅與調味好的白乳酪一起上桌，撒上小巧的細葉香芹葉，這會帶來一種細膩的風味。其他細緻的沙拉葉也可以。

10. 將剩下的華夫餅冷凍或保存在密封容器中。隔天或解凍後，只需在熱華夫餅烤盤或烤麵包機中復熱即可。

瑞胡菈的華夫餅
Regula's waffles

　　這個食譜的開端，是我小時候在家裡唯一一本破舊烹飪書中找到的配方。由於那時手邊只有少數幾個食譜可以使用，這代表我總是覺得這些食譜僅是指南，而我可以多方實驗、創造屬於自己的成果。母親協助我依照食譜做了第一批華夫餅，這只是在食譜上的幾行字，接著我從那裡往後實驗，成果便是這些柔軟的華夫餅。它們在比利時通常被稱為家庭華夫餅，因為若妥善存放，可以保存一週以上，這表示它們非常適合「華夫餅烘焙慶」（wafelenbak），這是一個烘烤和出售華夫餅的慶典。它們也經常出現在兒童派對和小型園遊會中，當地婦女會在這些場合中以家用烤盤烤製。近年來，製作這種華夫餅的餐車會在古董和花園園遊會中出現：它們與園遊會的華夫餅大型餐車不同，因為通常不會由同一家族代代相傳。法蘭德斯的梅赫倫鎮（Mechelen）的每週集市上，有個糕餅店攤位因其華夫餅而備受推崇。和我的華夫餅一樣，是以幾個烤盤新鮮現烤並按重量出售。

　　這個食譜已經被我減半。小時候我總是忘記將食譜減半，結果我們整個小公寓裡都會堆滿一盤盤冷卻的華夫餅。然後我會自己製作包裝紙和盒子，並將附有「瑞胡菈的華夫餅」手繪標籤的華夫餅送給年長的親戚。

　　我過去總是把它們做得很小，以便一次烤 4 片，然後就能一次 2 片而不是 1 片大的，但最近我開始把它們做得大一些。這是我人生中經過最多演變的食譜，我在撰寫本書時調整了最後一次。

份量：14 片大華夫餅
使用模具：普通華夫餅烤盤（更多資訊參見第 263 頁）

中筋小麥麵粉或斯佩爾特小麥粉（spelt flour）[75]　500 g
　（1 lb 2 oz）
無鹽奶油　250 g（9 oz），質地極軟
細白砂糖　300 g（10½ oz）
全蛋　5 顆
全脂牛奶　140 ml（4¾ fl oz）
香草莢　1 根或天然香草精 3 小匙
澄清奶油或油　烤盤上油用（若使用古董華夫餅烤盤）

作法

1. 麵糊可以提前製作並冷藏至需要時取出。

2. 手持或直立式攪拌機將奶油和糖一起攪打至呈現奶霜狀且顏色變淺。

3. 分次加入蛋，確保每顆蛋都完全融入混合物中後，再加入下一顆。加入半量麵粉，然後是牛奶，以及香草精或以刀從香草莢中刮出的香草籽，然後加入剩餘的麵粉，攪拌至麵糊像蛋糕麵糊一樣光滑。

4. 預熱華夫餅烤盤。現代華夫餅烤盤不需上油；若使用古董華夫餅烤盤，則需使用澄清奶油或油為烤盤上油。如果華夫餅黏在一起，表示烤盤溫度不夠高。

5. 以湯匙舀出麵糊，用抹刀將麵糊在熱烤盤上塗抹開來。我偏愛用一根小湯匙製作自由形狀的小型華夫餅，一次可以做 4 片，這種柔軟華夫餅的傳統做法就是如此。麵糊不需覆蓋整個烤盤表面，加入過多的麵糊會使華夫餅質地變得過於扎實。

6. 放在網架上冷卻，然後移至密封容器中。這種華夫餅剛做好時外表有些酥脆、內裡柔軟，但第二天會整體變軟。它們可以保存一週，也可冷凍存放。食用時無需添加配料。

漢斯‧弗蘭肯（HANS FRANCKEN, 1581-1624）:〈煎餅、華夫餅與戴芙卡特麵包的冬季靜物畫〉（*Winter still life with pancakes, waffles and duivekater*），比利時皇家藝術博物館。從左上角順時鐘方向開始，可以看到一個裝飾佛拉麵包、香料蛋糕、華夫餅、煎餅、油炸點心、檸檬（煎餅和油炸點心經常會擠上檸檬汁）、一個字母餅乾、糖漿、白餐包、堅果、蘋果與歐楂果（medlars）。

隆冬佳節
A MIDWINTER FEAST

麵包就是生命。因此，它在節慶活動與季節中扮演重要角色也就不足爲奇了。對裝飾麵包的禮讚並非低地國家獨有，而是許多國家節日文化的一部分。它們的形狀通常與宗教、象徵或基於迷信的信仰有關。麵包可以塑形成強褓中的嬰兒、動物、聖人和永恆的象徵，也可以是意義已隨著時間消逝的奇特形狀。節日麵包最常出現在新年和復活節前後，但也會出現在某些聖人和英雄的紀念節日上。

當格里曆取代儒略曆時，新年的開端從三月移至了一月，這就是爲什麼許多文化都有在聖誕節、新年和復活節前後互贈一大塊油脂豐厚的節日麵包的習俗。

烘烤復活節麵包是爲了慶祝冬天和大齋期過後奶油與雞蛋的回歸，奶油和蛋讓人們能夠再次烘焙富含油脂的麵包。雞蛋象徵著春天再臨，這就是爲什麼我們現在認爲屬於聖誕節或新年的麵包通常含有蛋和奶油的原因。

比利時的佛拉麵包（vollaard）或尼德蘭的戴芙卡特麵包（duivekater）是低地國家歷史上的主要冬日節慶麵包。它們由甜酵母麵團製成，裝飾因地區、甚至因城鎮而異。

在尼德蘭，戴芙卡特麵包是橢圓形或長方形的，它在某些地區被稱爲「脛骨麵包」（scheenbeenbrood）或「捲捲麵包」（krulkoek），通常以在表面刷過蛋液的麵團上畫出刻紋來裝飾，以露出淺色的內部。頂端和底部經常被切開，尖端像鬍鬚一樣向外捲曲（因此稱爲捲捲蛋糕）。

雖然在文藝復興時期非常普遍，但現在這種麵包只留在贊河流域地區（Zaan district）[76]和阿姆斯特丹北部。如今最著名的戴芙卡特麵包來自一家同名烘焙坊「戴芙卡特」（De Duivekater）：他們自傳奇烘焙師傅可羅斯（Kroes）那裡買下食譜。可羅斯以其出色的戴芙卡特麵包而聞名，這家家族烘焙坊自豪地保持了此一傳統，人們每年冬天都從遠方前來購買他們的節日麵包，就像我自從發現它以來所做的那般。

我們可以從 17 世紀的書面資料上找到這種麵包，但沒有人解釋這個奇怪的名字。從與「魔鬼」（devil）相關、到糟糕的法語發音，此名稱一直引起廣泛猜測。解釋可能很簡單，譬如可能是第一個製作它的烘焙師傅

的姓氏。除非發現新的歷史來源，否則我們可能永遠都不得而知。早期提及該詞彙的出處包括寇尼里斯·奇里安（Cornelis Kiliaan）的《詞源學》（Etymologicum, 1599）[77] 辭典，奇里安將「戴文—卡特」（duyven-kater）的拉丁文翻譯爲：「一種作爲新年禮物贈送的蛋糕」（Libi genus, quod strenae loco datur）。另一個重要的出處則在赫爾柏蘭·布雷德羅（Gerbrand Bredero）[78] 於1617 年創作的喜劇《小小摩爾人》（Moortje）中。裡面解釋了與聖尼古拉斯、聖誕節和三王節（Three Kings day）[79] 相關的冬季習俗，並提到主顯節時人們會收到一塊「迷人的戴芙卡特麵包」（moye Duevekater）作爲禮物。

從民俗到藝術的圓幣裝飾（patacon）

與戴芙卡特麵包不同，佛拉麵包則是以白色鉛釉精緻彩陶（pipeclay）製成的圓盾和襁褓嬰兒作爲裝飾。這些圓盾形裝飾被稱爲「圓幣」（patacons），是以西屬尼德蘭的硬幣（patagon）命名，這是一種當今非常罕見的民間藝術形式。目前仍以這種藝術形式創作的已知人士僅有兩位，而我曾見過其中一人。這位女士是唯一一位仍在製作用於佛拉麵包裝飾的圓幣的人，每年一次在布魯日聖誕工藝品市集出售。她教了我製作過程，因此我和丈夫開始製作自己的圓幣裝飾，因爲這種習俗與民間藝術形式實在太珍貴了，不應消失。

這種精緻的陶土圓幣裝飾通常印有淺浮雕並塗上鮮豔的顏色，從《聖經》到傳奇故事都可以是主題。漢斯·佛蘭肯（Hans Francken）畫作（左頁）上的圓幣裝飾，最上面一個圖樣很常見，是描繪上帝的羔羊。這將麵包與復活節連結起來。在年曆更改之前，復活節是一年之始。

這些被烘烤至麵包中的小型藝術品，過去曾在如今的比利時全區皆有生產。我拜訪的圓幣裝飾藝術家告訴我，人們以前必須在聖誕節前前往烘焙坊訂購圓盾裝飾並預付款項，因爲製作成本極爲高昂。這對孩子們來說，這曾是一種貨眞價實的樂趣，他們每年都會收集這些圓幣。尼德蘭的節慶麵包戴芙卡特成功在一個地

區生存下來；不過，雖然比利時美輪美奐的佛拉麵包如今幾乎消失，卻仍然可在庫努麵包（cougnou）、聖馬丁人形麵包（mantepeirden）和聖尼古拉斯人形麵包（klaaskoeken）等中找到蹤跡。

為麵包塑形

在尼德蘭，戴芙卡特麵包出現在聖誕節、新年、聖靈降臨節（Pentecost）[80]和復活節；在比利時，這些麵包變成了不同形式分布在各個地區。如果不叫佛拉麵包，在布魯日它被稱爲「天使蛋糕」（engelenkoek）或「天使加百列」（engeltje Gabriel），在蒂埃能（Tienen）被稱爲「圖騰」（toteman）。

在瓦隆尼亞及其與法蘭德斯和法屬法蘭德斯的語言邊界附近，庫努麵包（參見第 76 頁）則成爲年末、冬季與新年麵包。其形狀大致像一個襁褓中的嬰兒，頭部是一個小球，身體是一個較大的橢圓形，腳則是另一個小球。白色鉛釉圓幣裝飾和糖製嬰兒耶穌裝飾被加入庫努節慶麵包中烤製的風俗，其遺留下來的痕跡如今依然可見。庫努麵包在十月到一月間出售。在法國，這種節日麵包被稱爲「人形麵包」（mannele），形狀像一個小人。

聖尼古拉斯人形麵包和聖馬丁人形麵包與聖尼古拉斯及聖馬丁有關（參見第 218 頁）。他們被製作成一個戴著主教冠冕的簡單形象，是一個騎馬的人或單獨一匹馬，有時被插在一根細籤上四處遊行，並被稱爲「細籤上的聖馬丁」。這些麵包從九月一直賣到聖誕節，有些地方僅在十二月出售。過去在尼德蘭林堡省的霍斯特（Horst），有種聖誕傳統糕點是一塊馬形大麵包，不過此傳統在第二次世界大戰前後消失了。

以馬的形象製作的麵包和斯堪地納維亞地區的尤爾馬（yule horses）有關，甚至可以追溯到奧丁（Odin）的坐騎八足馬史萊普尼爾（Sleipnir）[81]。有趣的是，奧丁的故事也被認爲是我們低地國慶祝聖尼古拉斯習俗的起源之一。

在法國北部、布拉邦、安特衛普以及更晚近的德國哈勒（Halle），則以「喜樂主日[82] 伯爵」（Graaf van Halfvasten：參見第 129 頁）的形象製作「格里夫人形蛋糕」（greefkoeke）。在這裡用細籤插著的糕點並非格里夫人形蛋糕，而是一種小公雞形狀的麵包。我們在揚‧史汀（Jan Steen）[83] 的〈聖尼古拉斯節〉（The Feast of Saint Nicolas，參見第 209 頁）畫作中，可以看

到有隻「細籤上的公雞」從孩子的提籃中探出。

在圖爾奈，人們會在三月到四月間的狂歡節中烘烤一種名爲「琵修」（Pichou）的人形糕點。如今在德國，人們仍然會烘焙「麵包人」（Wekkeman）[84]，形狀是一個小人銜著一根以白色陶土製成的煙斗[85]。在尼德蘭林堡省，它被稱爲「肚皮人」（buikman）。

藝術作品中的節慶麵包

藝術也讓我們能夠深入了解節慶麵包的文化，如1440 年左右，尼德蘭泥金裝飾手抄本[86]《克利夫的凱薩琳祈禱書》（The Hours of Catherine of Cleves）[87]裡，一幅細密畫中描繪著一個男人以手臂夾著一塊大型裝飾性節慶麵包。在小彼得‧布魯赫爾的〈狂歡節與大齋期之戰〉（參見第 14 頁）中，也可以看到一個孩子的手臂下夾著形狀類似的麵包；在老彼得‧布魯赫畫作〈兒童遊戲〉（Children's games，1560，藏於維也納藝術史博物館）中也有出現。

藝術作品中對節慶麵包的描繪在 17 世紀變得更加頻繁。佛拉蒙畫家漢斯‧弗蘭肯一幅讚頌隆冬糕餅的畫作中（參見第 68 頁）展示了一個巨大的佛拉麵包，上面點綴著一些圓幣裝飾、香料蛋糕、華夫餅、煎餅、油炸點心（fritters）、字母餅乾（letter biscuit）、糖漿或蜂蜜，以及精緻白麵包。故事隱藏在經常被忽略的細節中：畫中的兩朵紅花是藜蘆（hellebore），一種常綠開花植物，也被稱爲冬季玫瑰和聖誕玫瑰。花朵旁有一棵用金屬絲製成的精緻小樹，上有金色吊墜和紅、綠色流蘇。儘管當時還沒有我們如今認知的聖誕樹，但這會是早期的聖誕裝飾品，抑或甚至是棵聖誕樹嗎？

我在克拉拉‧佩特斯的靜物畫〈甜派靜物畫〉（Still life with vlaai，約 1615 年，私人收藏）中發現了一棵類似的裝飾性小樹，這顆小樹上掛著吊墜，被放在一個大型甜派中央。在畫作中心，甜派下方有一朵很容易漏看的紅色藜蘆花。這兩幅畫描繪的是同一個節日嗎？對17 世紀的觀者來說，裝飾小樹與藜蘆的組合是否明顯標示著聖誕節或新年慶祝活動？

克拉拉‧佩特斯作品中那棵樹以及其他更小的樹，看起來不像漢斯‧弗蘭肯畫作中那樣是以金屬絲製成，它們似乎是用迷迭香小枝裝飾而成。迷迭香象徵著回憶與紀念，正如奧菲莉亞在《哈姆雷特》中提到的那樣：

第四幕第五景：「這是代表了回憶的迷迭香，親愛的，

彼得・史奈爾斯（PETER SNIJERS, 1681-1752）：〈水瓶座〉（*Aquarius*，一月份之意），皇家安特衛普美術館（KMSK Antwerp）。這幅畫中展示了一大一小的佛拉麵包。每一個都有陶土人像與圓幣裝飾。背景中可以看到主顯節的「三王」歌者。

請你牢記在心。」（'There's rosemary, that's for remembrance; pray, love, remember.'）17 世紀詩人羅伯特·赫里克（Robert Herrick）在他的對句〈迷迭香枝〉（'The Rosemary Branch'）中寫道：

可以給我的喜宴或葬禮，
無論向兩端哪個方向生長，都不要緊。
（Grow for two ends, it matters not at all,
Be't for my bridal, or my buriall.）

迷迭香具有二元性，可以代表舊的一年與新的一年，就像聖誕樹和聖誕綠葉代表生與死、過去與現在一樣。

在本書第 25 頁，你可以看到安特衛普畫家賽巴斯提安·法蘭克斯（Sebastiaen Vrancx）的一幅畫。眼光敏銳的觀者會在安特衛普碼頭上發現兩個手臂下夾著佛拉麵包的孩子。另一位安特衛普藝術家彼得·史奈爾斯（Peter Snijers）畫了一幅題爲〈水瓶座〉（Aquarius）的冬季寓言作品（見前頁），畫中背景顯示有孩子們舉著一顆大星星，爲三王歌唱：這種習俗至今仍然存在，孩子們在主顯節時挨家挨戶地走訪唱歌並獲取甜點。前景中有位富有的女士拿著一個令人印象深刻的佛拉麵包，上面點綴著大量的白色圓幣裝飾和以陶土或糖製成的其他塑像。爲了炫耀主人的財富，這塊麵包顯得有些誇張。她身旁有位女子，也許是個僕人，手臂下夾著一塊裝飾著丁香的大型香料蛋糕。新年前後送一份香料蛋糕給員工們是種習俗，這種做法直到 1990 年代才開始逐漸衰退。在畫作右側，一對穿著樸素的孩子和母親拿著一塊較小的佛拉麵包，上面有幾個彩繪圓幣裝飾。當富有的女子得意地微笑時，貧窮的女人和她的孩子僅單純地表現出對這種特別享受的感激之情。在他們身後，一個小女孩伸出了手，希望得到施捨。這個畫作非常了不起，因爲它明確地將佛拉麵包置於關注中心，這表示它一定對所有社會階層的人們來說都很重要，也是一年中這段時期的象徵。

有關尼德蘭北部戴芙卡特麵包的範例，請參閱第 209 頁揚·史汀的〈聖尼古拉斯節〉，其中戴芙卡特麵包靠在右下角的桌邊。在〈麵包師傅阿倫特·奧斯特瓦德與其妻凱薩琳娜·凱澤斯瓦德〉（Baker Arent Oostwaard and his Wife Catharina Keizerswaard）的畫作中（參見第 114 頁），史汀描繪了一種不同外型的戴芙卡特麵包和一系列烘焙糕點，例如扭結麵包和精緻白麵包。在南

尼德蘭（如今的比利時），佛拉麵包會以白色鉛釉精緻彩陶裝飾，但戴芙卡特麵包從來不會如此，僅在麵團上刻紋並加上一些點綴。

免費麵包

對於許多鄉村烘焙坊來說，年終的免費麵包是一種感謝村民惠顧的方式。在 17 世紀，這通常被視爲違反麵包價格法。但在聖尼古拉斯節或新年時贈送麵包或糕點的習俗根深蒂固，很難杜絕，免費麵包因而被寬限。

免費麵包的大小取決於顧客當年在烘焙坊花了多少錢，如果一個家庭得到的免費麵包比另一家的大，就會導致鄰居之間的嫉妒。即使在 20 世紀初，這一傳統仍然存在。終止免費節日麵包的原因不是麵包法或法令規章，利潤才是主因。

麵包禁令

許多有關奢華節日麵包的歷史資料，都涉及禁止或管控烘焙這些大型精緻小麥麵包。阿姆斯特丹市政資料庫[13]顯示，自 1542 年 12 月 13 日起頒布的法規中也有關於烘焙戴芙卡特麵包的禁令，這迫使阿姆斯特丹人民出走城外以避免相關法令。1649 年，烘焙師傅被禁止向顧客贈送戴芙卡特麵包。且阿姆斯特丹從 1698 年 11 月 26 日起頒布一道法規，禁止烘焙和銷售戴芙卡特麵包，因爲它們是由白麵粉製成的；但向沒那麼富裕的顧客們提供的戴芙卡特麵包中卻添加了麩皮，因而降低了麵包品質。

在現今比利時的那慕爾，1698 年 12 月 22 日頒布的一項法令[14]禁止烘烤庫努麵包，因爲穀物稀缺，不能浪費在給兒童食用的白麵包上。

由於擔心火災，建築密集的村莊和城鎮禁止在夜間烘焙。這是因爲當時房屋是木造的，火勢容易迅速蔓延，就像 1666 年倫敦大火（Great Fire of London）發生的那樣。

麵包師傅會在早上吹起號角，提醒村民們麵包已經準備好了。幾幅 17 世紀尼德蘭風俗畫中都描繪了這個現象。你可以在第 114 頁看到揚·史汀畫作背景中的麵包坊號角示例。

從白小麥到深色裸麥
FROM WHITE WHEAT TO DARK RYE

從中世紀以來，社會各階層的每個人餐桌上都有麵包。階級差異並不表現在是否買得起麵包，而在於買得起什麼類型的麵包。當窮人幸運時，能夠吃到裸麥麵包；在艱困時期，他們不得不吃用來餵養動物的麵包，通常由豆類和沙子組成。

在許多黃金時代的畫作中，你都會看到小型白麵包。正如漢斯・弗蘭肯在第 68 頁描繪節慶烘焙的畫作中所展現的那樣，這些都是財富的象徵，具有慶賀意涵。畫作中的圓麵包就是今天的硬幣麵包（pistolet，參見第 78 頁）。

「紳士麵包」（Herenbrood）是最白、最精緻的麵包，由過篩小麥麵粉製成。但認為富人只吃白麵包的想法是種誤解。佛拉蒙作家蘭伯特・多頓斯（Rembert Dodoens）在 1554 年的《本草書》（Cruydeboeck）中寫道，紳士麵包是最健康的，第二健康的則是篩掉最粗麩皮的麵包，最糟糕的麵包幾乎只由麩皮組成。他聲稱裸麥麵包很健康，但難以消化。用裸麥和小麥製成的麵包被稱為「馬斯特蘭麵包」（masteluinbrood）（奇怪的是，這在某個時點變成了指稱精製白麵包。第 178 頁的精製白糖塔在瓦隆尼亞被稱為「馬斯泰爾砂糖塔」〔mastelles〕，但在其他地方則是以肉桂調味的白麵包，可參見第 82 頁，稱為「馬斯泰爾圓麵包」〔mastel〕）。裸麥與小麥也經常一起種植在同一塊土地上。其後富人仍然在節日裡吃馬斯特蘭麵包，勞動階級也是，如果他們買得起的話。一個多世紀後，為健康著想，史帝芬納・伯蘭卡（Stephanus Blankaart）在他的《文明飲食》（De Borgerlyke Tafel）一書中選擇了含有麩皮的麵包而非白麵包。

在過去，裸麥麵包的重量是固定的，但價格各不相同；但白小麥麵包則價格是固定的，麵包的重量卻各不相同。價格可能會大幅波動，而教堂和其他重要建物的牆上都會張貼通告，詳細說明麵包價格，當週的麵包價格和重量通常於週日在教堂公布。麵包是主食，其價格代表著飽腹與飢荒之別。

除了節慶麵包、香料蛋糕、麵包脆餅（rusk）和日常麵包外，特殊場合也會製作小型白色圓麵包、硬幣麵包、軟圓餐包（kadetjes）或條狀可分切麵包（stoetjes），並成為週日烘焙的傳統。「手撕餐包」（schootjes，8 個小圓餐包黏合在一起）以及「萊頓高頂麵包」（Leidse hoogjes，將多個小圓麵包塞入錫罐中製成的高頂麵包）都出現在一些黃金時代的繪畫中。

過去麵包師傅會購買穀物並存放在閣樓上，而某些顧客，通常是自己種植穀物的農民，會將自家穀物帶來給麵包師傅製作麵包。我在一本探訪 20 世紀初麵包師傅的小書中讀到，麵包師傅們討厭這種風俗，因為這代表必須將來自不同家庭的穀物區別開來。用每個家庭各自的穀物烤麵包太繁瑣，因此許多麵包師傅不再允許顧客自帶穀物。然而，許多顧客卻仍然帶著自己的麵團來烘烤。20 世紀初，麵包師傅開始向流動穀物商販而非農民那裡購買糧食，農場和麵包師傅間的連結從此被打破。

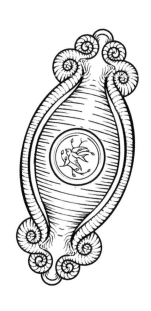

佛拉麵包
Vollaard

如前幾頁所述，佛拉麵包是南尼德蘭（即現今比利時）的主要節慶麵包。它最早出現在出版品中，是在 1560 年於安特衛普印刷的一本食譜書中作為華夫餅的食材之一。佛拉麵包的食譜很少見，因為它總是由烘焙坊而非在家裡製作。因此，作為食譜，它只在 1898 年的一本實用烘焙坊指南中單獨出現過一次。這本書收藏在布魯日民俗博物館中，書中告訴我們這種節慶麵包有兩種：普通與大型佛拉麵包。

普通佛拉麵包含有奶油、雞蛋和糖或蜂蜜，但不含牛奶；而大型佛拉麵包則需要更多的糖、也有牛奶和一點肉桂，需要在比普通佛拉麵包更高的溫度下烘烤。一件古怪的事情是，這本書還告訴讀者，要讓佛拉麵包靜置隔夜才能享用，否則會給胃造成太大負擔。

右頁照片的靈感來自漢斯・弗蘭肯的畫作（參見第 68 頁），你可以在照片左邊看到瓦隆尼亞（比利時法語區及法屬法蘭德斯）的佛拉麵包，稱為庫努麵包（食譜參見第 76 頁），上面綴有一個圓幣裝飾；中間是有著三個圓幣裝飾的佛拉麵包；右邊則是來自尼德蘭的戴芙卡特麵包（食譜參見第 77 頁）。

以傳統 2 公斤（4 磅 8 盎司）麵粉製作的佛拉麵包無法放入任何家用烤箱，所以我在此處將配方減半。

份量：1 個中型佛拉麵包

高筋麵粉　1 kg（2 lb 4 oz），另加撒粉防沾黏份量
糖粉　50 g（1¾ oz）
無鹽奶油　50 g（1¾ oz），軟化
速發乾酵母　15 g（½ oz）
全脂牛奶　500 ml（17 fl oz）
全蛋　2 顆
肉桂粉　½ 小匙
全蛋　1 顆（打散）加牛奶 1 大匙，蛋液用
圓幣裝飾（選用）

作法

1. 如果你有一個大得誇張的烤箱（或許是柴燒窯烤爐），可將食譜翻倍並將烘烤時間增長至 1 小時，以製作一個大型佛拉麵包。你也可以將食譜減半製作較小型的佛拉麵包，烘烤時間約需 30 至 35 分鐘。

2. 將麵粉、奶油、糖、酵母、肉桂粉、鹽和泡打粉在大調理盆或裝上鉤型攪拌棒的電動攪拌機盆中混合。倒入半量牛奶和全部的蛋開始揉捏，待完全吸收後，倒入剩餘的牛奶，揉捏 10 分鐘。將麵團加蓋靜置 30 分鐘，再次稍稍揉捏。

3. 將麵團加蓋靜置 1 小時，直至發酵成兩倍大。

4. 稍微揉捏一下麵團，將其向內折疊，成為一根大型香腸般的形狀。輕拍延展，直到麵團長約 60cm（24 inches）、寬約 17cm（6½ inches），然後在兩端各切出兩條長 17cm（6½ inches）的切口，壓平麵團中央部分，使外觀看來像一顆包裝好的糖果。將兩端各 3 股的麵團拉長，靜置 2 分鐘。

5. 將兩端位於中央的麵團長條捲成螺旋狀，接著將外側兩條麵團往外捲起，如照片中所示。

6. 以一條材質輕薄的茶巾（擦碗巾）或一塊平紋細布（薄棉紗布）蓋住托盤，然後用一個大型塑膠袋包裹起來（我特別為此保留了一個大塑膠袋），靜置 1 小時。

7. 靜置時間即將結束時，將烤箱預熱至 200°C（400°F）。勿使用旋風功能。以蛋液刷滿麵包，然後將圓幣裝飾放在麵包中央（如果有的話），也可以鋒利刀刃在刷過蛋液的麵團上刻出圖紋。烘烤 35 至 40 分鐘，直到麵包變成棕色，輕拍底部時發出空心的聲響。移至網架上放涼。

庫努麵包
Cougnou

　　瓦隆尼亞和法屬佛蘭德斯地區成功地用「庫努麵包」（取決於地區不同，稱爲 *cougnou* 或 *cougnolle*）保存了一種類似佛拉麵包的麵包種類。它的形狀可被看成一個褓襁中的孩子或一個以陶土鈕扣代表肚臍的嬰兒耶穌。但通常情況下，庫努麵包是平淡無裝飾的，或者會將糖製耶穌塑像烤入麵團中。這些簡單的鈕扣型裝飾，是從整個圓幣裝飾的藝術形式裡保留下來的，與裝飾性「歐布拉」（*oblaten*）有關（可參閱第 48 頁），而德式香料蛋糕（*Lebkuchen*）至今保存了這種形式（在第 248 頁可看到歐布拉餅的示例）。我婆婆還記得過去她的聖誕香料蛋糕上貼著糖塑人像。所有這些黏在麵包上的裝飾品，都來自於送人麵包時附上一個硬幣的古老習俗。

份量：1 個庫努麵包（參見第 75 頁照片）

高筋麵粉　500 g，另加撒粉防沾黏份量
細砂糖　2 大匙
無鹽奶油　30 g（1 oz），軟化
速發乾酵母　15 g（½ oz）
全脂牛奶　300 ml（10½ fl oz）
全蛋　1 顆
海鹽　5 g（⅛ oz）
全蛋　1 顆（打散）加牛奶 1 大匙，蛋液用
陶土鈕扣或糖製人像　裝飾用（選用）

作法

1. 將麵粉、糖、奶油、酵母在大調理盆或裝上鉤型攪拌棒的電動攪拌機盆中混合。倒入半量牛奶和全部的蛋開始揉捏，待完全吸收後，倒入剩餘的牛奶，揉捏 5 分鐘。將麵團靜置 5 分鐘。

2. 加入鹽並揉捏 10 分鐘。麵團加蓋後靜置 30 分鐘，再稍稍揉捏。

3. 將麵團加蓋靜置 1 小時，直至發酵成兩倍大。

4. 工作檯撒上麵粉，稍微揉捏一下麵團，將其折疊起來，然後分成兩半。取其中一半麵團，再將其分成兩半，這樣就有 1 個大的麵團和 2 個小的麵團。

5. 取一塊麵團，輕輕在工作檯上壓平，然後將麵團由外向中央拉伸，如同錢包一樣。接著像包餃子般輕輕地聚攏壓緊在一起。將麵團翻面，使擠壓的末端位於底部，麵團表面應該是漂亮光滑的，這樣可以確保麵團在發酵時不會裂開。以同樣的方式一一處理其他麵團。

6. 將庫努麵包組裝成形：把最大塊的麵團放在鋪上烘焙紙的大烤盤中央，輕推成略呈橢圓形，然後將較小的麵團放在頂部和底部。以一條材質輕薄的茶巾（擦碗巾）或一塊平紋細布（薄棉紗布）蓋住托盤，然後用一個大型塑膠袋包裹起來（我特別爲此保留了一個大塑膠袋），靜置 1 小時。

7. 靜置時間快結束時，將烤箱預熱至 180°C（350°F）。勿使用旋功能風。將蛋液刷滿麵包，然後將陶土或糖製人像裝飾放在麵包中央（如果有的話），將蛋液刷在庫努麵包上。將黏土或糖人偶（如果有的話）放在麵包中央。烘烤 30 至 35 分鐘，直到麵包變成棕色，敲擊底部時發出空心的聲響。

8. 移至網架上放涼。

戴芙卡特麵包
Duivekater

寇尼里斯‧奇里安（c.1530-1607）在他的《詞源學》中將戴芙卡特（*duyvenkater*）描述爲一種作爲新年贈禮的蛋糕。在尼德蘭，這種節慶麵包得以倖存，而在比利時，雖然仍可在庫努麵包、聖馬丁人形麵包和聖尼古拉斯人形麵包上見到佛拉麵包的蹤影，佛拉麵包本身卻幾乎已完全消失。

當你向尼德蘭的老人家詢問戴芙卡特麵包時，他們會告訴你檸檬是主要風味，這讓我相信在某個時點，食譜中應有糖漬檸檬皮。食譜古籍中沒有戴芙卡特麵包的食譜，因爲該麵包是在烘焙坊而非一般人家中製作的，佛拉麵包也是如此。17 世紀的藝術作品爲這兩種麵包提供了線索，你可以在本書中的許多畫作裡看到它們。

我們無法得知戴芙卡特麵包和佛拉麵包是否是以相同配方製作，但在畫作中，它們看來確實是同一類型的麵團。不同烘焙師傅和地區之間存在微小差異很正常。下面是我的食譜，雖然不幸無法基於歷史來源，但我認爲以此製作的麵包與畫作中所見類似，也和我在阿姆斯特丹北部小鎮購買的可羅斯戴芙卡特麵包（Kroes duivekater）很接近（可參閱第 69 頁）。

份量：1 個戴芙卡特麵包（參見第 75 頁照片）

高筋麵粉　500 g，另加撒粉防沾黏份量

細砂糖　50 g（1¾ oz）

無鹽奶油　100 g（3½ oz），軟化

速發乾酵母　15 g（½ oz）

全脂牛奶　200 ml（7 fl oz），室溫

全蛋　2 顆

檸檬皮屑　1 顆份

天然檸檬香精　1 小匙

海鹽　5 g（⅛ oz）

全蛋　1 顆（打散）加牛奶 1 大匙，蛋液用

小訣竅：這款麵包可以製作出美味的法式吐司（*pain perdu*），檸檬會使其風味格外突出。我會在烤好的麵包切片上塗上肉桂糖，然後配上一點白乳酪或濃稠白乳酪。

作法

1. 將麵粉、糖、奶油、酵母在大調理盆或裝上鉤型攪拌棒的電動攪拌機盆中混合。倒入半量牛奶和全部的蛋開始揉捏，待完全吸收後，倒入剩餘的牛奶，揉捏 5 分鐘。將麵團靜置 5 分鐘。
2. 加入磨好的檸檬皮屑、檸檬香精和鹽，揉捏 10 分鐘。將麵團加蓋靜置 30 分鐘，然後稍稍揉捏。
3. 將麵團加蓋靜置 1 小時，或直至發酵至兩倍。
4. 在撒上少許麵粉的工作檯上揉捏麵團，以擀麵棍擀開後向內折起，壓平後再次重複擀開、折疊、壓平的程序。然後擀成一個尺寸約爲 10 × 40 cm（4 × 16 inches）的大長方形。
5. 將麵團移至鋪有烘焙紙的烤盤上。在頂端和底部兩側各切一個 5 cm（2 inches）的切口，並將尖端向外捲起（參見第 75 頁照片）。以一條材質輕薄的茶巾（擦碗巾）或一塊平紋細布（薄棉紗布）蓋住托盤，然後用一個大型塑膠袋包裹起來（我特別爲此保留了一個大塑膠袋），靜置 1 小時。
6. 靜置時間快結束時，將烤箱預熱至 180° C（350° F）。勿使用旋功能風。將蛋液刷滿麵包，然後以鋒利刀刃在刷過蛋液的麵團上刻出圖紋。
7. 烘烤 30 至 35 分鐘，直到麵包整體呈現棕色，敲擊底部時發出空心的聲響。
8. 移至網架上放涼。

硬幣麵包
Pistolets

　　硬幣麵包是比利時典型的麵包，採用最精製的白麵粉製成，經高溫烘烤後呈現淡金黃色，外酥內軟。一個好的硬幣麵包中間應該有一塊柔軟的麵團，可以拿出來經過揉捏後享用，或者就像我們在學校裡那樣，當成炭筆畫的橡皮擦。如果有沙拉的話，麵包中留下的空洞可以用來承裝餡料，但傳統的硬幣麵包享用法，是在一層厚厚的奶油上放一片火腿或豪達乳酪，然後將整個麵包壓扁，由底部往頂部擠壓，這樣會形成一個幾乎像是碗狀的麵包，讓本來很厚的硬幣麵包更容易入口。如果一個硬幣麵包無法取出中間的麵團，且不能將從底部往上壓緊，其質地就是不對的，而且可能太乾了。

　　在比利時的法蘭德斯、法語區和德語區都能找到硬幣麵包。可以說，這種麵包將整個國家團結在一起，這對一個因語言障礙而存在如此多差異的國家來說絕非易事。硬幣麵包的語言是相同的：它的大小可能會根據麵包師的慷慨程度有所不同，但食譜在不同師傅和地區間的差異不大。

　　硬幣麵包的其他名稱為「軟圓麵包」（kadetje）或「小圓麵包」（mikje）[88]。「Pistolet」在過去也指「硬幣」，代表可以讓你買一個這種麵包的硬幣。有時名字的起源就這麼簡單。

　　這種麵包的長形版本中間有一道深切口，目前僅有東比利時會如此製作，其他地區則不再為長硬幣麵包刻紋。德語中稱有雕紋的硬幣麵包為「長形麵包」（Lange Brötchen），可在 17 世紀的靜物畫中看到。

　　直到 25 年前，這些小圓麵包是專門為週日、節日及葬禮或哀悼餐製作。如今大多數烘焙坊為了滿足平日需求，每天都會烘烤硬幣麵包。我非常喜歡打開烘焙坊紙袋時首先聞到硬幣麵包新鮮出爐的香氣。若你是早起的鳥兒，那你可能很幸運，這些麵包或許還保留著一些烤箱的熱度。

份量：10 個硬幣麵包

高筋麵粉　500 g（1 lb 2 oz）
無鹽奶油　20 g（¾ oz），軟化
速發乾酵母　15 g（½ oz）
水　300 ml（10½ fl oz）
海鹽　10 g（⅜ oz）

作法

1. 將麵粉、奶油、酵母在大調理盆或裝上鉤型攪拌棒的電動攪拌機盆中混合。倒入半量水和全部的蛋開始揉捏，待完全吸收後，倒入剩餘的水，揉捏 5 分鐘。將麵團靜置 5 分鐘。
2. 加入鹽並揉捏 10 分鐘，直到形成一個光滑且有彈性的麵團，既不太乾也不過於濕潤。將麵團加蓋靜置 1 小時，直至發酵至兩倍大。
3. 將麵團中的空氣排出，然後以將麵團由外向中央拉伸的折疊方式揉整。將其分成 10 等份。取一塊麵團，輕輕在工作檯上壓平，然後將麵團由外向內拉伸，如同錢包一樣。接著像包餃子般將其輕輕聚攏壓緊。將麵團翻面，使擠壓的末端位於底部，這樣可以確保麵團在發酵時不會裂開。麵團表面應該是漂亮光滑的，如果不是，請將其壓平並重新開始。將麵團滾成圓球或長形麵包，以滾動方式讓麵團完全裹上麵粉，然後將每個麵包放在托盤或木板上。以一條材質輕薄的茶巾（擦碗巾）或一塊平紋細布（薄棉紗布）蓋住托盤，然後用一個大型塑膠袋包裹起來（我特別為此保留了一個大塑膠袋），靜置 10 分鐘。
4. 10 分鐘後，用甜點刮刀在每個麵包中間壓出一道凹痕，然後再次將托盤蓋上布巾並以塑膠袋包裹，靜置 1 小時。
5. 靜置時間快結束時，將一個空烤盤放入烤箱中，並將烤箱預熱至 230°C（445°F）。勿使用旋風功能。
6. 準備烘烤時，將加熱過的烤盤從烤箱中取出，然後將麵包轉移到烤盤上。
7. 你需要蒸氣來製造硬幣麵包的脆皮（沒有蒸氣的話，將會形成柔軟的麵包）。輕輕在成形的麵團上噴上水霧，然後將它們放在烤箱中層。接著在烤箱內部四周噴上水霧，烘烤 15 至 20 分鐘或直至呈現金黃色。
8. 在製作當天享用，並將剩下的麵包冷凍起來。之後在想吃前一小時於室溫下解凍，無需再次加熱。

凱蜜克麵包與珍珠糖麵包
Kramiek and craquelin

　　凱蜜克麵包（*kramiek*）或葡萄乾麵包（*krentenbrood*）是一種富含大粒黑葡萄乾（raisin）或小粒無籽葡萄乾（currant）的麵包。珍珠糖麵包（*craquelin*）或糖麵包（*suikerbrood*）使用相同的麵團，但加入的是珍珠糖。

　　葡萄乾麵包是兩種食譜中較古老的一種。因為含有蛋、奶油、糖和小粒無籽葡萄乾或大粒黑葡萄乾，麵團油脂豐厚、味道濃郁，傳統上是為了新年或復活節烘烤，並作為兩個節日的禮品。當歐洲甜菜糖取代蔗糖大量生產時，珍珠糖麵包則變得更受歡迎。

份量：1 個麵包
使用模具：一個長形麵包模或不使用模具

高筋麵粉　500 g（1 lb 2 oz），另加撒粉防沾黏份量
細砂糖　50 g（1¾ oz）
無鹽奶油　100 g（3½ oz），軟化，另加為模具上油份量
速發乾酵母　15 g（½ oz）
全脂牛奶　200 ml（7 fl oz），室溫
全蛋　2 顆
海鹽　5 g（⅛ oz）
全蛋　1 顆（打散）加牛奶 1 大匙，蛋液用

凱蜜克麵包
小粒無籽葡萄乾或大粒黑葡萄乾　235 g（8½ oz）
蘭姆酒　2 大匙

珍珠糖麵包
珍珠糖　200 g（7 oz），另加裝飾用量
融化奶油　2 大匙（冷卻）

作法

1. 製作凱蜜克麵包時，將小粒無籽葡萄乾或大粒黑葡萄乾浸泡在蘭姆酒中 1 小時，然後瀝乾。
2. 製作珍珠糖麵包時，將珍珠糖放入碗中，加入冷卻的融化奶油，攪拌至使所有的糖粒都包裹上一層奶油；這可以避免糖吸收麵團中的水分，使麵包變乾。
3. 將麵粉、奶油、酵母在大調理盆或裝上鉤型攪拌棒的電動攪拌機盆中混合。倒入半量牛奶和全部的蛋開始揉捏，待完全吸收後，倒入剩餘的牛奶，揉捏 5 分鐘。將麵團靜置 5 分鐘。
4. 加入鹽並揉捏 10 分鐘。將麵團加蓋靜置 30 分鐘，接著稍稍揉捏。
5. 製作凱蜜克麵包時，將浸泡過的葡萄乾加入麵團中，小心以手或攪拌機慢速揉捏，讓葡萄揉合至麵團中，但不要壓碎果實。將麵團加蓋靜置 1 小時，直至 6. 發酵至兩倍大。此時為麵包模上油。將麵團塑型成方磚狀，然後將其捲起並放入模具中，接口處朝下。加蓋後再次發酵 1 小時。
6. 製作珍珠糖麵包時，取四分之一的麵團並將其擀成 15 × 40 cm（6 × 16 inches）的長方形，將奶油珍珠糖撒在其上，捲成香腸般的長條，然後將其折起成為球形。現在將剩餘的麵團（不含珍珠糖）擀開，接著以其包裹住剛才加了珍珠糖的球形麵團。加蓋後再次發酵 1 小時。在麵團頂部刷上蛋液，然後用一把鋒利的小刀在麵包頂部刻畫出一個圓圈。撒上一把珍珠糖。將麵包移到鋪了烘焙紙的烤盤上。
7. 此時將烤箱預熱至 200°C（400°F）。勿使用旋風功能。
8. 在從烤箱底部數上來第二層架上烘烤 35 至 40 分鐘，直至烤透，輕敲底部時發出空心的聲響。

根特馬斯泰爾肉桂圓麵包
Gentse mastel

馬斯泰爾圓麵包（*Mastellen*）或休伯特麵包（*huubkes*或*hupkes*）是圓形、中間有酒窩般的淺凹痕或十字壓痕的肉桂麵包。自中世紀以來，這種麵包就被牧師祝聖，並在 11 月 3 日的聖休伯特（Saint Hubert）盛宴上食用，以預防恐水症（狂犬病）。1879 年的一本雜誌[15]中聲稱，經過受祝的麵包永遠不會腐爛。若當年沒有祝聖麵包，就會出現很多狂犬病犬隻。享用祝聖麵包的正確方法，是確保它為當天吃的第一道食物。吃的人必須畫十字，然後咬下麵包，第一口不加奶油或任何其他配料。

在聖休伯特節吃神聖麵包的習俗，源於聖休伯特將麵包給了一位狂犬病患者吃下，因而將其治癒的故事。聖休伯特是列日的主教和獵人的守護神。11 月 3 日，列日會舉行慶祝活動，獵犬、主人和工作人員都會受到牧師的祝福。這一天也標誌著狩獵季的開始。這位聖人還因在瓦隆尼亞的阿登森林（Ardennes forest）向異教徒傳福音而聞名。

在比利時埃森（Essen）周圍的村落里，這種麵包被稱為「休伯特麵包」（*huubkes*），以聖休伯特命名。它們沒有酒窩般的圓形凹陷，但有一個十字形的凹痕。在以根特為首府的東法蘭德斯地區，有圓形凹陷的馬斯泰爾麵包全年皆有販賣，而且現在許多烘焙坊都省略了肉桂。在尼德蘭布拉邦省的布雷達鎮（Breda），休伯特麵包拼法為「*hupkes*」。過去敬畏上帝的農民會訂購經過祝聖的麵包餵給牲口，保護牠們免受疾病侵害。有些麵包師傅必須帶著一籃子的馬斯泰爾麵包或休伯特麵包去教堂；也有些牧師則直接去烘焙坊施予祝福。

馬斯泰爾圓麵包還用於製作東法蘭德斯甜派（*Oost Vlaamse vlaai*，參見第 160 頁），人們也經常將變乾的麵包浸泡在白脫牛奶（buttermilk）[89]中作為稀粥（gruel）食用。在瓦隆尼亞的阿特（Ath），它們還和能添加杏仁味的馬卡龍一起被用來製作馬斯泰爾塔（*tarte à Mastelles*，也稱為歌利亞塔〔*tarte Gouyasse*〕）。馬斯泰爾圓麵包也在八月底的阿特主保瞻禮節遊行（Ducasse d'Ath）[90] 慶典中出售。

在能夠找到馬頓凝乳乳酪塔（*mattentaart*，參見第 164 頁）以及赫拉爾茲貝亨環形扭結脆餅（*Geraardsbergse krakelingen*，參見第 118 頁）的赫拉爾茲貝亨（Geraardsbergen），烘焙坊中也會出售馬斯泰爾圓麵包。

當地的一位烘焙師傅告訴我，很多人認為馬斯泰爾圓麵包實際上是赫拉爾茲貝亨扭結脆餅，因為後者僅在扭結脆餅節（the krakelingen festival）前後才能於該鎮見到。

熱壓馬斯泰爾麵包（Ironed mastellen）

如今馬斯泰爾圓麵包主要產自美麗的根特。

當地人有「熱壓馬斯泰爾圓麵包」的風俗：將馬斯泰爾圓麵包切成兩半，塗上奶油及大量紅糖，然後以老式重型鑄鐵燙衣熨斗重壓，就是那種放在爐台上、裝滿煤炭的熨斗。麵包在熨斗的重量和熱度下被壓扁，變成一種類似於糖漿薄脆餅（參見第 56 頁）的酥脆餅乾，確實美味。

這種熱壓馬斯泰爾麵包在帕特斯霍爾節（Patershol Festival）期間很受歡迎，這是根特帕特斯霍爾街區的一個歡樂的民俗節日，在八月第一個週末舉行。帕特斯霍爾是根特擁有最多元文化的地區之一。如果你沒有這種重熨斗，可以像我一樣使用加熱的鑄鐵鍋達到相同效果。

自製熱壓馬斯特爾麵包需將馬斯泰爾圓麵包切半，在切面塗上大量奶油。在其中一半的麵包上加一層紅糖，將另一半麵包蓋回頂部，接著將整個麵包夾在兩層烘焙紙之間，放在木板上。將老式熨斗或重型鑄鐵鍋放在爐子上慢慢加熱至極高溫，然後將熱熨斗或鑄鐵鍋放在馬斯泰爾麵包上，以茶巾（擦碗巾）蓋住，然後用力向下壓。成品應像餅乾一樣扁平、美觀又酥脆，邊緣焦糖化。如果你有熱壓三明治機，也可以使用它，但老式熨斗絕對是最浪漫的選擇。

份量：12 個馬斯泰爾圓麵包（照片參見第 84 頁）

高筋麵粉　500 g（1 lb 2 oz）
細砂糖　60 g（2¼ oz）
無鹽奶油　70 g（2½ oz），軟化
肉桂粉　1 小匙
速發乾酵母　15 g（½ oz）
全蛋　1 顆
全脂牛奶　240 ml（8 fl oz），室溫
細粒海鹽　5 g（⅛ oz）
全蛋　1 顆（打散）加牛奶 1 大匙，蛋液用

作法

1. 將麵粉、糖、奶油、肉桂與酵母在大調理盆或裝上鉤型攪拌棒的電動攪拌機盆中混合。倒入半量牛奶和全部的蛋開始揉捏，待完全吸收後，倒入剩餘的牛奶，揉捏 5 分鐘。將麵團靜置 5 分鐘。
2. 加入鹽並揉捏 10 分鐘。將麵團加蓋 30 分鐘，然後稍稍揉捏。
3. 將麵團加蓋靜置 1 小時，直至麵團發酵至兩倍大。
4. 將麵團中的空氣排出，稍微揉一下並分成 12 等份。取一塊麵團，輕輕在工作檯上壓平，然後將麵團由外向內拉伸，如同錢包一樣。接著像包餃子般將其輕輕聚攏壓緊，這樣麵團在發酵時就不會裂開。將麵團翻面，使壓緊的末端位於底部。麵團表面應該是漂亮光滑的，如果不是，請將其壓平並重新開始。將麵團一一放在一個烤盤上，以一條材質輕薄的茶巾（擦碗巾）或一塊平紋細布（薄棉紗布）蓋住托盤，然後用一個大型塑膠袋包裹起來（我特別為此保留了一個大塑膠袋），靜置 1 小時。
5. 將拇指壓入光滑的麵團中，以一隻手握住麵團。將兩根拇指放在麵團中央，一邊轉動麵團一邊擠壓，成品會看起來像甜甜圈，但要確保你沒有穿透中央，需要剩下一層薄薄的麵團。
6. 將麵團再次蓋上布巾並以塑膠袋包裹，靜置 30 分鐘。靜置時間即將結束時，將烤箱預熱至 210° C（410° F）。勿使用旋風功能。
7. 打開塑膠袋，掀開布巾，將麵團刷滿蛋液，中央凹洞也別漏下。送入烤箱中層烘烤約 15 分鐘，直至呈現金褐色。
8. 直接享用它們。雖然有些人偏愛在吃的時候加一片豪達乳酪，但我喜歡只塗奶油。你也可以使用左頁描述的方法製作「熨燙馬斯泰爾麵包」。

* 隔天麵包可回烤數分鐘使其恢復蓬鬆柔軟。你也可以將烤好的麵包冷凍，要享用前先退冰，再放入烤箱中回烤數分鐘，它們就會像剛新鮮出爐一樣。

小兵長麵包
Piot

「*Piot*」意指小人，但也可以指士兵。它也是一種在安特衛普市集上出售，滿載葡萄乾的小型長麵包，這是我每個週五市集日時渴望的美味點心之一。人形長麵包會緊密地排列在烤盤上，每個麵包間緊密貼合，之後就可以以手撕開它們。它們看來有點像軍團裡的士兵，或許這就是爲何被稱爲小兵長麵包之故。這是一種爲特殊場合製作的麵包，也是以含有豐厚油脂及用料十足的麵團所製，就像凱蜜克麵包、珍珠糖麵包與其他慶祝用途的麵包一般。在尼德蘭，小兵長麵包被稱爲手撕餐包（*schootjes*）。

份量：16 個小兵長麵包

大粒黑葡萄乾或小粒無籽葡萄乾　200 g（7 oz）
水　130 ml（4½ fl oz）
高筋麵粉　500 g（1 lb 2 oz），另加撒粉防沾黏份量
細砂糖　25 g（1 oz）
無鹽奶油　75 g（2¾ oz），室溫，另加爲模具上油份量
速發乾酵母　7 g（¼ oz）
全蛋　1 顆
全脂牛奶　150 ml（5 fl oz）
海鹽　5 g（⅛ oz）
全蛋　1 顆（打散）加牛奶 1 大匙，蛋液用

作法

1. 將大粒黑葡萄乾或小粒無籽葡萄乾浸泡在 2 大匙水（130ml 份量內）中 1 小時，然後瀝乾。

2. 與此同時，將麵粉、糖、奶油和酵母在大調理盆或裝上鉤型攪拌棒的電動攪拌機盆中混合。加入蛋、倒入牛奶後開始揉捏，待完全吸收後，倒入剩餘的水，揉捏 5 分鐘。將麵團靜置 5 分鐘。

3. 加入鹽並揉捏 10 分鐘。將麵團加蓋靜置 30 分鐘，然後稍稍揉捏。

4. 最後加入浸泡好的葡萄乾，小心以手或攪拌機慢速揉捏，讓葡萄揉合至麵團中，但不要壓碎果實。將麵團加蓋靜置 1 小時，直至發酵至兩倍大。

5. 將麵團分爲 16 份，並塑型成 16 × 2 cm（6¼ × ¾ inches）的長形手指麵包。將麵包並排放在鋪了烘焙紙的烤盤上，中間不要留太多空間，因爲它們在烘烤後應該黏合在一起。加蓋再次靜置發酵 1 小時。

6. 將烤箱預熱至 210° C（410° F）。勿使用旋風功能。在麵團頂部刷上蛋液，烘烤 15 分鐘或直至金褐色。

7. 於網架上放涼。

* 享用小兵長麵包的最佳方法，是放在紙袋中在街上吃。

囚犯裸麥麵包
Rogge verdommeke

「*Rogge verdommeke*」意譯爲「下地獄的裸麥」，但它的含意實際上是「將下地獄之人的麵包」。16 世紀初，安特衛普有一位名叫彼得·波特（Pieter Pot）的商人，他建造了一座小教堂與一座修道院，還擁有一個裝滿珍貴裸麥的大型私人穀倉。因爲非常慈善，他製作麵包施捨給窮人。傳說在節日慶典期間，他會爲石堡（*Steen*，安特衛普市中心的堡壘）的囚犯（也稱爲「將下地獄之人」）訂購加了葡萄乾的純裸麥麵包。這便是囚犯裸麥麵包得名的典故。

波特確實爲安特衛普的窮人和囚犯做了偉大貢獻，但很難確定囚犯裸麥麵包是否就是在當時得名，因爲該市大部分檔案在 1576 年安特衛普大屠殺期間被焚毀，當時叛變的西班牙士兵燒毀了市政廳。可以確定的是，在安特衛普，這種麵包仍然深受人們喜愛，尤其是由該市最古老的烘焙坊古森烘焙坊（Bakkerij Goossens）製作的，他們世代傳承著囚犯裸麥麵包傳統。

份量：1 個囚犯裸麥麵包

大粒黑葡萄乾或小粒無籽葡萄乾　150 g（5½ oz）
全穀裸麥麵粉　300 g（10½ oz），另加撒粉防沾黏份量
高筋麵粉　200 g（7 oz）
無鹽奶油或豬油　20 g（¾ oz），軟化
速發乾酵母　10 g（⅜ oz）
水　300 ml（10½ fl oz）
海鹽　5 g（⅛ oz）
奶油　搭配食用

作法

1. 在一小碗中加水蓋過大粒黑葡萄乾或小粒無籽葡萄乾，浸泡 1 小時後瀝乾。

2. 與此同時，將裸麥麵粉、高筋麵粉、奶油和酵母在大調理盆或裝上鉤型攪拌棒的電動攪拌機盆中混合。加入半量的水後開始揉捏，待完全吸收後，倒入剩餘的水，揉捏 5 分鐘。將麵團靜置 5 分鐘。

3. 加入鹽再次揉捏 10 分鐘。如有需要，將沾黏在攪拌棒或調理盆壁上的麵糰刮下。揉捏直到形成一個光滑且有彈性的麵團，既不太乾也不過於濕潤。

4. 將麵團加蓋靜置 1 小時，直至發酵至兩倍大。

5. 將麵團分區以由外向內拉伸的折疊方式揉整 5 分鐘，就像試著將一件冬季大衣塞進背包一樣。最後加入浸泡好的葡萄乾，小心揉捏讓葡萄揉合至麵團中，但不要壓碎果實。將麵團整理成一個圓形麵包，以茶巾（擦碗巾）覆蓋靜置 1 小時。

6. 將烤箱預熱至 220° C（430° F），然後放入一個烤盤、鐘形麵包罩或琺瑯鑄鐵鍋加熱。勿使用旋風功能。準備烘烤時，將溫度降至 200° C（400° F）。在麵包頂部劃出刻痕，以控制麵包開裂的樣子。將麵包放在熱烤盤上，或鐘形罩或鑄鐵鍋內，烘烤 40 分鐘，直到輕敲底部時麵包發出空心的聲響。

7. 在網架上靜置放涼，食用時塗上奶油。

深色裸麥麵包
Donker rogge

　　裸麥麵包伴隨著我在法蘭德斯的成長歷程，儘管傳統上它與今日的法蘭德斯無關。我的曾祖母和曾姨媽都將它和氣味濃烈的布魯塞爾乳酪（Brussels cheese）一起吃，而我的祖母、母親和我則喜歡把它做成開放式三明治：抹上比利時傳統白乳酪（platte kaas），或是奶油乳酪（cream cheese），再放上中心雪白、外皮紅豔的櫻桃蘿蔔薄片。這種組合是我童年最強烈的風味記憶之一，我可能是唯一一個在吃巧克力榛果醬三明治時反而嚎啕大哭的孩子。雖然這是一種日常麵包，但裸麥配比利時傳統白乳酪與櫻桃蘿蔔對我來說是頓大餐，也是我母親讓我攝取纖維、蛋白質和「一天五蔬果」之一的巧妙方法。

　　在馬鈴薯到來之前，裸麥麵包通常是低地國家的主要食物；即使在馬鈴薯出現後，鄉土裸麥麵包也依舊存活下來。麵包師傅利用烤箱烘烤完主要產品後逐漸衰減的熱能來烘烤裸麥麵包，但隨著 1950 年代柴燒窯烤爐被現代烤箱取代，裸麥麵包的烤製從鄉村烘焙坊轉移至大型工廠。儘管各地有些差異，但並未影響品質。

　　低地國家的裸麥麵包有許多地域性差異，北部麵包色深、黏性強，南部麵包顏色較淺，質地較為輕盈、細緻。在低地國家北部和德國，裸麥麵包（在德國被稱為粗麥黑麵包〔pumpernickel〕），通常是用裸麥碎粒而非裸麥麵粉製成的。作法是將裸麥碎粒與少量裸麥麵粉混合，以沸水燙並放置過夜，澱粉會在這段期間中糖化。過去通常會使用老麵包的麵包粉製成新麵包，再經長時間低溫烘烤產生甜味，而非讓新鮮麵團在烘烤前釋放甜味。各地烘焙過程也有所不同，從淺色麵包的 4 小時到深色裸麥麵包的 24 小時不等。

　　如今裸麥麵包購買時已切成超薄片，並用塑膠袋包裹。你再也不能從小型烘焙坊買到，因為烤箱設計不再適用於製作這種需要長時間烘烤的麵包。長時間烘烤能夠使穀物焦糖化並膠化形成麵包主體，這使得麵包變得黏度極強，無法在家中整齊地切片。事實上，當我在家做裸麥麵包時，我的麵包刀通常會被深色裸麥麵包黏得無法動彈。

　　我為大家設計了一份能在家中烘烤裸麥麵包的食譜。這需要花費點耐心和力氣，而這兩者在現代都很昂貴。不過低溫烘烤出來的成品絕對有所不同。這份食譜還能幫助那些家裡擁有附帶加熱箱的老式爐灶或 AGA 或 Esse 爐具 [91] 的人，以及希望在家中供暖或煮飯時利用烤箱的人。當然，如果你恰巧是位擁有柴燒窯烤爐的幸運烘焙人士，本食譜能幫助你充分利用木材。不過因所有柴燒窯烤爐都有自己的個性，會需要多嘗試幾次。

份量：1 條深色裸麥麵包
使用模具：1 個容積 1 kg（2 lb）的大型麵包模

水　500 ml（17 fl oz）
裸麥碎粒　500 g（1 lb 2 oz）
濃縮蘋果糖漿（*appelstroop*）92
　或黑糖漿（*black treacle*）93　1 大匙
鹽　7 g（¼ oz）
全穀裸麥麵粉　100 g（3½ oz）
細裸麥麩皮　50 g（1¾ oz）
比利時傳統白乳酪或奶油乳酪及櫻桃蘿蔔切片　搭配食用

作法

1. 將水倒入一個大型醬汁鍋中煮沸，然後加入裸麥碎粒、糖漿與鹽，攪拌均勻。從爐火上移開，加蓋靜置隔夜或至少 6 小時。

2. 隔天裸麥碎粒就會膨脹，只需添加裸麥麵粉，讓麵包結構產生更為緊密的結合力。加入裸麥麵粉，揉至麵粉完全被麵團吸收且不留任何乾燥斑點為止。為麵包塑形，尺寸大致比麵包模小一點。

3. 將烤箱預熱至 60°C（140°F）。

4. 將裸麥麩皮撒在一個大托盤或板面上，放上麵團，接著翻轉，直到完全被麩皮覆蓋。若想得到光滑的表面，可以省略此一步驟，但我更喜歡成品上有著麩皮的外觀。

5. 將麵團以一層烘焙紙，再包上兩層鋁箔紙，接著放入模具中。如果放不下也沒關係，可以將其放在托盤上烘烤，因為麵團不會外擴膨脹。

6. 將麵團放在烤箱中間，使其「釋放甜味」至少 6 小時或隔夜。第二天早上將烤箱溫度升至 110°C（230°F），烘烤 8 小時。

7. 當你用拇指按下麵包時，若麵包回彈，便表示已經完成；若拇指留下印記，則需要在烤箱中放置更長時間。如果用拇指按一下，發現混合物仍然像麵團一樣，那麼你距離完成還有數小時之遙。

8. 除去包裹麵包的鋁箔紙與烘焙紙，放在網架上冷卻。麵包可在密封容器中保存長達一週，也可切片冷凍。

9. 食用時塗上比利時傳統白乳酪或奶油乳酪，上面撒上櫻桃蘿蔔薄片。

關於比利時傳統白乳酪與櫻桃蘿蔔開放式三明治

在布魯塞爾周圍的帕約滕蘭地區（Pajottenland），也以其卓越的自然發酵酸啤酒（Lambic）與調和自然發酵酸啤酒（Gueuze）而聞名。當地傳統會在飲用這些啤酒時搭配一大片淡色裸麥麵包（使用本書第 89 頁的囚犯黑麵包食譜，省略葡萄乾），塗上比利時傳統白乳酪（新鮮白乳酪或濃稠夸克乳酪），上面撒上櫻桃蘿蔔片。布魯塞爾幾乎所有傳統比利時啤酒館（beer cafés）都可以找到這種啤酒。啤酒的滋味與簡單的麵包、乳酪及櫻桃蘿蔔，是素樸之美與非凡傳統的天作之合。

香腸麵包卷
Worstenbrood

在安特衛普，傳統上人們會在主顯節後的第一個星期一吃香腸麵包卷，這一天被稱爲「消失的週一」[94]。1879 年，一位記者[⑮]在「消失的週一」（*Verloren Maandag*）標題下寫道，「這一天也稱爲『信貸日』（*poefdag*）」。那個星期一，工人們去拜訪主人的客戶，祝他們新年快樂，並收集小費，這些小費被記錄在附有捐款者名字的信用清單上。然後工人們會去酒吧喝啤酒，飲用的量相當於清單上紀錄的小費。按照慣例，酒吧和酒館的房東也會在這天付款給啤酒廠；作爲回報，酒館老闆將獲得一桶免費啤酒，這樣他便可以用半價向顧客們出售啤酒。這代表著顧客們能夠買得起更多啤酒。

這名記者寫道，到了 1879 年，這種習俗逐漸消失、幾乎被人遺忘，且除了安特衛普以外，人們僅在家裡享用傳統的香腸麵包卷。他認爲安特衛普的香腸麵包卷很美味。有趣的是，如今安特衛普是比利時唯一一個仍然保留在「消失的週一」食用香腸麵包傳統的城市。人們普遍認爲，這一習俗與那些喝了一天酒，需要在酒吧或咖啡館吃點零食填飽肚子的工人們有關。至少在過去 50 年中，傳統的安特衛普咖啡館爲忠實顧客提供香腸麵包卷，特別是在安特衛普港，此習俗被一直保留下來。現在，家家戶戶都會吃以酥皮包裹烘烤的香腸麵包卷和蘋果，後者的習俗來自瓦隆尼亞。在那裡，「酥皮烤蘋果」（*rombosse de Mariembourg*，用酥皮包裹烘烤的蘋果）很受歡迎。

在一篇比較 1925 年和 1965 年的烘焙坊的報紙文章中，一位烘焙師傅表示，1925 年的香腸麵包卷是聖誕節的糕點，他的烘焙坊裡會擺滿這種麵包。確實，在尼德蘭的布拉邦省，人們有在降臨節及大齋期前的狂歡節期間，以及聖誕節晚間彌撒後吃香腸麵包卷的習俗。

雖然如今的安特衛普香腸麵包卷使用千層派皮（puff pastry），但古老食譜中卻非如此。在 1797 年出版的《新愛國烹飪》（*Nieuwe Vaderlandsche Kookkunst*）中，我找到了一份「香腸麵包」（*saucijzenbroodje*）食譜，該食譜需要精緻麵團，我將其解釋爲一種油脂豐厚的麵包麵團，就像今天尼德蘭布拉邦用來製作香腸麵包卷的麵團一樣（畢竟，安特衛普原爲布拉邦郡）。這是一種非常適合在家製作的香腸麵包。2016 年 3 月，聯合國教科文組織（UNESCO）將布拉邦香腸麵包列入非物質文化遺產名錄。

關於使用肉類的必要說明

儘管因爲過去不想吃肉，使得我在成長過程中沒有吃過香腸麵包卷，但現在我非常喜愛它。第一次找到一家以有機、高動物福利肉品製作香腸麵包卷的製造商時，我非常開心。當時我已經 24 歲了，爲此算是等待了相當長的時間。如果你吃肉，那完全沒問題，但購買時請可以考慮一下肉品來源。我向某些特定農場購買肉類已有 16 年，這的確需要一些事先計畫，但我總有一個存貨充足的冷凍庫，不需要每週都去買菜。這種做法讓我能直接支持農場，而非填滿連鎖超市的口袋。

若動物並未一生被困在穀倉或飼養場，其風味會有巨大差異。尊重動物，牠就會以美味的肉回報。就整體而言，我不會想將產自壓力和痛苦動物的肉類放入自己的循環系統中，畢竟人如其食。

份量：12 個香腸麵包卷

派皮

高筋麵粉　500 g（1 lb 2 oz），另加撒粉防沾黏份量
無鹽奶油　200 g（7 oz），軟化
細砂糖　50 g（1¾ oz）
速發乾酵母　10 g（⅜ oz）
水　170 ml（5½ fl oz）
鹽　10 g（⅜ oz）

內餡

有機／高動物福利豬絞肉，或豬牛混合絞肉、或小牛肉絞
　　肉　770 g（1 lb 11 oz）（油脂不要太多，否則會在酥皮
　　內收縮變小。可請肉販協助挑一些香腸用的瘦肉，或購
　　買未調味的香腸肉）
全蛋　2 顆
麵包粉或由硬幣麵包（第 78 頁）或麵包脆片（beschuit，
　　第 96 頁）自製的麵包粉　75 g
鹽　1 小匙
平葉荷蘭芹　2 大匙（剁碎）
現磨黑胡椒　1 小匙
肉豆蔻皮（mace）粉或肉豆蔻（nutmeg）[95] 粉　¼ 小匙
全蛋　1 顆（打散），蛋液用

作法

1. 製作派皮：將麵粉、奶油、糖和酵母在大調理盆或裝上鉤型攪拌棒的電動攪拌機盆中混合。加入半量的水後開始揉捏，待完全吸收後，倒入剩餘的水，揉捏 5 分鐘。將麵團靜置 5 分鐘。

2. 加入鹽，揉捏 10 分鐘，直至形成一個光滑有彈性的麵團，既不太乾也不過於濕潤。將麵團加蓋靜置 1 小時，直至發酵至兩倍大。

3. 與此同時，準備內餡：將所有食材混合並揉捏至所有調味料和麵包粉均勻分散在內餡中。

4. 將肉餡分成 12 份，每份約 75 g（2¾ oz），並將每份塑型為長約 16 cm（6¼ inches）的香腸。如果肉餡準備得比較早，可以先將其放入冰箱備用。

5. 將烤箱預熱至 160° C（315° F）。勿使用旋風功能。在烤盤上鋪上烘焙紙。

6. 將麵團分為 12 等份，然後在撒了麵粉的工作檯上擀成長約 20 cm（8 inches）、寬約 11 cm（4¼ inches）的橢圓形。在每個橢圓形麵團中央放上一根香腸，然後將頂端和底部向內折疊，接著是左側與右側。將邊緣壓緊，然後將接面朝下放在烤盤上。

7. 在麵包卷頂端刷上蛋液，烘烤 50 分鐘或直至呈金褐色。

8. 在網架上靜置放涼。

* 這些香腸麵包卷非常適合冷凍存放。再食用時只需在冰箱中解凍隔夜，然後以 200° C（400° F）下烘烤 15 分鐘。

麵包脆片
Beschuit

麵包脆片在荷蘭語中通常被稱爲「tweebak」，意思是烘烤兩次，不過不要把它和「biscuit」混淆。「Biscuit」對法國人和荷蘭語國家來說是海綿蛋糕，英語意涵中則是「餅乾」。麵包脆片是經過兩次烘烤的麵包，屬於麵包脆餅（rusk）家族。此名源於拉丁語的「bis」（兩次）和「coctus」（烹煮），這爲義大利人帶來了「biscotto」這個詞彙，也爲我們帶來了「biscuit」。它們首先被烤成小圓麵包，然後對切、烤至酥脆。一些食譜使用整塊大麵包的切片，且通常在再次烘烤前裹上糖（如第 199 頁奧夏斯·貝爾〔Osias Beert〕的畫作所示）。此類型的麵包脆片如今在布魯日仍然存在，稱爲布魯日麵包脆片（Brugse beschuiten 96），儘管現代人將它們歸類爲吐司。

麵包脆片早在中世紀就已存在，但大型烘焙坊直到 17 世紀才開始生產。尼德蘭小鎮沃爾默（Wormer）在 17 世紀擁有 150 多家麵包脆片烘焙坊。由於擔心發生火災，當時不允許夜間烘焙（大多數建築都是木頭建造的），所以每天早上，麵包師傅的鐘樓都會敲響鐘聲，宣布一天之始；晚上鐘聲也會響起，以提醒麵包師傅們關閉烤箱。

由於麵包脆片的保存期限很長，它也會和航海餅乾（ship's bisuits）或營養口糧（hardtack）一起被帶上船。航海餅乾適合日常食用，而麵包脆片則是一種享受，因爲它是由油脂含量更豐厚的麵團製成。麵包脆片用途廣泛，可以直接食用，但也經常被碾碎用以增稠醬汁，取代部分或全部的麵粉。

在 20 世紀，麵包脆片的製作轉移到了本地烘焙坊，部分原因是因兩次世界大戰導致，當時主管當局強迫烘焙坊從香料蛋糕等產品轉向製作麵包脆片，因爲後者的需求更大量。

與過去形狀扁平得多不同，今日的麵包脆片像一個突起的圓盤。這種形狀是經由讓球型麵團發酵膨脹，然後將它們放在麵包脆片模（beschuitdoppen，小型蛋糕圓模，上有孔洞以排出空氣，參見前兩頁照片）下烘烤而成。模具讓麵包膨脹成爲想要的形狀。烘烤後脫模，將麵包切成兩半，然後再次烘烤使其乾燥。

過去，烘焙坊中的麵包脆片是以大罐裝出售，但在過去的 100 多年中，它們都是以「麵包師傅的一打」（a baker's dozen）97 出售：13 片或 13 罐麵包脆片。

慶祝新生兒的麵包脆片

麵包脆片經常出現在 17 世紀的藝術作品中，主要是在早餐靜物畫裡。當麵包師被禁止於夜間烘焙時，早餐就沒有麵包了。麵包脆片由於保存期限較長，便能臨時加入，爲當天的第一頓飯救場。當時，精緻的麵包脆片是有錢人的食物，這就是爲什麼尼德蘭仍然保留著以撒上茴香糖的麵包脆片慶祝新生兒的習俗。這種茴香糖在荷語中被稱爲「muisjes」（意爲「老鼠」），藍色代表男孩，粉色代表女孩（或者是相反？）。歷史總是讓我感到驚奇，當我在一本 18 世紀尼德蘭食譜書的糖果章節中找到「糖衣茴香籽」（muysjes）的食譜時，頓時恍然大悟。我有幾份康菲糖（comfit）98 的食譜（在這些食譜中，它們被拼寫爲「muisjes」），時至今日我們仍以此名來稱呼這種特殊的糖衣種籽，的確是很大的驚喜。

在我還是個孩子的時候，在麵包脆片上塗上奶油並撒上彩糖，是一種令人非常滿足的享用方法，感覺就像一頓大餐。在小朋友的派對上，大人經常會給我們麵包脆片，讓我們用彩糖和糖果來裝飾。事實上，我製作的第一個「蛋糕」是在麵包脆片上塗上乳瑪琳和糖的混合物，然後將好幾片麵包脆片堆疊起來，接著撒上巧克力彩糖包覆。我自豪地將它呈上至父母的床邊，那是早上七點，我當時大約 6 歲。令我失望的是，他們沒有吃。

作爲食材的麵包脆片

在低地國家的歷史烹飪書籍中，麵包脆片粉經常被用來當成製作華夫餅或增稠醬汁的食材。雖然如今我們不再用它來做華夫餅麵糊，但每個聰明的廚師都會在櫥櫃裡放一兩片麵包脆片，以製作勾芡醬汁所需的麵包粉。若儲存得宜，它們可以保存很長時間。麵包脆片粉可用於本書中的以下食譜：香料餅乾（Spice biscuits，參見第 202 頁）、東法蘭德斯甜派（參見第 160 頁）和利爾迷你甜派（Lierse vlaaike，參見第 162 頁）。

現代麵包脆餅是一種輕如羽毛的蛋糕，這種質地是由一種名爲「麵包脆片膠」（beschuitgelei）的混合添加劑促成。我的食譜會做出質地更堅硬、也更天然的麵包脆餅，和它的老祖宗更爲相似。

份量：10 片麵包脆片（參見 94-95 頁照片）
使用模具：5–10 個直徑 11 cm（4¼ inch）、深 3 cm（1¼ inch）的麵包脆片模或小型圓烤模，事先上油

高筋麵粉　500 g（1 lb 2 oz）
葡萄糖漿、玉米糖漿或蜂蜜　45 g（1½ oz）
奶油　20 g（¾ oz），軟化
速發乾酵母　15 g（½ oz）
水　300 ml（10½ fl oz）
蛋黃　1 顆份
海鹽　10 g（⅜ oz）
植物油　模具上油用

麵包脆片模具說明

我知道並不是每個烘焙者都熱中於為想要嘗試的每種糕點購買器具，所以若你想製作麵包脆片，可以在沒有模具的情況下烘烤，也可以找到大約相同尺寸的模具並調整球型麵團。人們經常使用金屬罐的頂部。你可以發揮創意，也能花錢購買麵包脆片模，這些模具的價格足夠便宜，能夠彌補運輸成本。我可以作證，使用模具的效果非常令人滿意。

作法

1. 將麵粉、葡萄糖漿、奶油和酵母在大調理盆或裝上鉤型攪拌棒的電動攪拌機盆中混合。加入半量的水和蛋黃後開始揉捏，待完全吸收後，倒入剩餘的水，揉捏 5 分鐘。將麵團靜置 5 分鐘。

2. 加入鹽並揉捏 10 分鐘，直到形成一個光滑且有彈性的麵團，既不太乾也不過分濕潤。

3. 將麵團加蓋靜置 1 小時，直至發酵至兩倍大。將兩個烤盤鋪上烘焙紙。若使用模具，為其塗上一層薄薄的植物油。

4. 將麵團稍稍揉捏一下，分成 10 等份。取一塊麵團，輕輕在工作檯上壓平，然後將麵團外部向內拉伸，如同錢包一樣。接著像包餃子般將其輕輕聚攏壓緊，這樣麵團在發酵時就不會裂開。將麵團翻面，使壓緊的末端位於底部。麵團表面應該是漂亮光滑的，如果不是，請將其壓平並重新開始。將麵團滾圓，一一放在烤盤上，用一個大型塑膠袋包裹起來（我特別為此保留了一個大塑膠袋），靜置 1 小時。

5. 用手掌將發酵好的麵團壓平，然後將麵包脆餅模或圓模蓋在麵包上。再次用大塑膠袋將麵團包裹起來，靜置 1 小時。

6. 靜置時間快結束時，將烤箱預熱至 230° C（445° F）。勿使用旋風功能。

7. 將蓋著模具的麵包烤盤移入烤箱中層，烘烤 20 分鐘或直到呈現金黃色——麵包蓋著模具很難檢查狀況，但請戴上隔熱手套小心地掀開模具試著確認看看。

8. 烘烤後將模具移除，把麵包移到網架上冷卻。你可以直接將它們當成麵包食用，但如果想繼續製作麵包脆片，可將麵包靜置隔夜。

9. 隔天將烤箱預熱至 210° C（410° F）。勿使用旋風功能。將麵包切半，並將切面朝上放在鋪了烘焙紙的烤盤上。烘烤 12 分鐘，然後關閉烤箱電源，微開烤箱門以排出蒸氣（在烤箱門和側邊之間放一個木勺，以形成大小合適的間隙）。讓麵包脆片在烤箱中乾燥 15 分鐘。側耳靠近烤箱，冷卻的麵包脆片會發出一種舒緩的聲響，我只能描述為像是雨輕輕地打在窗戶上。麵包脆片可以在密封容器中保存數週。

運河餅乾
Pain à la grecque

　　運河餅乾與 1589 年創建於布魯塞爾的奧古斯丁修道院（*Augustijnenklooster*）有關。這是一個意義至關重大的時刻，因爲當時尼德蘭剛經歷宗教改革，建立此座修道院是該區域天主教復興的一部分。僧侶們在修道院迴廊中授課，也擔任社區消防員。根據傳說，在節慶期間，他們還會用剩下的麵團與糖烘烤餅乾，分發給窮人。

　　運河餅乾的原文「*pain à la grecque*」具有欺騙性：它起源於「來自『*grecht*』的麵包〔*pain*〕」。「Grecht」即環繞修道院迴廊的城市運河或水道，也就是當初將餅乾分發給窮人之地。（運河餅乾也被暱稱爲「狼運河麵包」〔*wolvengracht brood*〕，因爲這條運河被稱爲「狼運河」〔*Wolvengracht*〕。）此名經過法語化後，成爲「*pain à la grecque*」，經常被誤以爲是「希臘麵包」[99]，儘管它和希臘一點關聯都沒有。1829 年[16]的一本書中提到，運河餅乾與硬幣麵包（參見第 78 頁）同樣是布魯塞爾的特色名產。不過，安特衛普的幾家烘焙坊過去也會按重量出售運河餅乾，它陪著我母親一起長大，也在我的成長過程中一路相伴。

　　最近會在運河餅乾中加入珍珠糖，但傳統上加的是在烘烤過程中不會融化的粗粒糖晶體。後者較難取得，因此請自由以小顆粒珍珠糖代替。

份量：18 片運河餅乾

高筋麵粉　500 g（1 lb 2 oz）
無鹽奶油　150 g（5½ oz），軟化
肉桂粉　1 小匙
速發乾酵母　10 g（⅜ oz）
全蛋　1 顆
全脂牛奶　280 ml（9¾ fl oz）
鹽　一小撮（⅛ 小匙）
粗粒糖晶或小顆珍珠糖　320 g（11¼ oz）
細砂糖　3 大匙加水 3 大匙，糖漿亮面用

小訣竅：你可以使用剩下的甜派麵團，質地與此非常相近。

作法

1. 將麵粉、奶油、肉桂粉和酵母在大調理盆或裝上鉤型攪拌棒的電動攪拌機盆中混合。加入全部的蛋和半量的牛奶後開始揉捏，待完全吸收後，倒入剩餘的牛奶，揉捏 5 分鐘。將麵團靜置 5 分鐘。

2. 加入鹽並揉捏 10 分鐘。如有需要，將沾黏在攪拌棒或調理盆壁上的麵糊刮下。揉捏直到麵團變得光滑有彈性，既不太乾也不太濕。將麵團加蓋後靜置 1 小時，直到發酵至兩倍大。

3. 分成數個 200 g（7 oz）的麵團，在準備烤盤時暫時靜置。約需準備 4 個鋪上烘焙紙的烤盤，但具體數量取決於烤箱尺寸：你可能需要更多，或者依烤盤尺寸調整調整麵團。在另一個托盤或工作檯面上撒上糖。

4. 將每塊麵團在糖中擀壓，塑形成薄長條形，移到烤盤上壓平，直到成爲原本高度的一半。在麵團上蓋上茶巾（擦碗巾）靜置 15 分鐘。

5. 與此同時，將烤箱預熱至 200° C（400° F）。勿使用旋風功能。

6. 將麵團進一步壓平，直至寬度成爲 7 cm（2¾ inches），然後將剩餘的糖撒在上面。將烤盤放入烤箱中層，一次放一盤，烘烤 25 至 30 分鐘或直至呈現金褐色。餅乾不該是淡色的，但若部分糖粒變黑，表示已經烘烤過度。

7. 烘烤時，用小火將細砂糖在水中融化，製成糖漿。運河餅乾出爐後，立即使用糕點刷刷上糖漿，然後在烤盤上翻面。趁還有熱度的時候，將它們切成 10 cm（4 inch）長的餅乾片，然後移至網架上冷卻。

8. 以密封容器保存。

聖燭節與煎餅
CANDLEMAS AND PANCAKES

「在聖燭節時，沒有哪個女人會窮得連煎餅鍋都無法燒熱。」——佛拉蒙諺語

在我們家，為聖燭節（Candlemas）製作煎餅是件神聖的事。不是出於宗教因素，而是因為這是傳統。儘管我的姨母和姨婆都是修女，但我們從不去教堂。雖然宗教被當成我的道德課程：小時候，母親就教我不能說謊，因為這會把嬰兒耶穌惹哭，但在學校之外，我從來不需要讀《聖經》或祈禱。不過，到了聖燭節加熱平底鍋製作煎餅時，我們會非常虔誠。

慶祝聖燭節的時間是在聖誕節後第 40 天（即 2 月 2 日）。在歐洲，這標誌著冬季的結束。為紀念聖母瑪麗亞 100，會舉行蠟燭遊行，並為蠟燭祝聖，聖燭節因此得名自「蠟燭彌撒」（Candle mass）。

關於為何比利時、法國與瑞士在這一天享用煎餅，有很多說法。一說是煎餅為祝聖麵包的後繼者，象徵太陽和春天在黑暗、寒冷的冬季後回歸。

在尼德蘭，以及現今比利時地區的過往，人們也在懺悔星期二（Shrove Tuesday）101 吃煎餅，但我們稱其為「齋戒夜」（Vastenavond），即聖灰星期三（Ash Wednesday）102 前夜與狂歡節期結束時。

英格蘭基督徒在懺悔星期二或油膩星期二（聖灰星期三的前一天）吃煎餅。如今，他們稱之為煎餅日（Pancake Day），為其賦予更世俗化的吸引力。聖燭節總是在 2 月 2 日，但懺悔星期二則是一個日期不固定的節日，發生在復活節週日前的第 47 天。

為懺悔星期二或齋戒夜製作煎餅，讓人們有機會在大齋期前用完雞蛋、牛奶和奶油。如果你足夠富有，可以讓它們閒置並且需要「用完」的話。對普通人來說，大齋期前幾天食用的煎餅、油炸點心和其他豐盛的食物是種享受。

小麥煎餅並不是為聖燭節或齋戒頁製作的唯一一種煎餅，人們也會製作鹹味和甜味的蕎麥煎餅，這在過去取決於社會地位，今日則端視你是否喜愛蕎麥。17 世紀描繪窮人膳食的畫作中展示了厚厚的蕎麥煎餅，而漢斯‧弗蘭肯的畫作裡豐富的冬季糕點（參見第 68 頁）則清楚地展示了精緻的小麥煎餅。

與現代食譜相比，古老的煎餅食譜需要 3 倍的雞蛋用量，食譜中還有肉豆蔻籽、肉豆蔻皮和糖等香料。如今，食譜通常有牛奶、麵粉、雞蛋、融化奶油和少許鹽；奇怪的食譜會要求加入肉桂或香草，但後者根本不傳統。

提供單純的煎餅食譜感覺有點奇怪，因為這是最容易製作的東西，且我製作煎餅時從未使用食譜。相反地，我會拿一個碗，用茶杯從罐中舀出麵粉，加入一兩個雞蛋，然後倒入牛奶攪拌，直到濃稠度合適為止。如果第一片煎餅失敗了，也不是世界末日。煎餅就和人生一樣，始終可以調整以獲得更好的結果。

如果你在製作煎餅時尚未掌握「即興發揮」的藝術，那麼以下是製作一疊 12 至 14 片如紙一般薄的煎餅食材用量：200 g（7 oz）中筋麵粉、500 ml（17 fl oz）全脂牛奶、3 顆全蛋、20 g（¾ oz）融化奶油、¼ 小匙鹽和 1 小匙糖。依照第 111 頁的作法，在步驟一將全蛋加入麵粉和半量的牛奶中，然後加入剩餘的牛奶、糖、鹽和融化奶油。

希望你在嘗試了書中的一些食譜之後會獲得信心，並體驗到製作煎餅時不必嚴格遵守份量那股興奮之感。烘焙並非總是一門精確的科學不可。

油膩星期二與班什狂歡節
MARDI GRAS AND BINCHE CARNIVAL

　　狂歡節也代表著煎餅，尤其是在狂歡節小鎮班什（Binche），那裡會舉行極爲出名的吉勒遊行（*Gilles parade*）[103]。

　　在油膩星期二當天破曉前幾個小時，比利時瓦隆尼亞班什鎮各處的「吉勒」開始甦醒。吉勒是當地狂歡節生物，從男孩會走路起，裝扮成吉勒就是班什男性公民的特權。人們認爲這一具有 400 年歷史的傳統非常重要，聯合國教科文組織因此於 2004 年授予其文化遺產地位。

　　必行的儀式決定了狂歡節整天的行程。首先，家人會爲吉勒們由穿上珍貴的傳統紅色服裝，上面綴滿了皇冠、獅子、星星和比利時國旗顏色的褶邊。爲打造獨特駝背輪廓，背心內還會填充大麥稈。

　　著裝完畢，伴著手鼓與木鞋在人行道上發出的哐啷聲響，人們便挨家挨戶地將吉勒同伴們聚集起來。隨著遊行規模擴大，聲音也越來越大。這是一種古老的傳統，旨在將冬季的黑暗從街道上驅離。

　　吉勒們手持一束稱爲「哈蒙」（*ramon*）的柳樹枝，傳統上其他冬季人物也會手持哈蒙；每個人都戴著相同的奇異蠟製面具，外觀是一張粉紅色的臉搭配紅頭髮及綠色眼鏡。他們看來像一支軍隊，隨著鼓聲踩著木鞋邁著小步前進。接著吉勒全都前往市政廳，班什鎮長將在那裡表彰已將鈴鐺掛在腰帶上[104]服役了 50 年的吉勒。享用完牡蠣和香檳慶祝大餐後，吉勒們分別返家，將蠟製面具換成極高的鴕鳥毛帽子以及用柳條籃裝著的柳橙。飢餓的吉勒將享用一盤班什雙片煎餅（*doubles de Binche*），這是一種蕎麥煎餅，裡面填滿了當地典型的濃烈乳酪（食譜請參見第 107 頁）：這是能讓無論年輕或年長的吉勒都能繼續穿著木鞋前進的完美餐點。

　　接著，歡樂的人們重新集結前往一個大廣場，那裡將舉行盛大的遊行隊伍，其他傳統人物如滑稽小丑（harlequin）、農民和憂傷小丑（pierrot）[105] 也都會一起參與。吉勒們隨著迷人的手鼓節奏而行，邊用木鞋踩

踏地面。隨著木鞋的每一次撞擊，他們將大地從冬眠中喚醒。柳橙則被扔至人群中，象徵生育力與繁榮昌盛。爲期三天的班什狂歡節以吉勒遊行告終。

Souvenir du Carnaval de BINCHE
Gille en grande tenue

Le Carnaval de BINCHE — Un gille en tenue du matin

雙片班什煎餅
Doubles de Binche

這種蕎麥煎餅的麵糊需用一半蕎麥粉和一半普通麵粉製成，這是大多數蕎麥煎餅食譜中的常見比例。接著會在煎餅中填入一種非常濃烈的瓦隆尼亞當地乳酪，稱為「布列圓球乳酪」（boulette，一種經過洗浸式處理[106]的陳年軟乳酪）。

如今，當地人還會在麵糊中添加當地的金色班什啤酒，這是一種在瓶中高度發酵、未過濾的啤酒，麥芽帶有溫和苦味，並以芫荽和橙皮調味。如果選擇製作現代版本，可以找到帶有這些風味的啤酒來使用。雖然現代食譜不使用任何雞蛋，但為了紀念凱瑟琳・伯納德（Catherine Bernard）的雙片班什煎餅（參見第108頁），我的食譜中加了蛋。

雙片班什煎餅也是布魯塞爾南部小鎮尼維勒（Nivelles）一道非常受歡迎的菜餚。

變化版： 在比利時和尼德蘭各地，皆會以糖漿或砂糖等甜味配料搭配這些薄煎餅一起享用；或者和加在麵糊中同時烘烤的培根條一起食用。在列日，則會在布凱特蕎麥煎餅（boûkète）中加入葡萄乾（參見第108頁）。

份量：30 片直徑 16 cm（6¼ inch）的煎餅

速發乾酵母　15 g（½ oz）
牛奶或水，或牛奶與水各半　1 litre（35 fl oz），微溫
蕎麥粉　250 g（9 oz）
全麥麵粉或中筋麵粉　250 g（9 oz）
全蛋　1 顆
無鹽奶油　20 g（¾ oz），融化後放涼
海鹽　10 g（⅜ oz）
奶油或豬油　煎餅用
乳酪　250 g（9 oz）（見說明）

作法

1. 在半量的牛奶或水中加入酵母。將兩種粉類在一個大型調理盆中混合並攪拌均勻，中心挖出一個凹洞，加入蛋，接著加入酵母混合液和奶油。此時逐漸加入剩餘的牛奶或水，直至麵糊充分混合且滑順。加入鹽攪拌，接著以茶巾（擦碗巾）蓋住調理盆，靜置 1 小時或冷藏隔夜。

2. 在直徑 20 cm（8 inch）的平底煎鍋或者你擁有的任何一個平底鍋中加入大量奶油或豬油，準備煎餅。我使用一個容量約 30 ml（1 fl oz）的勺子，每個煎餅麵糊份量約需 1½ 勺。

3. 當 2 片薄煎餅製作完成後，在其中一片上以點狀方式放上乳酪，薄煎餅邊緣留出 1 cm（⅜ inch）的距離，接著蓋上另一片薄煎餅。將其靜置在旁，稍待之後回鍋再煎，然後繼續製作薄煎餅。不立即使用的薄煎餅可放入密封容器中，於冰箱裡保存最多三天。也可將其冷凍並在所需前 1 小時解凍，然後以奶油或豬油再次回鍋煎製。

4. 為了讓薄煎餅外層酥脆，重新回鍋煎製至關重要：濕軟煎餅退散，我們要香脆的薄煎餅！重新煎製時，請在鍋中添加更多奶油或豬油，然後將填入乳酪的雙片薄煎餅放入鍋中煎 2 分鐘或直至酥脆，中途翻面一次。

關於乳酪

在和乳酪專家們討論後，我得出的結論是，原始食譜裡使用的瓦隆尼亞乳酪是獨一無二的，世界上其他地方都沒有類似的乳酪。為完整起見，我在下方列出了瓦隆尼亞傳統乳酪，但以替代品來說，熟成豪達乳酪或切達乳酪刨絲會是非常好的選擇。

瓦隆尼亞傳統乳酪包括：貝契乳酪（bètchéye）、布列圓球乳酪（boulette）、法拉恩布列圓球乳酪（boulette de Falaën）、那慕爾布列圓球乳酪（boulette de Namur）、尼維勒布列圓球乳酪（boulette de Nivelles）、羅莫丹布列圓球乳酪（boulette de Romedenne）、蘇里斯布列圓球乳酪（boulette de Surice）及博蒙卡賽特乳酪（Cassette de Beaumont）。

雙片煎餅的凱薩琳
CATHERINE À DOUBLES

菲德列克‧安雄（Frédéric Ansion）是班什最古老的吉勒協會（Gilles Society）主席，也是幾本有關該鎮歷史的書籍作者，他給我講了一個關於班什雙片煎餅的故事（食譜參見第107頁）。1828年11月29日，凱薩琳‧伯納德出生在班什市政廳後的一棟小房子裡。由於在屋外烤製那著名的蕎麥薄煎餅，她在當地被稱為「雙片蕎麥餅的凱薩琳」（Catherine à Doubles）。在幾幅17世紀的尼德蘭風俗畫中，可以看到婦女們在路邊的臨時攤位上用明火烘烤煎餅。凱薩琳可能是現有記錄中最後一批煎餅女士的其中一人。

安雄在他書中收錄了一首有關凱薩琳和她的「雙片班什蕎麥餅」（Double Binchoises）歌曲的歌詞。從這首歌中，我們可以得知煎餅的食材，也能稍稍了解凱薩琳其人：

從九月到濯足節[107]，我們用麵粉、蕎麥、奶油、雞蛋和乳酪製作煎餅。煎餅可以趁熱吃，沒有人抱怨。烹飪煎餅的勇敢女人被稱為「雙片煎餅的凱薩琳」，她會問大家：「大新聞！想要雙片煎餅嗎？」煎餅很便宜喔——這是真的！十五生丁，一點不多。再多加點錢，就能得到更多的奶油和乳酪。

人們普遍認為「雙片煎餅」之名來自於一次食用兩片煎餅，但這首歌讓我相信此名來自可愛的凱薩琳女士的暱稱，歌中強調了她總是試圖多賣一些自己的煎餅。安雄好心地給了我一張凱薩琳坐在她家門前的照片。她當時已上了年紀，髮上插著鮮花，穿著白色罩衫和硬挺的白色圍裙，雙腿筆直，可能交叉著腳踝，在像張桌子般、以煤炭生火的平底煎鍋旁耐心等待，腳邊放著裝在木桶中的麵糊和勺子。

儘管這首歌告訴我們，以前是從九月到復活節前的星期四享用班什雙片煎餅，但如今人們是在則在聖燭節和油膩星期二之間吃它。許多吉勒在狂歡節期間回家換上以羽毛裝飾的下午服裝時，會食用煎餅作為午餐。注意了，享用完牡蠣早餐後，午餐是雙片煎餅。對在班什街道上跳舞、好把冬天趕走的忙碌一天來說，是個理想的選擇。

布凱特蕎麥煎餅（Boûkète）

在列日，於聖誕節前後和8月15日該地的聖母升天節慶典期間，也會烘烤類似的蕎麥煎餅，麵糊中添加葡萄乾。煎餅不是與乳酪、而是與甜味配料如草莓或糖漿一起食用。

「布凱特」（Boûkète）是荷語單詞「蕎麥」（boekweit）在瓦隆語中的說法。瓦隆語受到凱爾特語（Celtic）、羅曼語和日耳曼語的影響，現已非常罕見，因為如今大多數瓦隆尼亞人都講法語。

圖爾奈風可麗餅
CRÊPES IN THE MANNER OF TOURNAI

煎餅（荷語爲 pannekoeken，法語爲 crêpes）與比利時之間的關聯，首次出現在 14 世紀的《巴黎家計專書》（Le Ménagier de Paris）中。本書是一位富翁爲他的年輕新嫁娘所撰寫的一本道德觀和家計的專著。

題爲「圖爾奈風可麗餅」（Crêpes à la guise de Tournay）的食譜，並非本書中收錄與圖爾奈（或荷語「多爾尼克」〔Doornik〕）鎭相關的唯一食譜（參見第 59 和 168 頁）。該鎭當時爲勃艮第公爵所有。縱觀歷史，這座城市就像一顆球一樣被拋來拋去。西元 862 年，禿頭查理（Charles the Bald）[108] 將圖爾奈定爲法蘭德斯郡的首府，法蘭克帝國分裂後，此地成爲法國的一部分。1513 年，它被英格蘭的亨利八世（Henry VIII）占領，從屬於英格蘭。1668 年，這座城市短暫回歸法國，並在 18 世紀成爲奧屬尼德蘭（Austrian Netherlands）的屬地。拿破崙戰爭結束後，當時屬於法國的圖爾奈成爲尼德蘭聯合王國（the United Netherlands）的一部分，並於 1830 年後改屬新興獨立國家比利時。

由於斯海爾德河連接圖爾奈與安特衛普，圖爾奈曾是法蘭德斯最偉大的文化和經濟中心之一，但如今它不再位於法蘭德斯，而屬於比利時的法語區瓦隆尼亞。

關於本食譜

在《巴黎家計專書》中出現的這個食譜極其詳盡。食譜中的薄煎餅以白葡萄酒和奶油所製，讀者被告知在使用前要「去鹽」（unsalt）。當時食譜只是備忘錄，而非分步驟的說明。本食譜不僅在食譜書寫史上很重要，也是低地國家和比利時形成史的一部分。

圖爾奈風可麗餅

以下由安妮・葛雷博士翻譯。

首先，你應該為自己準備一個容量為 1 夸脫的銅鍋或黃銅鍋，鍋口不應比底部寬、或者非常小，其側面應有四指或三指半高。作法：放入含鹽奶油，融化、撇去浮沫，澄清後倒入另一個鍋中，將鹽全部留下。在奶油中加入盡可能澄清的新鮮油脂，然後取雞蛋煎一下，去掉半量的蛋白，攪打剩下的蛋白和所有的蛋黃，接著取三分之一或四分之一加侖的微溫白葡萄酒，將這些食材全部混合在一起，然後取你能找到的最好的白麵粉，一點一點地把所有東西一起攪打在一起。攪打過程足以讓一兩個人疲憊不堪。你的麵糊不應過稀或過稠，但要能輕輕地流過小指般大小的洞；然後將奶油和油脂一起放在火上，兩者等量，直到沸騰。接著在碗或有孔大勺中裝滿麵糊，將其倒入油脂中。首先倒入平底鍋中央，然後轉動鍋子直到邊緣都被填滿。不停地攪拌糊狀物，這樣你就可以做出更多的可麗餅。你應該用棒子或燒烤籤提起平底鍋中的每片可麗餅並翻面煎製，然後取出放在盤子上，接著開始製作另一片；記得需要不停地攪動剩餘的麵糊。

寶麗特的迪斯特艾菊煎餅
Paulette's Diestse kruidkoek

　　這種煎餅也被稱爲迪斯特艾菊餅（*Diestse cruydtcoeck*）。由於使用了草本植物艾菊（*Tanacetum vulgare* 或 *tansy*），在英國古食譜書中被直呼爲「艾菊煎餅」（Tansy）。在荷蘭語中，這種香草被稱爲「農夫驅蟲草」（*boerenwormkruid*）或「倫瓦特香草」（*reynvaert*），植物學之父蘭伯特‧多頓斯在 1554 年出版的《本草書》中以詩意手法描述了艾菊以及以此製作蛋餅的習俗時，就是這麼稱呼它的。

　　另一個食譜出現在卡羅‧巴圖斯（Carolus Battus）[109] 於 1593 年出版的《廚藝之書》（*Cocboeck*）中，名爲「英式艾菊餅」（Engelschen Cruytcoeck）。它使用艾菊和菠菜、雞蛋、糖、肉豆蔻皮或肉豆蔻籽，但不使用麵粉。多頓斯的食譜中也未要求麵粉，英國艾菊煎餅的古食譜中通常不用麵粉或僅使用少量，成品因而更像歐姆蛋餅。

　　過去食用這些點綴著綠色斑點的煎餅很常見，但這道美食如今僅在法蘭德斯的迪斯特鎮慶祝春天之始時依然廣受歡迎。在許多現代食譜中，部分艾菊被換成蒲公英葉，所以如果找不到艾菊，蒲公英葉是很好的風味替代品；若是考慮到顏色呈現，也可以使用嫩菠菜或細葉香芹。

　　「艾菊煎餅協會」（Confrerie van den Cruydtcoeck）保留了在初春採摘艾菊嫩芽並將其製成煎餅的傳統。不過我非常確定自己的好朋友克莉克（Krikke）的母親寶麗特（Paulette）絕對是艾菊煎餅大師（她是一顆珍寶），當艾菊成熟時，她會不停製作它們，且全年都會給克莉克帶來成堆的綠色煎餅。我與寶麗特相識多年，她對我一直都如慈母一般：此處提供的是她的家族食譜。

份量：4 至 8 人份

中筋麵粉、斯佩爾特小麥全穀粉或裸麥粉　400 g（14 oz）
全脂牛奶　1 litre（35 fl oz）
全蛋　2 顆
香草糖　16 g 裝 2 包（½ oz），也可使用砂糖及 1 小匙的
　天然香草精代替
細砂糖　3 大匙
鹽　一小撮（⅛ 小匙）
艾菊嫩莖　50 g（1¾ oz）（想用多少就用多少，但別過量，
否則煎餅會有苦味）
奶油　煎餅用

作法

1. 將麵粉放入一個大型調理盆中，倒入半量牛奶和 2 個蛋黃，攪拌混合。將蛋白與香草糖一起打至硬性發泡。

2. 保留 100 ml（3½ fl oz）的牛奶，接著將剩餘的牛奶和蛋白、細砂糖與鹽一起加入麵糊中。

3. 若艾菊莖已呈現木質狀且變成棕色，請將從艾菊莖上摘下葉子使用。若你有艾菊嫩芽，請將它們完整保留。將艾菊葉與保留的牛奶在攪拌機中打成泥狀（purée），接著攪拌至麵糊中。麵糊質地應有流動性，若看起來太濃稠，可加少許牛奶稀釋。

4. 將 1 小匙奶油放入直徑 23 cm（9 inch）的可麗餅煎鍋中，以中高火融化。倒入 1 勺 30 ml（1 fl oz）的麵糊，然後快速轉動煎鍋，使麵糊分布均勻。

5. 煎至煎餅可稍稍脫離鍋邊，邊緣變爲金黃色，然後以抹刀翻轉煎餅，將另一面煎至金黃色。

胡特靈口袋麵餅
Geutelingen

胡特靈口袋餅是一種來自法蘭德斯阿登地區（Flemish Ardennes）的厚煎餅，以長勺將麵糊直接倒在柴燒窯烤爐燒紅的磚片上製作。在過去，家戶會將自己的麵糊帶至公用烤爐，一起烘烤胡特靈口袋麵餅。隨著柴燒窯烤爐逐漸消失，胡特靈口袋麵餅也隨之消亡。不過有個村莊還維持著這個傳統，每年都會烘烤大量的胡特靈口袋麵餅。很大程度上，這要歸功於彼得‧德庫克拉爾（Pieter de Koekelaere），他是第三代的胡特靈麵餅師傅，也是埃爾斯特村（Elst）一家胡特靈麵餅烘焙坊的老闆。

傳統上會在狂歡節期間的 2 月 9 日烘烤胡特靈口袋麵餅，紀念被稱為「牙痛之神」的聖阿波羅尼亞（Saint Apollonia）的節日。人們相信在這一天吃胡特靈麵餅可以避免牙痛，許多人因而前往埃爾斯特村朝聖。雖然對如今的我們來說，胡特靈口袋麵餅顯得不太起眼，但從柴燒窯烤爐生火所需的木材量來看，的確可認證這些厚煎餅是節慶美食。

在過去，煎餅會被移至稻草上冷卻，但現在用網架就可輕鬆達到目的。麵糊食材只有麵粉、牛奶、雞蛋及酵母，成品則是帶有大型氣泡的柔軟煎餅。它們做好後就該新鮮食用，上面加上奶油或紅糖搭配；但我更喜歡做成鹹味的，在放涼的胡特靈麵餅上撒上混合切達乳酪和艾曼塔乳酪（Emmenthaler cheese）的配料，然後將其放回灼熱的烤箱中融化。接著我會加上切碎的番茄、蔥、辣椒，並淋上幾勺夸克乳酪或酸奶油，一人兩片就能成為一頓豐盛的午餐。這不是傳統食用法，儘管在我們家它已成為慣例。

不過有個問題：不能用普通的烤箱或平底鍋烘烤胡特靈口袋麵餅——我試過了。柴燒窯烤爐或披薩電烤箱的熱度是麵糊膨脹的關鍵，若是在平底鍋中烘烤或將麵糊倒在 250° C（480° F）的熱石板上只能做出煎餅。我有一台時髦的披薩電烤箱，另外還有一個尺寸剛好可以伸入烤箱中的小鏟子，所以可在家烘烤胡特靈口袋麵餅。

份量：20 個胡特靈口袋麵餅（取決於你的勺子尺寸）
使用設備：披薩電烤箱或柴燒窯烤爐

中筋麵粉　500 g（1 lb 2 oz）
速發乾酵母　12 g（½ oz）
鹽　一小撮（⅛ 小匙）
全脂牛奶　700 ml（24 fl oz）
全蛋　4 顆
奶油與黑糖　搭配食用

作法

1. 將麵粉、酵母和鹽放入一個大型調理盆中，然後加入牛奶。攪拌直至滑順，加入蛋並攪拌至均勻混合。麵糊應該是具流動性的，就像煎餅麵糊一樣。將麵糊加蓋，放在冰箱中靜置隔夜。

2. 如果你有披薩電烤箱，請將其預熱至最高溫（我的烤箱最高溫為 400° C/750° F）。如果你有柴燒窯烤爐，應知道如何生火。若兩者皆非，請將烤爐調至最高溫並烘烤稍長時間。

3. 準備烘烤時，輕輕攪拌麵糊。我使用一個容量為 30 ml（1 fl oz）的小勺子，快速將兩滿勺的麵糊倒在烤箱的熱石上。然後靜置不動，因為麵糊接觸熱騰騰的表面時，會立即開始形成氣囊。烘烤 2 分鐘或直至中間呈現金褐色且蓬鬆，接著移到網架上或立即享用。

4. 傳統上會在溫熱的胡特靈口袋餅塗上融化奶油再撒上黑糖即可食用，可參閱上方我的享用建議。復熱時使用烤麵包機或烤箱。未食用完畢的胡特靈口袋麵餅可冷凍保存。

揚‧哈維克松‧史汀（JAN HAVICKSZ. STEEN, c.1626-1679）：〈麵包師傅阿倫特‧奧斯特瓦德與其妻凱瑟琳娜‧凱澤斯瓦德〉（*Baker Arent Oostwaard and his Wife Catharina Keizerswaard*），1658年，阿姆斯特丹國立博物館。在這幅畫中，可看到一個紐結麵包架上掛著扭結麵包（*krakelingen*〔*pretzels*〕），另有戴芙卡特麵包、麵包脆片和一些白色小圓麵包。背景中，一個小男孩正在吹奏麵包店的號角，提醒村民們麵包已經準備好了。

扭結脆餅、扭結麵包
KRAKELING, BRETZEL, PRETZEL

扭結脆餅（*krakeling*）或扭結麵包（pretzel）[110] 這種將幾股麵團纏繞在一起的外型，象徵著生與死的永恆循環。它也可以被視爲婚姻或祈禱中交叉雙臂的象徵。這些概念和扭結麵包一樣古老，不同含意可能在歷史上的某一時刻或在某個地方都正確。關於扭結麵包起源的傳說也很多。

在 11 和 12 世紀幾幅主題爲「最後的晚餐」（Last Supper）的泥金裝飾中，可以找到現存最早對扭結麵包的描繪。《歡樂花園》（*Hortus deliciarum*）是一份 12 世紀的泥金裝飾手抄本 [86]，是阿爾薩斯霍恩堡修道院（Hohenburg Abbey）爲年輕新進修士提供的教育參考書，書中畫著擺在桌上的扭結麵包。今天的阿爾薩斯仍然以扭結麵包（*bretzel*）而知名：這個名字顯然與德語單字「*brezel*」有關。

在一份色彩鮮豔的泥金裝飾手抄本中，可以找到一幅引人注目的插圖，在插圖的四個角落中，小丑手持相互纏繞的扭結麵包作爲花環裝飾。這份手抄本大約是在 1440 年所製，繪製者是一名被稱爲「克利夫的凱薩琳大師」（Master of Catherine of Cleves）[111] 的無名尼德蘭藝術家。插圖右側是一排薄麵餅（flatbread）或脆餅（cracker），我認爲可能是爲復活節製作的猶太薄餅（matzoth）。

保存這份手抄本的紐約摩根圖書館（The Morgan Library）稱，頁面上描繪的聖人聖巴塞羅繆（Saint Bartholomew）與扭結麵包間的連結尚不清楚。然而，在多種職業裡，聖巴塞洛繆似乎是麵包師的守護神，這可能是一個解釋。更有趣的是，在比利時，他也是赫拉爾茲貝亨市的守護神，當地保存著其遺骨，每年該市都會舉行扭結麵包慶祝遊行，並有從山頂扔下扭結麵包的習俗。

扭結脆餅與紐結麵包之名

扭結麵包（英語：petzel；德語：*bretzel*）之名來自於古高地德語的「*brezita*」、「*brezin*」、「*brezta*」和「*brezitella*」以及中古高地德語的「*brezel*」與「*prezel*」。

它可能與拉丁語「*bracteatus*」有關，意爲鍍金或像如黃金般閃閃發光，也可能與中世紀拉丁語「*brachitella*」和「*bracchialis*」有關，意思是交叉的手臂或手鐲。進一步探索，還有「*pretium*」，意爲價格或獎勵，因爲這些麵包經常被用作救濟品或在節慶中分給衆人。由於扭結麵包已有數百年歷史，該名稱可能有多種來源。不過，其荷蘭語名稱「*krakeling*」在語言學上與任何拉丁詞彙都沒有關聯；除非算上中古荷蘭語「*brootjen*」或「*brotchen*」（意爲「小麵包」）的變體，荷語中的稱呼甚至也與「bretzel」無關。

扭結麵包的荷語「扭結脆餅」（*krakeling*）意譯爲「劈啪作響」，這表示早期這種麵包非常脆，而這是有道理的。在四旬節期間不允許使用雞蛋和動物脂肪，扭結麵包因而具有基督教宗教意涵。藝術作品中也會描繪扭結麵包，如小彼得·布魯赫爾的〈狂歡節與大齋期之戰〉（參見第 14 頁）。若你仔細觀察該作品中描繪那憔悴的大齋期女士，便會發現扭結麵包、鯡魚、貽貝和簡單的麵包，這些都是大齋期餐點中的主要食品。

扭結麵包的象徵性

由於其獨特的形狀和象徵意義，藝術家經常將扭結麵包納入藝術作品中，從而融入其敘事裡。在藝術作品裡，扭結麵包可以象徵永恆，但也代表生命的脆弱，正如揚·凡拜勒特（Jan Van Bijlert）的〈拉伸扭結麵包〉（*Pulling of the Pretzel*, c.1630-1640）和小彼得·布魯赫爾的〈荷文諺語〉（*Netherlandish Proverbs*, 1559，參見第 147 頁）中所描繪的那樣，兩個人各拿著扭結麵包的一端。在揚·史汀的畫作（左頁）中，可以看到扭結麵包架上懸掛著扭結麵包。若仔細觀察，還會發現大型戴芙卡特麵包上作爲裝飾的扭結麵包，這是對收禮者的美好祝福。在盧森堡，以及更晚近一些在瓦隆尼亞的那慕爾，男士在大齋中期主日（mid-Lent〔Laetare〕Sunday）送扭結麵包給女士以表達愛意是種傳統。人們過去會在婚禮上食用扭結麵包，而與此形成鮮明對比的是，法蘭德斯、尼德蘭和菲士蘭（Friesland）的某些地區也會在葬禮上吃扭結麵包。

扭結麵包自中世紀開始就出現在整個歐洲大陸，麵包師們也將其作為行會標誌的符號，因此在北歐和西歐各地的麵包店招牌中都能看到它。

如今，扭結麵包仍然最常出現在奧地利、瑞士、亞爾薩斯、瑞典（當地稱為「kringlor」）、尼德蘭和比利時等地，這些地區也經常有相關慶祝活動。施瓦比亞（Swabian）[112]、巴伐利亞和德國都有發明扭結麵包的相關故事，他們製作扭結麵包的方式各不相同，還有許多區域性變化。

在比利時，扭結麵包（或者更準確地說，是「扭結脆餅」）如今仍然可在赫拉爾茲貝亨找到，它們是由基本麵包麵團製成環形（參見第 118 頁）。布魯日 8 字型扭結餅（Brugse achten，參見第 126 頁）是一種麵團中不加糖的 8 字形餅乾，上面以砂糖覆蓋再烘烤。比利時各地隨處可見的一種傳統 8 字形千層派皮糕點也是一種扭結脆餅，但經過偽裝，因為兩個孔洞中的卡士達醬掩蓋了其形狀。那慕爾的扭結麵包來自盧森堡；而最近列日也開設了一家扭結麵包烘焙坊，出售各種一系列不同風格與形狀的扭結麵包。

在尼德蘭，阿姆斯特丹的知名烘焙坊「霍特康」（Holtkamp）供應千層派皮扭結麵包和小型鹹味扭結酥餅。油炸繩結麵包（Nonnevotten，參見第 142 頁）形狀也經常和扭結麵包相同。

經常在 16 和 17 世紀法蘭德斯與尼德蘭畫作中出現的這種繩結形麵包如今已被遺忘，曾在古老的食譜書中出現的杏仁餅版本（參見第 122 頁）也是如此。一般說來，它們在藝術作品中出現的頻率比在當時食譜書中要高。

在德國，美味的扭結麵包會在送入烤箱前噴上鹼液，產生的鹼度會增強梅納反應。這是一種使麵粉中的蛋白質變成褐色的化學反應，它賦予了扭結麵包表面如絲綢般光滑、閃亮的質地。扭結麵包也會做成甜味版本，如聖馬丁節慶祝活動中的「聖馬丁扭結麵包」（Martinsbrezel）；而「魏登貝格扭結麵包」（Weidenberger brezen）或「洋茴香扭結麵包」（anisbreze）則是加入洋茴香籽製成的。

扭結麵包的簡樸也使其成為向窮人行慈善時的理想選擇，人們如今仍然銘記著這種做法。在以扭結麵包為特色的歐洲民俗節日中，至今仍會向旁觀者贈送扭結麵包，例如在赫拉爾茲貝亨市。

赫拉爾茲貝亨扭結脆餅節與篝火

有個傳說是這麼說的：1381 年，一位無畏的貴族沃爾特·凡埃丁亨（Walter Van Edingen）圍攻了法蘭德斯的赫拉爾茲貝亨。他的策略是餓死赫拉爾茲貝亨的人民，但當最後剩下的麵包和鯡魚被扔過城牆，顯示此地仍然糧食充足時，圍攻者放棄了，他因厭倦了等待而灰心喪氣。隨後，赫拉爾茲貝亨的人們待日暮來臨，在該鎮山上生起篝火，讓鄰近的城鎮知道他們已經擺脫了敵人並請求援助。從此之後，每年都會有人帶著一桶煤焦油至同一座山上，將其燃起。

然而現實並沒有那麼浪漫，因為赫拉茲貝亨整座城鎮實際上都在那天被摧毀了。儘管承認這件事確實發生過，赫拉爾茲貝亨的人們仍然拒絕講述這個故事。他們選擇說一段非暴力抵抗的軼事。

為了紀念此次圍城，赫拉爾茲貝亨開始在大齋期的第一個星期日慶祝扭結脆餅節（krakelingenfeest），使其成為法蘭德斯阿登地區這座古色古香小鎮的狂歡節。當天的慶祝活動以描繪小鎮歷史的沿街遊行開始，人們背著裝滿扭結脆餅的柳條籃，隨著遊行隊伍一起沿著傳說中的奧登貝格山（Oudenberg）鵝卵石小路而上。1640 年，人們為這座山妝點了一座小教堂（目前的結構是 1906 年的複製品），不過他們相信這座山是德魯伊（druid）[113] 用來舉行夏至和春分儀式之地。1900 年 9 月 1 日，《人民之聲報》（De Volksstem）報導，有種信仰認為這座山曾是女巫聚集度過安息日（Sabbath）[114] 之地。

無論多年來賦予這座山的意義為何，過往在對前基督教傳統而言來說極為重要的地方建造一座教堂是很常見

的，人們因而會將與之相關的習俗基督教化，而非冒著公眾強烈抗議的風險消除它。

如今，這座山及其狹窄的鵝卵石小路，在海外主要作為「環法蘭德斯」（Tour of Flanders）自行車賽最具挑戰性的賽段之一終點站而聞名。

傳說中提到的鯡魚也在慶祝活動中占有一席之地。遊行隊伍到達該山後，當地主教長、市長、高級市政官和市議員會每人喝下一碗酒中的一條小活魚。有人說這象徵著慶祝和友誼；也有人說這代表春天即將到來的新生命。同時，這也可以看作是一種獻祭。

1590 年至 1608 年間，當地詩人、劇作家暨學校校長佑斯·斯何拉特（Josse Schollaert）以拉丁語寫了一首關於赫拉爾茲貝亨年度慶典的詩作，顯示這個傳統在16 世紀就已如火如荼地展開。[17]

> 在儀式上吞下魚之後，就到了扭結脆餅投擲者（krakelingenworp）將麵包從山頂扔到群眾貪婪手中的時刻了。

1879 年的一本雜誌[15]非常詳盡地描述了慶祝活動中的奇觀，包括發生事件和觀眾的歡欣之情。在這天，裝在柳條籃中被背上山的不僅僅是扭結脆餅，還有鯡魚乾和柳橙。它們都會被從山上扔至人群裡，鯡魚乾會發出像冰雹擊中鵝卵石一樣的咔嚓聲。我想，在過去這個年度活動中，肯定會造成人員傷亡，因為雜誌上提到，在扭結脆餅、鯡魚、柳橙和無花果之後，連裝滿糖果的整個籃子都會被扔向那些拚命想要抓住它們的人群。該文作者聲稱，那些不幸未中獎的人們，通常會在沿著山丘設立的許多攤位上用離譜的價格買點東西。

1858 年，一位英國牧師寫了一封信給小說家希多·何塞爾（Guido Gezelle）[115]，講述了此一習俗。[18]他剛剛在赫拉爾茲貝亨的山上親眼目睹了「奇怪的習俗」：許多人蜂擁而至，看著市長用一個古老的杯子喝酒，裡面有一條活魚。隨後，魚和麵包被扔至群眾中。

赫拉爾茲貝亨的扭結脆餅與瑞典的環形麵包（kringlor）一樣被做成環形。1895 年《人民之聲報》上的一篇文章則報導赫拉爾茲貝亨的扭結脆餅烤得很硬，作者還提到瓦隆尼亞人和法蘭德斯人聚集起來參加慶祝活動，並爭奪一種糕點（koek）。這對比利時的故事來說相當關鍵，赫拉爾茲貝亨距離荷語及法語的語言邊界僅有數公里之遙。

篝火

傳說中的焦油桶則持續存在於慶典中下一個、也是最後一個階段裡，名為「桶火」（tonnekensbrand）。每年當裝滿扭結麵包的柳條籃空了之後，黃昏降臨在連綿起伏的鄉野時，人們會點燃稻草篝火，周圍的城市也會以火來回應。過去，人們會用篝火點燃火把，帶至城鎮、田野和果園，以帶來光明、並喚醒大自然迎接春天。這是一種異教習俗，類似於英國的蘋果祝酒儀式（Apple Wassailing）[116]。

2010 年，赫拉爾茲貝亨的慶典被列入聯合國教科文組織文化遺產名錄。根據該鎮編年史，1393 年的城市帳目中提到了桶火儀式的開支。從那時起，除了 16 世紀的宗教戰爭及第一次和第二次世界大戰期間外，該市財務報表中都出現了扭結脆餅和桶火的紀錄。

雖然許多有著數百年歷史的餅乾和烘焙糕餅已經消失在時間的長河中，但扭結麵包獨樹一幟的形狀卻成功地讓其不在歷史中湮沒。

赫拉爾茲貝亨環形扭結脆餅
Geraardsbergse krakelingen

　　這是來自赫拉爾茲貝亨的扭結麵包（參見第 116 頁），形狀是環形，以基礎麵包麵團（較少酵母，無油脂）製成，質地更爲密實。它們與其他歐洲環形麵包有關，但人們通常不再將這些環形麵包與紐結麵包連結在一起，因爲現在談到扭結麵包只會想到 8 字結形的外觀。

　　我經常去赫拉爾茲貝亨的「麵包屋」烘焙坊（Broodhuis bakery），他們會從天花板上用繩子掛著扭結脆餅來裝飾商店櫥窗。麵包師傅告訴我，它們不是用來吃的，而是用來裝飾商店；最重要還是爲了參加扭結脆餅節，從附近的山上扔給群衆。爲了讓吃起來的口感更好，麵團中添加了極少量的奶油或油脂。該店的麵包師傅說，現在很多人把他店裡賣的馬斯泰爾麵包和扭結脆餅搞混了，但其實它們並不一樣。

　　赫拉爾茲貝亨也是以馬頓凝乳乳酪塔（*mattentaart*）聞名的小鎮（參見第 164 頁）。

份量：6 個扭結脆餅

高筋麵粉　500 g（1 lb 2 oz）
速發乾酵母　5 g（⅛ oz）
無鹽奶油或豬油　20 g（¾ oz），軟化
水　300 ml（10½ fl oz）
海鹽　10 g（⅜ oz）

作法

1. 將麵粉和酵母在大調理盆或裝上鉤型攪拌棒的電動攪拌機盆中混合。加入奶油或豬油和半量的水後開始揉捏，待液體完全吸收後，倒入剩餘的水並揉捏 5 分鐘。將麵團靜置 5 分鐘。

2. 加入鹽再揉 10 分鐘。將麵團加蓋靜置 30 分鐘，再次稍稍揉捏。

3. 麵團加蓋靜置 1 小時或直至發酵至兩倍大。

4. 將麵團中的空氣排出，稍微揉一下並分成 6 等份。取一塊麵團，輕輕在工作檯上壓平，然後將麵團由外向內拉伸，如同錢包一樣。接著像包餃子般將其輕輕聚攏壓緊，這樣麵團在發酵時就不會裂開。將麵團翻面，使壓緊的末端位於底部。麵團表面應該是漂亮光滑的，如果不是，請將其壓平並重新開始。將麵團用一個大型塑膠袋包覆起來（我特別爲此保留了一個大塑膠袋），靜置 1 小時。

5. 將麵團塑形成環形：將拇指壓入光滑的麵團中，一手拿著麵團，將兩根拇指放在麵團中心，一邊轉動、一邊擠壓，最後就會得到有如甜甜圈形狀的麵團，但孔洞更大。麵包環厚度應爲 3 cm（1¼ inches），總直徑爲 14 至 15 cm（5½ - 6 inches）。

6. 將每個扭結餅放在鋪了烘焙紙的托盤或木板上，撒上麵粉。以布巾覆蓋並靜置 20 分鐘。

7. 靜置時間即將結束時，將烤箱預熱至 230°C（445°F），並將一個空烤盤放入烤箱中層加熱。勿使用旋風功能。

8. 將扭結餅連同下方鋪襯的烘焙紙移至熱烤盤上，烘烤約 15 至 20 分鐘，直至呈金褐色。

* 若不立即食用，之後可在食用前將麵包回烤數分鐘使其恢復蓬鬆柔軟。

鹹味扭結脆餅
Zoute krakelingen

　　儘管扭結脆餅（扭結麵包）在 17 世紀的尼德蘭藝術中占有重要地位，但在 16 和 17 世紀的尼德蘭烹飪書裡卻很少見到它們的食譜；18 世紀的烹飪書中則確實很常見。我在一本 1758 出版、名為《一位女士與糕點師和果醬師傅的對話》（'t Zaamenspraak tusschen een mevrouw, en eenbanket-bakker en Confiturier）的小書中，找到了這份鹹味扭結脆餅食譜，並為讀者們重新制定如下。這些扭結脆餅是以酥脆麵團製成的，但無法確切地說它們會酥至碎裂。它們讓我想起希斯·霍特康（Cees Holtkamp）[117] 在他阿姆斯特丹的烘焙坊中製作的迷你鹹味扭結脆餅。它們很精緻，而且因為帶有一絲鹹味，我總是忍不住把它們吃掉。鹹味扭結脆餅是晚宴中開胃酒的優雅良伴。

份量：16 個鹹味扭結脆餅

中筋麵粉　225 g（8 oz）
鹽　5 g（⅛ oz）
無鹽奶油　115 g（4 oz），軟化
全蛋　1 顆
蛋黃　1 顆份，蛋液用

作法

1. 將烤箱預熱至180°C（350°F）。在一個大烤盤上鋪上烘焙紙。
2. 將麵粉與鹽放入調理盆中，然後將奶油揉入麵粉裡，直至成為如麵包粉般的顆粒狀混合物。加入全蛋並混合均勻。將其揉成柔軟的麵團，然後將其分成 16 等份，接著一一滾成長 30 cm（12 inch）的長條。塑形成扭結麵包形或 8 字形，放在烤盤上。
3. 將麵團整體刷上蛋液，然後放入烤箱中層烘烤 20 至 25 分鐘。
4. 移至網架上冷卻。存放在密封容器中。
5. 可以直接食用，也可作為點心搭配葡萄酒或啤酒，它們本就該如此享用。

杏仁洋茴香扭結脆餅
Amandel and anijs krakelingen

這份甜杏仁洋茴香扭結脆餅的食譜來自 1746 年的《完美荷蘭廚房仕女》（*De Volmaakte Hollandse Keuken-Meid*）一書。這份食譜是最早印刷出版的尼德蘭扭結麵包食譜之一，儘管我在一本 17 世紀的德國書中找到了一份更早的杏仁扭結麵包食譜。

根據作者的說法，這些扭結脆餅非常出色，我也很同意。它們有嚼勁、帶有一絲杏仁膏和芫荽的風味，另外還有大量洋茴香籽的味道（如果你討厭洋茴香籽，可以不用加入）。這份食譜需要一種不常見的食材，名為「黃耆膠」（gum tragacanth），在翻糖工藝中經常使用。雖然家庭烘焙者不一定熟悉，但它很容易從網路上或專業烘焙材料行取得，是一種糕點穩定劑。

在歷史上，這些扭結脆餅會於飯後和甜酒或香料酒一起享用。它們是讓你的客人品嘗過往風味的絕佳方法。

份量：10 個扭結脆餅

洋茴香籽　½ 小匙
芫荽籽　¼ 小匙
去皮杏仁　225 g（8 oz）（若你不想自行磨製杏仁粉，
　　也可直接使用市售杏仁粉）
玫瑰水　1 小匙
糖粉　110 g（3¾ oz）
黃耆膠（E413）　5 g（⅛ oz）
全蛋　1 顆
蛋白　1 顆份，蛋液用

作法

1. 將烤箱預熱至 150° C（300° F）。在一個大烤盤上鋪上烘焙紙。

2. 為了得到最佳效果，自己研磨種籽，這樣能夠保留一些較大的碎粒，且香料不會讓糕點染色。將洋茴香籽和芫荽籽放入研磨缽中以杵研磨，直到所有種籽皆碎裂。

3. 將去皮杏仁和玫瑰水放入食物處理機中打成細粉。加入糖、洋茴香籽、芫荽籽和黃耆膠，攪拌均勻。

4. 將全蛋加入杏仁混合物中揉成麵團。它會看起來很乾，但由於手溫和蛋的乳化性質，揉捏會使麵團融合在一起。不要加水，否則麵團會變得太黏。

5. 將麵團分成 10 塊，擀成 37 cm（14½ inch）的長條。塑型成扭結或 8 字形，然後移至烤盤上。麵團整體刷上蛋白。放入烤箱中層烘烤 10 分鐘，然後再次刷上蛋白，再烤 10 分鐘，直到外觀仍然呈現淺色，但透出一絲金黃。

6. 移至網架上冷卻。存放在密封容器中。

扭結麵餅
Brood krakelingen

　　這是布魯赫爾及其他 16 和 17 世紀法蘭德斯與尼德蘭大師畫作中常見的扭結脆餅，本書收錄了其中幾種。這些扭結脆餅更像麵包，而且即使麵團沒有任何裝飾，它們看起來也非常美味——尤其是當你在晚宴上將它們放在麵包和奶油籃中上桌時。這種麵團容錯率很高，塑型也不複雜。它們就像義大利麵包棒（grissini），但外觀有魅力得多。

　　正如第 114 頁畫中所見，過去這些扭結餅掛在木製的扭結脆餅支架上。由於不是由油脂豐厚或豪華的麵團所製，它們被認為是大齋期的完美選擇。小彼得・布魯赫爾出色的畫作〈狂歡節與大齋期之戰〉（參見第 14 頁）便提示了這一點。若仔細觀察畫中憔悴的大齋期女士，會發現扭結脆餅就在她腳邊，也繫在她遊行隊伍中一位追隨者的腰帶上。

份量：13 個扭結麵餅

高筋麵粉　270 g（9½ oz）
菜籽油或橄欖油　2 大匙
細砂糖　1 小匙
速發乾酵母　1 小匙
水　180 ml（5¾ fl oz）
鹽　½ 小匙

作法

1. 將麵粉、油、糖和酵母在大調理盆或裝上鉤型攪拌棒的電動攪拌機盆中混合。倒入半量的水後開始揉捏，待液體完全吸收後，倒入剩餘的水並揉捏 5 分鐘。將麵團靜置 5 分鐘。

2. 加入鹽並揉捏 10 分鐘，直到形成一個光滑且有彈性的麵團，既不太乾也不過於濕潤。將麵團加蓋靜置 1 小時，直至發酵至兩倍大。

3. 靜置時間快結束時，準備 2 或 3 個烤盤，鋪上烘焙紙。將烤箱預熱至 230°C（445°F）。

4. 將麵團中的空氣排出，分成 13 等份。手邊準備一小碗水。取一塊麵團，拉伸，然後用少許水潤濕雙手，將麵團滾成 60 cm（24 inch）長、寬度略少於 1 cm（⅜ inch）的長條。

5. 在每個鋪上烘焙紙的烤盤上撒一些麵粉，防止麵團黏連。直接在烤盤上將麵團做成扭結型：根據自己的喜好，將長條麵團的兩端同時扭轉一次或兩次，然後將食指與拇指沾溼，然後將扭轉後的麵團兩端黏在環形中間。如果有需要，可以將扭結餅放在托盤上調整形狀。

6. 將扭結麵餅烘烤 10 至 12 分鐘直至呈現金黃色，然後移至網架上冷卻。以密封容器保存。

布魯日 8 字型扭結餅
Brugse achten

　　「布魯日 8 字型扭結餅」是一種小型甜味扭結脆餅，形狀像數字「8」。這是一種古老的扭結麵包形狀，也是無限符號的形狀。據說，勃艮第的瑪麗（Maria van Bourgondië）[118] 宮廷中有位廚師，在瑪麗厭倦了塔派，想要些不一樣的糕點時發明了它們……傳說是這麼說的。

　　烘焙師傅阿蒙・德曼（Amand Deman）與妻子史蒂芬妮・維爾伐克（Stefanie Vervarcke）於 1880 年在布魯日的布拉姆貝格街 20 號（Braambergstraat 20）開設烘焙坊。他們主要製作麵包，但也做運河餅乾（參見第 98 頁）、雞蛋糕（*eierkoeken*，一種海綿蛋糕）、布魯日麵包脆片（*Brugse beschuit*）和布魯日 8 字型扭結餅。如今，家族中的兩位女性烘焙師傅以「德曼老店」（*Oud Huis Deman*）之名繼續經營家族事業。她們延續了烘烤扭結脆餅的傳統。

　　本食譜乃是基於農民之妻聯盟（Farmers' Wives' Union）出版的知名食譜書《我們的食譜書》（*Ons Kookboek*）第 285 版中的一份食譜。但原版食譜做出來的成品卻一團糟。和古食譜相同，需要經驗豐富的烘焙師傅雙手與頭腦，才能得到好的成果。

份量：20 個扭結脆餅

無鹽奶油　150 g（5½ oz），軟化，另加額外份量爲烤
　　盤上油
水　35 ml（1¼ fl oz），另加額外份量噴灑水霧用
高筋麵粉　250 g（9 oz）
麵包脆片碎粒（參見第 96 頁）、麵包脆餅或日式麵包
　　粉（panko breadcrumbs）　15 g（½ oz）
還原黃糖　100 g（3½ oz）

作法

1. 將奶油放入小型醬汁鍋中以小火融化。離火，倒入水冷卻，然後加入放在調理盆中的麵粉裡，揉成光滑的麵團。靜置 15 分鐘。
2. 準備一個烤盤，將其上油，並用麵包脆片碎粒、麵包脆餅或日式麵包粉爲扭結脆餅打底。將糖放入碗中，並準備一個噴霧瓶或小碗裝水。
3. 將烤箱預熱至 200°C（400°F）。勿使用旋風功能。
4. 將麵團擀成一根鉛筆的厚度，並切成長 21 cm（8¼ inches）的數條長條。將長條麵團做成 8 字形或扭結麵包形，將它們浸入砂糖中，然後放在烤盤上的麵包碎粒基底上。將剩餘的糖撒在每個扭結餅上，然後用噴霧瓶向每個扭結餅輕輕噴灑水霧，或以手指將水輕彈至扭結餅上。
5. 放入烤箱中層烘烤 20 分鐘。
6. 將 8 字型扭結餅放在烤盤上冷卻，直至焦糖變硬凝固。在右頁圖片中，我在烤盤上將它們分得太開：將它們貼近擺放，好讓焦糖將其黏合才會得到最佳成品。

* 我們 6 歲的教子非常喜歡這些扭結餅，因爲它們上面黏著焦糖片。

大齋中期主日伯爵——聖格里夫
SINTEGREEF, THE EARL OF LAETARE

1508 年，一艘載有柳橙、無花果和葡萄乾的船抵達安特衛普港口。鎮上的人們對這些帶著異國風情的甜蜜美食態度謹慎，擔心它們會讓人生病，因此對購買這些貨物感到擔憂。但這就是傳奇的開始：安特衛普侯爵渴望促進該市貿易，下令將貨物分發給安特衛普人民，因為他知道，如果這些貨物是免費的，人們就會熱切地接受。這讓許多安特衛普人第一次品嘗到異國甜蜜美食，這些美食後來成為安特衛普黃金時代不可或缺的一部分。

從那時起，每年的這一天——恰逢喜樂主日（大齋中期主日）——人們都會紀念侯爵的慷慨，而聖格里夫（Sintegreef）、聖者（Sanct）或大齋中期主日伯爵（Graaf van Halfvasten）就會作為節日的化身出現。

人們可以在薑餅模具上那獨特的大鼻子、一袋玩具和一根棍子的雕刻中認出他。他經常與妻子桑克汀（Sanctin）相伴，但兩人的形象卻遠不如皇家奧蘭治（Orange）[119] 夫婦或戀人般優雅（參見第 242 頁），而且奇怪地類似於英國潘趣與茱迪（Punch and Judy）[120]。聖格里夫是「狂歡節王子」（Prins Carnaval）[121] 形象的前身，類似於中世紀英格蘭聖誕節前後的「混亂之君」（Lord of Misrule）[122]。

聖格里夫出現在法屬法蘭德斯、哈勒（Halle）、伊普爾（Ypres）、布拉邦，以及特別在安特衛普，當地有一位薑餅模具雕刻師傅專門雕刻聖格里夫像。

關於聖特格里夫的詩歌和歌曲提到了無花果與葡萄乾，也提及用長籤插著著公雞形狀的迷你麵包的習俗。在揚·史汀的畫作〈聖尼古拉斯節〉（參見第 209 頁）中便能看到一隻「細籤上的公雞」從孩子的籃中向外窺探。

聖格里夫與聖尼古拉斯和聖馬丁有些相似之處。在其他故事中，聖格里夫也騎著白灰相間的馬或驢，不僅給孩子們帶來糖果，也帶了禮物。若孩子們表現不佳，他還帶了棍子，這表示這個人物也有懲戒功能。

三位聖者的慶祝習俗相互重疊，可互換，也有互相矛盾之處。揚·史汀可能故意加入了聖格里夫的象徵意義，以包含大齋中期主日伯爵的世俗象徵，好讓人們能夠認出他來。在揚·史汀繪製這幅作品時，喀爾文主

義者正試圖取締聖尼古拉斯的相關慶祝活動及信仰。雖然大齋中期主日伯爵在某些地區被稱為聖格里夫，但他並不是聖人，而是經常被描繪為 18 世紀的貴族。

在過去，人們會在大齋中期主日烘烤格里夫人形蛋糕（greefkoeken），它可能會和聖馬丁人形麵包（mantepeirden）與聖尼古拉斯人形麵包一樣以油脂豐厚的麵包麵團製成（參見第 218 頁）；或者做成蜂蜜蛋糕，以及後來的史派克拉斯香料餅乾（speculaas）。然而，在過去的 30 年中，格里夫人形蛋糕似乎已經完全消失了。聖格里夫很快也會在時間流逝中被遺忘。

園遊會美食
KERMIS GASTRONOMY

小時候，父母很少讓我去園遊會（kermis），因爲母親認爲這不好。爲數不多的其中一次，他們允許我去釣魚獲取獎品：我選了一隻金魚。園遊會的氣味清晰地留在我的記憶中，儘管不記得曾經吃過從色彩繽紛的華夫餅和油炸圓麵包（oliebol）餐車上買的任何一樣東西，而這的確讓人非常失望。

「園遊會」的荷語單字源自「教堂」（kerk）「彌撒」（mis）的西歐習俗，過去是爲紀念主教堂（mother church）[123] 的守護神或該教堂祝聖而進行的神聖儀式，會在每年紀念守護聖者的命名日進行。但後來當宗教特徵開始消退時，「kermis」開始轉移到其他重要節日，可能是大齋期前夕的狂歡節、季節變換，或恢復農民曆上重要時刻的異教本質，如收穫時節。

在比利時，另一個經常與「kermis」相互替代的詞彙是法語中的「foor」或「foire」。雖然現在這些詞彙被認爲是同一件事，但「foor」來自拉丁語的「forum」，指的是中世紀的貿易市集，行遊商人和當地商人提供自己的商品、鑑定並出售農場動物。

正如布魯赫爾的畫作所展示的那樣，中世紀的慶祝活動以餐飲、舞蹈、農村遊戲活動和運動爲中心。這在今天的佛拉蒙園遊會（Vlaamse Kermis）中仍然可以看到，佛拉蒙園遊會包含了鄉村遊戲競賽與體育活動，並伴隨宴會和舞蹈。

「締婚者」香料蛋糕（hylickmaker，參見第 233 頁）會在此處出場。男孩會送給女孩這種形狀的香料蛋糕（peperkoek，參見第 228 頁）表示求愛。香料蛋糕和園遊會總是相伴出現，後來油炸圓麵包和華夫餅登場。特別是油炸圓麵包，即使食材很樸實，但因爲油炸所需的油或豬油成本很高，一般家庭難以製作，它因此成爲園遊會的指標性食物，直到現今仍然如此。

比利時現存最古老的園遊會位於魯汶（Leuven），是爲了紀念 891 年東法蘭克和洛林國王阿努德（Arnuld）擊敗維京人所舉辦。從那時起，人們就以貿易市集和園遊會慶祝魯汶之役。而知名的安特衛普五旬節園遊會（Pentecost Sinksenfoor）[124] 自 13 世紀以來，始終在安特衛普城內不同地點舉行。在比利時的語言疆界另一邊，列日有同樣知名的十月園遊會（October foor），歷史長達 800 年。中世紀時極爲重要的城市根特，則由

勃艮第公爵菲利普一世（Philip the Fair）於 1497 年給予當地大齋中期主日園遊會永久許可權，該園遊會至今仍然存在。

園遊會可能變得非常混亂，經常導致農民起義，以至於在歷史上的不同時刻，皆有神職人員試圖管制或禁止舉辦。但在貧窮和苦力的年代，勞動階級的生活期盼就是這些陽光稍稍明亮一些的時刻，精神才能有所振奮。

雖然最初是一個農村遊戲競賽、舞蹈與宴會的節慶場合，但行遊商人中也有藝術家和有才者；發明家們也會到場展示最新發明。動物園出現了，怪奇秀、戲劇、木偶戲、奇幻劇和馬戲表演如走繩者、小丑及雜技演員也出現了。這是一個充滿驚奇與想像力之處。1800 年左右，在英國馬戲先驅菲利普·阿斯特利（Philip Astley）引領的潮流推動下，馬戲團自園遊會開始退場。1787 年，他在布魯塞爾的瓦蘭德公園（Warandepark）成立了自己的馬戲團，此後園遊會和馬戲團就不再相伴出現了。

另一個舉行園遊會的理由則是巨人遊行現象：巨大的木偶遊行，木偶通常由混凝紙漿（papier mâché）[125] 製成，由木偶師在木偶體內操作。1712 年，安特衛普的博赫豪特（Borgerhout）舉行了第一屆巨人遊行，但也有一些更古老的巨人遊行已不再以其原始形式存在。我的教父曾是巨人木偶的操作者，我記得當他在遊行中行進時，我曾在高達 3.2 公尺（10.5 英尺）的巨型人偶裙下迎接他。

二戰後，園遊會演變成以有趣景點爲重點的遊樂園。對我們的故事來說，幸運的是，歡樂的園遊會食物仍是體驗中最重要的一部分，園遊會商人將之精心命名爲「園遊會美食」（foor gastronomie）。

這些園遊會美食包括香料蛋糕、油炸圓麵包、厚片與薄片華夫餅、薯條（過去不認爲薯條是正餐，而是一種油炸點心）。在林堡地區（及美國的比利時社群中），還包括低地國甜派。

大型華夫餅餐車（Waffle palaces）

19 世紀早期的園遊會餐車仍然相當簡陋：「安特衛普糕點攤」（Antwerps Gebak）於 1835 年誕生，當時

只是木支架上的一片木板。到了 1925 年，年輕一代開始開著看起來像現代大型華夫餅餐車的東西到處巡迴。大型華夫餅餐車是一輛配有鏡子、壁畫，甚至通常還有座位區的華麗車廂，這讓它們成為能四處巡迴的流動茶室。

我採訪了第四代大型華夫餅餐車（或糕點攤〔Gebakkraam〕）的老闆保羅—揚（Paul-Jan），他的妻子是「安特衛普糕餅攤」家族的後裔。保羅—揚的祖父於 1895 年創立了布姆油炸點心鋪（Booms Frituur），當保羅—揚和妻子接管公司後，兩家公司合併。直到 1990 年代中期，這家人還住在他們的餐車裡，從一個園遊會移動到另一個園遊會。保羅—揚說，自從園遊會商販開始居有定所，情況發生了很大變化，家人們不再一起在旅途上生活了。

當我問他園遊會美食在現代是否占有一席之地時，他告訴我，自己可以從人們的表情中看出，對油炸圓麵包、華夫餅和薯條等懷舊點心的需求仍然是當今世界重要的一部分。他在自己的產品中加入吉拿棒，因為需求量太高、難以拒絕，但他不相信吉拿棒會取代傳統的園遊會點心。當我告訴他吉拿棒也出現在 18 世紀和 19 世紀的荷蘭語食譜書中時，他感到很驚喜。

懷舊是一種上佳的調味料。保羅—揚喜歡看著他的顧客將手伸入錐形紙筒中，拿出第一個油炸圓麵包，舔著手指、與家人和朋友一起歡笑。當我問他是否想過從事其他職業時，他回答自己從來沒有這種想法，他的女兒也沒有，她熱切希望繼承家族事業。

來自根特阿貝爾糕點公司（Firma Abel）的約翰（Yohan）是第五代，正準備從父母手中接棒。他告訴我，自己毫無疑問要繼承這個傳統：「我出生在油炸圓麵包和厚厚的糖霜之間，我真的很尊敬自己的父母。能夠接棒我感到很自豪。」他真正擔心的是，現在園遊會在許多城鎮和村莊中不再受歡迎。直到 20 年前，每個人都期待著這種熱鬧，但今天，越來越多的人有一種「鄰避」心態（not in my backyard）[126]。知名的安特衛普五旬節園遊會就這樣被趕出了市中心。

糕點攤可以在當地的城鎮廣場上開立，就像阿貝爾糕點公司長期以來在根特所做的那樣，但他們都想念其他商販，特別是園遊會帶來的蓬勃生氣。

園遊會美食已經融入他們的血液中，就像許多法蘭德斯、瓦隆尼亞和尼德蘭的園遊會家族一樣，他們持續歷史悠久的行業、讓烹飪傳統保持生機。

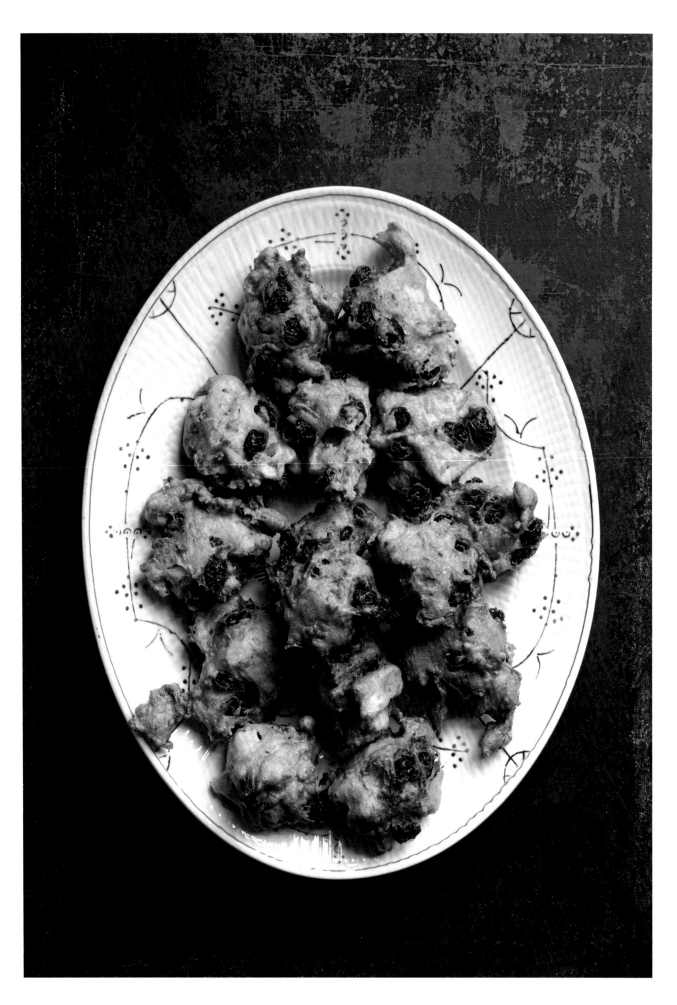

17 世紀油炸圓麵包
Oliebollen 17th century

已知最早的油炸麵包（*olykoek*）荷語食譜出現在 1667 年的《巧手廚師》（*De Verstandige Kok*）一書中。阿爾伯特‧克伊普（Albert Cuyp）[127] 於 1652 年左右的畫作中，一名婦女拿著一碗油炸圓麵包，看起來與《靈巧廚師》食譜中的油炸麵包相似。

17 世紀的食譜含有大量葡萄乾、等量的麵粉，再加上切碎的蘋果。如今，園遊會上出售的油炸圓麵包通常不添加任何水果，但在家裡，人們仍然經常添加葡萄乾、糖漬果乾和蘋果。因爲過去砂糖成本過高、無法使用，加入水果和杏仁，可以讓麵糊甜一些。成品則是表面有凸起的油炸麵球，如克伊普的畫作及左頁照片所示。

17 世紀食譜的作者指示使用油（準確地說，是茱籽油）量非常少：僅比 1 公升（35 液體盎司）多一些，份量並不是很多；18 世紀的食譜則建議使用兩倍的油。油量較少表示必須調整鍋子或麵球的大小，不能太大或太圓。

當時買不起大量油的人會製作扁平的油炸點心，如第 68 頁漢斯‧弗蘭肯的畫作所示。如今，這種麵糊布丁在美國被稱爲「荷蘭寶貝」（Dutch baby）。

份量：20 個油炸圓麵包
使用器具：1 個油炸深鍋或 1 個厚底平底深鍋

去皮杏仁　125 g（4½ oz）
小型蘋果　1 顆，不過甜
中筋麵粉　225 g（8 oz）
速發乾酵母　7 g（⅛ oz）
肉桂粉　一小撮（⅛ 小匙）
薑粉　一小撮（⅛ 小匙）
丁香　1 粒，磨粉
鹽　一小撮（⅛ 小匙）
牛奶　250 ml（9 fl oz），微溫
蛋黃　1 顆份，打散
無鹽奶油　25 g（1 oz），融化後放涼
大粒黑葡萄乾　225 g（8 oz）
茱籽油、植物油或豬油　油炸用
糖粉　撒糖粉用

作法

1. 將杏仁切碎，蘋果也切碎：尺寸約爲小於 1 cm（⅜ inch）的立方體。

2. 將麵粉、酵母、香料和鹽放入一個大型調理盆或電動攪拌機的盆中。倒入半量牛奶、全部的蛋黃和奶油，攪拌均勻。接著慢慢加入剩餘的牛奶，直到麵糊質地不像煎餅麵糊般能從勺中倒出，而是像蛋糕麵糊那樣可以用勺子舀出。拌入葡萄乾、杏仁和蘋果，將調理盆加蓋，靜置麵糊 30 分鐘。

3. 在油炸鍋或厚底平底鍋中將油加熱至 180°C（350°F）。當在油中加入一塊麵包後，麵包能在 60 秒內變成金褐色時，表示達到正確油溫。用兩根湯匙舀出漂亮的麵糊球，小心滑入熱油中。炸 5 至 6 分鐘或直至呈金褐色。不要將油炸籃或油炸鍋擠得太滿：每次添加新麵糊時，油溫都會降低，這會影響油炸品質。在添加另一球麵糊前，先讓每一球麵糊有機會稍微固定成型。

4. 將炸好的油炸圓麵包移至鋪有紙巾的托盤上，同時炸其餘的部分，然後將它們放在托盤上（或者若你想呈現傳統風格，可放入紙袋或錐形紙筒中），並撒上大量糖粉。

油炸圓麵包
Oliebollen

自從人類發現可以用滾燙的油脂烹飪食物以來，就開始食用油炸食品。而自從人們開始油炸麵團以來，它就一直與慶祝活動連結在一起。如今，我們可能認爲一整鍋油沒什麼，但在過去，油非常昂貴。普通人用不起那麼多的油，因此油炸麵團便與人們聚在一起分享的日子連結在一起。這也是爲什麼油炸圓麵包或多拿滋會出現在新年慶祝活動、狂歡節、油膩星期二和鄉村集市或園遊會。儘管油炸麵團是用平凡的食材所製作，但過去這是種特別的享受。

本食譜是在根特的阿貝爾糕點公司的協助和認可下開發的。我最喜歡的油炸圓麵包來自他家，所以很開心能有他們幫忙。他們確實提到，在家裡做油炸圓麵包的味道永遠不會與在園遊會上品嘗的相同，因爲園遊會的氣氛和盛放它們的圓錐形紙筒都是體驗的一部分，而且在超大形油鍋中煎炸也代表著油溫不會因放入麵團就立刻降低，要製作完美蓬鬆的油炸圓麵包，這點必不可少。

雖然這些油炸點心通常是會直接加上糖一起享用，但著名作家揚·德古伊（Jan de Gouy） 在 1924 年出版的《誰都會做的布爾喬亞烹飪與糕點》（*De Burgerskeuken en Pasteibakkerij in ieders bereik*）中，建議熱食或冷食時搭配水果或奶油醬。這讓我想起了在匈牙利吃過的精緻乳酪油炸點心。在狂歡節小鎮阿爾斯特（Aalst），油炸麵包經常搭配佛拉蒙燉牛肉，和東歐與燉菜一起食用的麵餃類似。狂歡節愛好者告訴我，這道菜很適合搭配大量啤酒。

德古伊認爲，有必要指出這些炸麵球是佛拉蒙美食。如今在法蘭德斯，我們經常稱它們爲「豬油炸麵球」（*smutebollen*），「smute」源自「*smout*」，就是長期以來用來煎炸它們的動物脂肪。儘管如今大多數華夫餅大型餐車或園遊會的糕餅攤都有販售西班牙吉拿棒，但德古伊在他的書中提供了「擠花炸麵包」（*Beignets Seringues*）的食譜：以擠花器將麵糊擠入熱油中。所以吉拿棒是不是也可以被視爲一種比利時傳統美食呢？無論如何，如果你到訪比利時或尼德蘭，不要錯過犒賞自己的機會：用一個大型錐形紙筒裝著來自糕餅攤、撒滿糖粉又熱呼呼的油炸圓麵包。

份量：12 個油炸圓麵包
使用器具：1 個油炸深鍋或 1 個厚底平底深鍋

高筋麵粉　200 g（7 oz）
細砂糖　1 大匙
鹽　5 g（⅛ oz）
速發乾酵母　7 g（¼ oz）
全脂牛奶　200 ml（7 fl oz），室溫
水　80 ml（2½ fl oz）
奶油或油　1 大匙
油或豬油　2 litres（70 fl oz），油炸用
糖粉　撒糖粉用

作法

1. 將麵粉、糖、鹽和酵母放入一個大型調理盆或電動攪拌機的盆中。倒入牛奶、水、融化奶油或油，攪拌直到滑順。麵糊質地應該濕潤且能夠以勺子舀出，但不像煎餅麵糊般能從勺中倒出。將調理盆加蓋，靜置麵糊 45 分鐘。

2. 在油炸鍋或厚底平底鍋中將油加熱至 180°C（350°F）。當在油中加入一塊麵包後，麵包能在 60 秒內變成金褐色時，表示達到正確油溫。用冰淇淋勺舀出漂亮的麵糊球，小心滑入熱油中。兩面各炸 5 至 6 分鐘或直至呈金褐色。仔細用眼睛觀察，不要讓炸鍋無人看管。將炸好的油炸圓麵包移至鋪有紙巾的托盤上，同時繼續炸其餘的部分，然後將它們放在托盤上（或者若你想呈現傳統風格，可放入紙袋或錐型紙筒中），並撒上大量糖粉。趁熱以手拿取享用：邊享用邊舔手指正是箇中神髓。

變化版： 將細砂糖（我會在糖罐中放一根香草莢）和一點肉桂混合，然後用它代替糖粉撒在油炸圓麵包。這完全不是傳統風格，但真的美味極了！

巧手廚師
THE CLEVER COOK

北美洲的尼德蘭與比利時殖民地移居者

1609 年，英國探險家亨利‧哈德遜（Henry Hudson）從阿姆斯特丹啟航，尋找通往東方的西北航道。荷蘭東印度公司的薪水單上顯示，他駕駛著自己的船「弦月」（*Halve Maen*）沿哈德遜河逆流而上，該河後來以他的名字命名。

憑藉肥沃耕地與繁榮的毛皮貿易前景，尼德蘭的殖民基礎便已奠定。

雖然人們總是稱第一批北美定居者爲荷蘭人，但許多人來自現今比利時的瓦隆尼亞，不過當時在西班牙統治下被稱爲南尼德蘭。安特衛普陷落後，尼德蘭北部（現在仍以此名爲人所知）從南部分離出去。

由於移居者需要土地，他們說服美洲原住民出售曼哈頓島，以 60 荷蘭盾廉價買下。尼德蘭議會代表於 1626 年 11 月 5 日寫的一封信表明，新定居者已在該地區耕種，並成功收穫了小麥、裸麥、大麥、燕麥、蕎麥、金絲雀鷸草籽（canary seed）、小豆類和亞麻。信中還提到豐富的毛皮、橡木和堅果木。[19] 他們在曼哈頓島建立了新阿姆斯特丹，該島於 1625 年成爲新尼德蘭的首都。

有影響力者若帶領至少 50 個家庭（或四年內 50 個移居者）在新尼德蘭定居，就會獲得大片土地作爲獎勵。這些補助金被稱爲「莊園主」（patroonships），由荷蘭西印度公司的 1629 年自由與豁免憲章（The 1629 Charter of Freedoms and Exemptions）頒發。

莊園主（即擁有莊園權的土地所有者）的頭銜擁有強大的權利和特別待遇：他們可以創建一個擁有自己的城鎮或村莊、自己的地方官員以及自己的民事和刑事法院的整個社會。居住在這些莊園的定居者可免繳 10 年的公共稅金，但改爲向莊園主支付租金。在今日北美，我們仍然可以看到其中某些莊園主的身影。尼德蘭移居者尤納斯‧布朗克（Jonas Bronck）創建了紐約布朗克斯（Bronx）。布朗克斯郡法院有一幅 1930 年代的壁畫，描繪了 17 世紀布朗克到來的情景。

1664 年，新尼德蘭被英國掌控，英國國王查理二世（Charles II）將土地授予其兄弟約克公爵後，新阿姆斯特丹更名爲紐約[128]。9 年後，尼德蘭共和國重新奪回了這座城市，並將其更名爲「新奧蘭治」（New Orange），但一年後，英國透過 1674 年的威斯敏斯特條約（Treaty of Westminster）再次將其奪走。

儘管不僅僅是荷蘭人（和瓦隆人）移民至美國，但他們留下了最清晰的印記。舊日風俗與他們在接下來的幾年裡創造的新文化結合在一起。研究尼德蘭殖民地飲食傳統的專家稱其爲「新尼德蘭菜」（New Netherlandish）。來自 17 世紀低地國家的移居者早已習慣良好的生活品質，由於安特衛普和阿姆斯特丹經濟不斷增長，這些地區很早就出現了消費主義，富裕的中產階級也隨之誕生。即使是較貧困的社會階層也能買得起好食物。在低地國家，每個人都吃得很好。

在 1655 年出版的《新尼德蘭紀事》（*Descriptions of the New Netherlands*）中，作者爲其同胞在新殖民地所做的努力寫了一篇熱情洋溢的報導。新移民種植了果樹：「在尼德蘭生長的每一種果樹」都被帶到了新尼德蘭——蘋果、洋梨、櫻桃、桃子、杏桃、李子、扁桃、柿子、無花果、紅醋栗、鵝莓（gooseberries）、丁香和甘草樹，以及來自英國的檸檬。葡萄藤是自然生長的，藤本植物也從德國送來插枝種植。

芬蘭旅行家佩爾‧卡勒姆（Pehr Kalm）也曾寫過關於英格蘭的文章。他在 1777 年寫到了荷蘭人在美洲的飲食習慣。他指出，儘管英國人已經統治該地區 85 年，但當地備餐的方法與英國方式有很大差異。他說荷蘭人不喝咖啡，並注意到他們會把一塊糖放在口中再喝茶，而不是將糖加在茶裡。這種習慣在上世紀的尼德蘭仍然非常盛行。卡勒姆說，雖然尼德蘭的美洲移民早餐通常吃麵包和奶油或麵包和牛奶，但他們偶爾會在早餐或晚餐時吃乳酪，不是切片的，而是刮下來或磨碎的。卡勒姆也描述了一種食用沙拉的文化，用油、醋、鹽和胡椒調味，並提到了捲心菜胡蘿蔔沙拉（coleslaw）。

儘管英國人接管了該地區的政府組織，但他們與荷蘭人毗鄰居住，在兩國衝突後，荷蘭人被允許留下。卡勒姆還寫道，奧爾巴尼（Albany）有一座尼德蘭教堂和一座英國教堂，但當時英國教堂沒有牧師，而且每個人都

懂荷蘭語，所以他們可能參加了每週日舉行的兩場禮拜之一。他還寫道，尼德蘭殖民移居者的後裔擁有最宏偉的莊園。

巧手廚師

17 世紀偉大的尼德蘭食譜書《巧手廚師》（*De Verstandige Kok*）是一部名為《愉快的鄉村生活》（*Het Vermakelijck Landtleven*）大部頭著作的一部分，在低地國家廣為發行，於阿姆斯特丹、安特衛普和根特皆有出版。如同書名所述，該書是一本提供愉快鄉村生活訣竅的手冊，除了烹飪和醃製之外，還有養蜂、園藝及醫學段落。值得注意的是，美國各地圖書館都藏有幾冊，這表明本書及其影響與學說皆廣泛流傳。

本書從幾本較為古老的作品中擷取食譜，其中許多來自法蘭德斯作家卡羅·巴圖斯：大約有 40 個食譜來自他 1593 年的作品《廚藝之書》，還有一些來自其《生活祕訣》（*Secreetboeck, 1601*）[129]。巴圖斯的許多食譜都是基於一本來自根特的手抄本，可能還有更多文獻出處已不復存在。

《巧手廚師》中的食譜是為新興資產階級準備的，而非僅出現在皇室餐桌上。廣受喜愛的油炸麵包或油炸圓麵包在書中都有現存最早的尼德蘭食譜，這也讓油炸麵團作法得以傳至美國。

在凡倫斯拉爾家族（Van Rensselaer，1785 至 1835 年間最初的幾位尼德蘭莊園主之一）的一本食譜書中，可以找到年代悠久且重要的尼德蘭甜點、餅乾、軟「華福餅」（wafuls）、「鍋餅」（pan cakes）和「油炸小點」（oly cooks）的食譜。而油炸圓麵包的配方包含了驚人的 12 顆蛋、450 克（1 磅）麵粉、奶油與糖。

凡科特蘭特家族（Van Cortlandt）是另一個留下尼德蘭食譜的重要移民家族，儘管食譜是英文的，但仍然有荷語標題。食譜中同樣有「油炸小點」、「荷式鬆餅」（puffert）、「荷式迷你鬆餅」（bollebuysjes〔poffertjes〕）、煎餅和華夫餅以及兩種不同的「蜂蜜餅」（honey cooke）食譜。「蜂蜜餅」就像香料蛋糕一樣：一種是普通的長條蛋糕，另一種則加入了糖漬香櫞[130] 皮與橙皮。荷蘭語的「蜂蜜香料小蛋糕」（「koeckjens」和「koekjes」）為美國人提供了「美式軟餅乾」（cookie）一詞。

華盛頓·歐文（Washington Irving）在他 1809 年以迪德里希·尼克勃克（Diedrich Knickerbocker）之名撰寫的《紐約史》（*A History of New York*）中，展現了尼德蘭風俗在當時依然非常活躍：

「有時，巨大的蘋果派或裝滿了糖漬蜜桃與洋梨的碟子讓餐桌熠熠生輝，但一定會有一大盤以豬油油炸、稱為「多拿滋」（doughnuts）或油炸麵包的甜麵球讓餐桌更為奪目。這是一種美味的甜點，除了真正的尼德蘭家庭，目前在這座城市很少有人知道。」

雖然蘋果派在比利時各地都很常見，但它是尼德蘭文化的象徵。尼德蘭各地餐廳外的招牌都會試圖誘人前往品嘗「荷式蘋果塔與咖啡」（*appeltaart en koffie*）。

在他著作的另一章中，歐文提及求愛與薑餅間的連結，但也提到了油炸麵包：

每個患相思病的少女都會在自己的偶像口袋裡塞滿薑餅和多拿滋。為承諾永遠不變心，許多戀人們交換銅戒指、彎折六便士硬幣[131]；至今還流傳著一些當時寫下的愛情詩句，這些詩句字跡難辨、晦澀難解，足以讓整個宇宙感到困惑。

在 1818 年的《沉睡谷傳奇》（'The Legend of Sleepy Hollow'）中，歐文描述了一張尼德蘭鄉村茶桌：

如此堆積如山的蛋糕拼盤，種類既多且幾乎難以形容，只有經驗豐富的尼德蘭家庭主婦才知道！有彈韌的多拿滋、嫩滑的油炸麵包和酥脆易碎的麻花；香甜的蛋糕和奶油酥餅、薑餅與蜂蜜蛋糕，以及全系

列蛋糕家族。在火腿片和煙燻牛肉片之外，還有蘋果派、桃子派和南瓜派；另外更有由糖漬李子、桃子、洋梨和榲桲製成的美味佳餚；更不用說烤鰣魚和烤雞了；還有幾碗牛奶與奶油，所有東西都雜亂無章地混在一起，就像我剛才列舉的那樣，而慈母般的茶壺從中冒出蒸氣——天啊！

上面這份清單也是將油炸圓麵包稱爲多拿滋的首批印刷品文獻之一。印刷品中最早的「多一拿滋」（Dough Nuts）食譜之一出現在 1803 年蘇珊娜‧卡特（Susannah Carter）所著的《節儉主婦》(The Frugal Housewife) 中：

多一拿滋
取一磅麵粉，加入四分之一磅奶油、四分之一磅糖與兩匙酵母；將它們全部在溫牛奶或水中混合，麵團質地與麵包一樣，使其發酵，並製成您喜歡的形狀，加熱油脂（由豬油構成）至沸騰，然後將其放入。

有趣的是，這個食譜出現在漢娜‧葛拉斯夫人（Mrs Hannah Glasse）所著的一本知名英國烹飪書籍《簡易烹飪藝術》(The Art of Cookery, Made Plain and Easy) 中，其經過現代改良的新版本於 1805 年出版，標題爲《適應美國烹飪法的幾份新食譜》(Several New Receipts Adapted to the American Mode of Cooking)。

《節儉主婦》於 1765 年在倫敦和都柏林出版，1772 年在北美首次再版時，並未提及殖民時期的烹飪方法或食材。在 1803 年的版本中，則添加了〈含適應美國烹飪法的幾份新食譜附錄〉（appendix containing several new receipts adapted to the American mode of cooking），很可能是爲了能更好地與阿美莉亞‧西蒙斯（Amelia Simmons）的《美國烹飪》(American Cookery，1796 年出版) 競爭。有趣的是，西蒙斯抄襲了《節儉主婦》早期版本的全部段落來寫作《美國烹飪》，這是第一本由美國人撰寫並在美國出版的食譜書。

多拿滋什麼時候開始有洞的？

《華盛頓郵報》(The Washington Post) 於 1916 年 3 月 26 日發表文章稱，「發明甜甜圈洞的人已經找到了」。他們採訪了時年 85 歲的葛雷格里（Captain Gregory）上尉，了解在他 16 歲時如何想到將多拿滋中央打洞成爲甜甜圈的點子。

嗯，先生，他們過去常常只沿著邊緣油炸，但是當邊緣炸好後，中間麵團全是生的。而且炸麻花（twisters）會在麵團扭轉的地方吸入全部的油脂，這對消化很不好……我取下了船上胡椒罐的蓋子，在多拿滋的中間切了人類肉眼所見的第一個洞！

當葛雷格里從海上返家時，他告訴母親自己在多拿滋上打出的孔洞。接著，他的母親製作了「幾盤」，然後將它們送至緬因州的羅克蘭（Rockland），當地每個人都很開心，從此再也沒有用其他方式製作多拿滋。葛雷格里曾經想過生產甜甜圈切模，但有人搶先。根據《美國飲食百科全書》(Encyclopedia of American Food and Drink)，1870 年的家庭用品目錄中展示了一個甜甜圈切模，包括一個打洞器。

到 1920 年，有孔的多拿滋已成爲標準。赫曼‧希坎普與米妮‧希坎普（Herman and Minnie Seekamp）於 1920 年推出了「克萊德美味甜甜圈」（Clyde's Delicious Donuts），而老照片中已經顯示多拿滋中央有個洞。

然而，在比利時和尼德蘭，多拿滋或油炸圓麵包仍然是球型，而環形版本則以甜甜圈之名從美國傳回歐洲。

蘋果甜甜圈
Apple beignets

　　園遊會上的華夫餅大型餐車也賣蘋果甜甜圈。比起油炸圓麵包，許多人更喜愛它：若不計算麵糊和油脂，蘋果甜甜圈確實會讓人更接近「一日五蔬果」的目標。使用果肉堅硬的蘋果可以防止甜甜圈變得潮濕或散開。你有沒有想過，爲什麼自家糖粉在撒上糕點後幾秒鐘就會消失，但在商店和市集裡，糖粉卻像一場小雪般留在原處？店家會使用一種不會融化的特殊糖粉，可以從專賣店中購得，但這不是必須的，只要在食用前幾秒鐘撒上普通糖粉即可。

份量：28 個蘋果甜甜圈
使用器具：1 個油炸深鍋或 1 個厚底平底深鍋

硬度中等的蘋果如考克斯蘋果（Cox）、紅龍蘋果
　　（Jonagold）、科特蘭蘋果（Cortland）澳洲青蘋
　　（Granny Smith）或你偏好用來製作蘋果派的蘋果
　　6 顆（質地如奶油、甜中帶酸）
高筋麵粉　200 g（7 oz），另加蘋果片撒粉之份量
細砂糖　1 大匙
鹽　5 g（⅛ oz）
全脂牛奶　200 ml（7 fl oz），室溫
全蛋　2 顆（蛋黃蛋白分開）
融化奶油或油　1 大匙
油或豬油　2 litres（70 fl oz），油炸用
糖粉　撒糖粉用

作法

1. 蘋果去皮、去核，切成 1 cm（⅜ inch）的厚片。

2. 將麵粉、糖和鹽放入一個大型調理盆或裝上球型攪拌棒的電動攪拌機盆中。加入牛奶、蛋黃和融化奶油，攪拌或混合，直至成爲質地滑順的麵糊。將蛋白攪打至硬性發泡，接著拌入麵糊中。

3. 在油炸鍋或厚底平底鍋中將油加熱至 180° C（350° F）。當在油中加入一塊麵包後，麵包能在 60 秒內變成金褐色時，表示達到正確油溫。在蘋果片上撒上一層薄薄的麵粉，確保沒有結塊的麵粉黏在蘋果上。以料理夾將蘋果片一一浸入麵糊中，將麵糊包裹住蘋果，然後小心地將蘋果片放入熱油中。

4. 將蘋果片煎 5 分鐘或直至呈現金褐色，過程中需翻面。將炸好的蘋果甜甜圈移至鋪有紙巾的托盤上，同時炸剩餘的蘋果片。將蘋果甜甜圈盛盤，撒上大量糖粉。趁熱吃，以手取用：舔手指才是箇中神髓。

油炸繩結麵包
Nonnevotten

在尼德蘭林堡省，會在齋戒夜或懺悔星期二製作油炸繩結麵包。它們由酵母麵團製成，扭成環形或繩結形，接著油炸並以肉桂糖包覆。如今從狂歡節前一個月直到聖灰星期三間都可以買到油炸繩結麵包。

這種麵包的起源傳說可追溯至 1676 年，人們爲想要圍攻林堡地區錫塔德（Sittard）的法國指揮官們提供了環形麵包。爲什麼會想提供糕點給來製造麻煩的軍隊指揮，對我來說是無解之謎。

「Nonnevotten」的意思是「修女的舊衣」，錫塔德在 1600 年至 1700 年間，確實有一個方濟會修女會。傳說修女們會油炸麵團送給捐贈舊衣的人們。與班什狂歡節和赫拉爾茲貝亨扭結脆餅節一樣，在錫塔德狂歡節中，也會向人群投擲柳橙。赫拉爾茲貝亨的紐結脆餅和油炸繩結麵包很可能曾經非常相似。在農民之妻聯盟出版的知名法蘭德斯食譜書中，有種球形油炸點心名爲「*nonnevestjes*」，意爲「修女的背心」。

份量：14 個油炸繩結麵包
使用器具：1 個油炸深鍋或 1 個厚底平底深鍋

高筋麵粉　500 g（1 lb 2 oz）
細砂糖　55 g（2 oz）
無鹽奶油　60 g（2¼ oz），軟化
速發乾酵母　15 g（½ oz）
水　240 ml（8½ fl oz）
鹽　5 g（⅛ oz）
油或豬油　2 litres（70 fl oz），油炸用

肉桂糖

細砂糖　100 g（3½ oz）（額外份量）
肉桂粉　20 g（¾ oz）

作法

1. 將麵粉、糖、奶油和酵母放入一個大型調理盆或裝上鉤型攪拌棒的電動攪拌機盆中。倒入半量的水，開始揉捏。待液體完全吸收後，倒入剩餘的水並揉捏 5 分鐘。讓麵團靜置 5 分鐘。

2. 加入鹽，揉捏 10 分鐘。如有需要，將沾黏在攪拌棒或調理盆壁上的麵糰刮下。揉捏直到形成光滑且有彈性的麵團，既不太乾也不過於濕潤。

3. 麵團加蓋靜置 1 小時，直至發酵至兩倍大。

4. 稍稍揉一下麵團，分成 14 等份。取一塊麵團，輕輕在工作檯上壓平，然後將麵團由外向中央拉伸，如同錢包一樣。接著像包餃子般輕輕地聚攏壓緊在一起，這樣麵團在發酵時就不會再裂開。將麵團擀成 45 cm（18 inch）長的條狀，然後如右頁照片中所示般扭成繩結狀。

5. 將繩結麵團放在烤盤上，以一塊平紋細布（薄棉紗布）覆蓋烤盤，然後用一個大型塑膠袋包裹起來（我特別爲此保留了一個大塑膠袋），靜置 15 分鐘。

6. 靜置時間快結束時，將油炸深鍋或厚底平底深鍋中的油加熱至 180°C（350°F）。當在油中加入一塊麵包後，麵包能在 60 秒內變成金褐色時，表示達到正確油溫。

7. 製作肉桂糖：在一個足以容納繩結麵包的大碗中混合糖與肉桂。在一個托盤上鋪上紙巾。

8. 分批炸製繩結麵包，小心地將其放入熱油中炸至金黃色。將炸好的繩結麵包移至鋪了紙巾的托盤上以除去多餘的油，然後放入裝有肉桂糖的碗中，表面沾滿肉桂糖。就像多拿滋一樣，最好趁熱享用。

柏林圓麵包
Boules de Berlin

這些塡滿卡士達餡的炸麵球也被稱爲「伊瑟河圓麵包」（*Boules de l' Yser*）[132] 或以西法蘭德斯小鎮迪克斯梅德（Diksmuide）之名命名爲「迪克斯梅德伊瑟河圓麵包」（*Diksmuidse IJzerbollen*）。第一次世界大戰後，人們重新命名了這種美食，因爲該地區遭受重創，沒有人需要再次想起德國人。

雖然古老的食譜書顯示，這些食物過去曾被稱爲「齋戒夜蛋糕」（*vastenavondkoekjes*），並在懺悔星期二食用，但至少從 20 世紀初開始，它們就成爲了一種海濱美食。海灘上的小販穿著白色棉質套裝，戴著便帽，頭上頂著托盤，高喊著「可口的柏林圓麵包！」（lekkere Berlijnse Bollen）叫賣。如枕頭般鬆軟的麵團與糖粉和卡士達餡結合的感官印象，已經深深地烙印在許多比利時人的記憶中。同樣地，葡萄牙有「*bola de Berlim*」，義大利人則喜歡「*bomboloni*」。

爲什麼是「柏林」？

德國有「柏林人炸麵包」（*Berliner Krapfen*）和「柏林人炸圓麵包」（*Berliner Pfannkuchen*，*Pfannkuchen* 可以譯爲「煎餅」，儘管它實際上是指在鍋中油炸圓麵包），它們使用同一種麵團，但裡面塡的是果醬。與此處介紹的柏林圓麵包不同，它們並非切半後再塡入甜點奶餡（pastry cream）[133]，而是像果醬多拿滋一樣以擠花袋塡入果醬。「柏林人炸圓麵包」最後以細砂糖裝飾，而「柏林圓麵包」則撒上大量糖粉。

第一個德國塡餡炸麵球或炸麵包的食譜，出現在 1485 年於紐倫堡出版的食譜書《掌握糕點訣竅》（*Kuchenmeisterei*）中。「炸麵包」（krapfen）有多種食譜，通常以糖煮蘋果或洋梨爲內餡，不過其中有個食譜指示在炸麵包上撒上糖。

如今，這些柏林圓麵包通常被切半，以油炸完成後麵包中間出現的那條美麗白線作爲切線，然後將它們塡入一圈圈濃稠的卡士達餡。不過古老的食譜書通常提供三種選擇：一種是卡士達餡，一種是果醬，另一種是不切半維持完整，或在麵團中添加葡萄乾。

份量：12 個柏林圓麵包
使用器具：1 個油炸深鍋或 1 個厚底平底深鍋

高筋麵粉　500 g（1 lb 2 oz）
細砂糖　55 g（2 oz）
速發乾酵母　15 g（½ oz）
全脂牛奶　230 ml（7¾ fl oz）
鹽　5 g（⅛ oz）
奶油　60 g（2¼ oz），軟化
油或豬油　2 litres（70 fl oz）
糖粉　撒糖粉用

卡士達餡
蛋黃　9 顆份
細砂糖　75 g（2¾ oz）
卡士達粉或玉米粉（玉米澱粉）　40 g（1½ oz）
全脂牛奶　675 ml（23 fl oz）
高脂鮮奶油（thick〔double〕cream，乳脂肪含量 36-40%）　75 ml（2¾ fl oz）
香草莢　1 根（剖半取籽）
　或月桂葉　1 片

月桂葉說明
在 19 世紀香草主導調味喜好之前，月桂葉經常與肉桂一起用來爲卡士達醬調味。我非常喜愛月桂葉卡士達，何不嘗試看看？

作法

1. 將麵粉、糖、奶油和酵母放入一個大型調理盆或裝上鉤型攪拌棒的電動攪拌機盆中。倒入半量的牛奶，開始揉捏。待牛奶完全被吸收後，倒入剩餘的牛奶並揉捏5分鐘。讓麵團靜置5分鐘。

2. 在調理盆一側加入鹽，另一側則放入軟化的塊狀奶油，揉捏10分鐘。若有需要，將麵團從鉤型攪拌磅和攪拌盆側面刮下。揉捏直形成光滑且有彈性的麵團，既不太乾也不過分濕潤。

3. 麵團加蓋靜置 1 小時，直至發酵至兩倍大。

4. 稍稍揉一下麵團，分成 12 等份。取一塊麵團，輕輕在工作檯上壓平，然後將麵團由外向中央拉伸，如同錢包一樣。接著像包餃子般輕輕地聚攏壓緊在一起，這樣麵團在發酵時就不會再裂開。將麵團翻面，使擠壓的末端位於底部。麵團表面應該是漂亮光滑的，如果不是，請將其壓平並重新開始。

5. 將麵球放在烤盤上，以一塊平紋細布（薄棉紗布）覆蓋烤盤，然後用一個大型塑膠袋包裹起來（我特別爲此保留了一個大塑膠袋），靜置 30 分鐘。

6. 靜置時間快結束時，將油炸深鍋或厚底平底深鍋中的油加熱至170°C（325°F）。當在油中加入一塊麵包後，麵包能在 70 秒內變成金褐色時，表示達到正確油溫。

7. 分批炸製圓麵包，小心地將其放入熱油中炸至金黃色。圓麵包中間應該有一條獨特的淺色線條。將炸好的圓麵包放在襯有紙巾的托盤上，靜置至完全冷卻，同時繼續炸製剩下的麵團。

8. 在圓麵包靜置冷卻時製作卡士達餡。準備一個大而淺的耐熱烤皿。將蛋黃、糖和卡士達粉攪拌至奶霜狀。以法國烹飪術語來說，呈現「緞帶」狀（ruban）。

9. 在一個大型醬汁鍋中將牛奶、鮮奶油與香草籽一起加熱。離火。若想去掉黑色香草籽，可將牛奶過濾，也可將香草籽留在牛奶中，讓大家知道你用的是眞材實料。將一大匙溫牛奶加入剛才的卡士達奶霜中，攪拌均勻，然後將其倒回熱牛奶中不斷攪拌。將鍋子放回爐上以小火加熱，不斷攪拌直到卡士達醬變稠。一旦感到攪拌時的阻力開始變強，就立即關火。

10. 立即將熱卡士達餡倒入冷的耐熱烤皿中，以保鮮膜覆蓋卡士達餡（而非烤皿）表面。保鮮膜可以防止卡士達餡結皮。卡士達餡冷卻後，裝入擠花袋中，爲冷卻的圓麵包塡餡。將圓麵包切半，在麵包底部擠上冷卻的卡士達餡，然後將頂部那半放回。最後撒上糖粉。

低地國甜派
VLAAI

在某個挑燈寫作本書的深夜，我做了一個詭異至極的夢。鎮上舉行了一個大型集市，但與熱鬧相反的是，還有一場葬禮。我身邊一片喧囂，人們東奔西走，不是為了慶祝活動準備有趣的帽子，就是為了葬禮準備棺材。而我站在自家屋前，就像沒有意識到周圍那些忙碌。我昂起頭，接著衝上樓梯，跑到臥室去挑選最好的禮服。但不知為何，它被裝在櫥櫃中眾多紅色行李箱之一裡。當然，這件裙子也是紅色的，但比我平時穿來感到自在的款式短。我穿著厚厚的羊毛襪跑回街上，一位英國朋友拍拍我的肩膀，幫我扣上紅色連衣裙的最後一顆鈕扣。我的穿著看來已經準備好參加一場宴席，但非常不適合參加葬禮。不過我還在想著別的事情。我爬上了自己的房子，好像這是最正常不過的事情一樣。當終於到達屋頂時，我開始用甜派當作屋瓦鋪上房頂……

有時夢很難解釋，但在這個案例裡，我可以完美地追索所有細節的源頭。這個夢就像是一個甜點，食材是我那天寫作中用到的所有素材，再加上一些其他想法。我為離開英國而感到遺憾，看著去年聖誕節去世的一位朋友的照片，我談到了洋李派，還有莎士比亞時代中倫敦的洋李（prune）與妓院間的連結[134]。但最重要的是，我曾仔細地檢視過彼得·布魯赫爾一幅名為〈荷文諺語〉（*Netherlandish Proverbs*）的畫作。

這是一幅豐富多彩、描繪多個荷文諺語的畫作，大部分的諺語仍在現代荷蘭語中使用。雖然奇怪，但最不起眼的場景描繪了一句諺語：「甜派（vlaai）鋪滿了屋頂」，意思是那座房屋裡的人很富有。我的屋頂雖然不是由甜派鋪成，但我確實感覺很富有，因為可以坐在自己心愛的房屋（和我夢中的房子一點也不像）窗前，一邊喝著溫熱的茶、一邊在透過玻璃射進的陽光下寫作，這給了我在寒冷的二月過後亟需的溫暖。隔日早晨，我在本頁最前面加入了這個夢境的故事，寫到最後也意識到，雖然這個夢是前一天所思所想的產物，但最終夢中那個重要訊息告訴我：我的屋頂確實是以甜派鋪成的。

低地國甜派

低地國甜派是一種甜味派餅或塔，通常含有水果、米布丁，或是將麵包或乾麵包浸泡在牛奶中並用香料調味的混合物。頂部以編織格紋裝飾的甜派，是傳統低地國甜派最廣為人知的樣子，但它們也同樣常被做成開放式或有派皮上蓋的樣子。甚至有些低地國甜派頂部還有奶酥（crumble）、糖或打發鮮奶油（schuim）。

也許我們可以用派皮類型定義低地國甜派的樣子？可惜不行，因為雖然最常見到使用發酵派皮麵團（最初是以過篩的裸麥麵粉製成），但也可以用油脂更豐厚的酥脆派皮麵團（shortcrust pastry）[135]製作。如今，它們通常僅使用一部分的過篩裸麥麵粉，或者會全部使用白小麥麵粉。更古老的食譜甚至沒有定義派皮，人們會使用水和麵粉製成的堅固麵團，或許還加上一點油脂。而有些派過去根本就沒有派皮，直到現在仍然沒有。

如今林堡地區與低地國甜派的關係最為密切，這是林堡區獨有的派餅嗎？這個問題的答案也是否定的。因為不僅在林堡區有人吃低地國甜派，它們也跨越了各省邊界，好似從未有邊界存在過一樣。它們甚至進一步深入至現代的法蘭德斯地區、尼德蘭與德國。

唯一可以肯定的是，低地國甜派是一種以煮熟或烘烤的水果，或者用牛奶布丁、抑或是以麵包增稠的內餡製成的派餅。而林堡風甜派（*Limburgse vlaai*）應該只有內餡，而不包含繁複的配料，如打發鮮奶油。

16世紀的畫作如小彼得·布魯赫爾這幅（這是他複製父親的一幅作品），展示了兩種不同的甜派，一種是深棕色的，一種是淺色的。這並非表示低地國甜派只有兩種，而是畫家決定選擇兩種色調最具對比性的。雖然藝術家們並沒有畫出看起來像現代水果甜派的東西，但當時的食譜書中確實有櫻桃、蘋果、梨和李子等水果甜派的食譜。

甜派在過去是低地國家園遊會或鄉村集市的重要組成部分之一，園遊會或集市經常在收穫季節來到城鎮中（參見第130頁）。婚禮和狂歡節也是人們頻繁製作甜派的場合。在林堡地區，以前每個特殊場合都會搭配甜派，甚至在葬禮餐點中也是。逢年過節時，家中的婦女們就會用夏天或秋天保存的水果製作甜派，或依季節使用新鮮水果。人們會將尚未烘烤的甜派放置在大型木板條上，有些木板條長達2、3公尺（6到10英尺），

小彼得·布魯赫爾（PIETER BRUEGEL II, 1564-1638）：〈荷文諺語〉，1595，
史奈德與羅考克斯之家（Snijders&Rockox Huis），安特衛普。

接著甜派會被帶到公共烤箱或城鎮裡的烘焙坊烤製。有時，婦女們會將餡料帶至烘焙坊，烘焙師傅則會使用自己的派皮麵團。

青年組織和學校也會挨家挨戶出售甜派：這被稱為「vlaaienslag」，意為「甜派大戰」，通常是為了宴會或其他活動募集資金。我小時候曾參加過一次甜派大戰，當時覺得帶著成堆的甜派走在街上，簡直像個節日一般。

由於低地國家位於蘋果、洋梨和櫻桃產區，因此許多甜派都是由豐富的水果製成。遺憾的是，這些水果的古老品種現在幾乎全都消失了，它們的味道要酸得多，會在燉煮和烘烤之中變甜。

酸蘋果和洋梨被煮成果泥或放入冷卻降溫的柴燒窯烤箱中乾燥：麵包烤好後，洋梨被放在烤箱底部乾燥，直到起皺、變黑，這個過程可能需要很多天。俗話中稱這些乾燥的洋梨為「烤老鼠」（bakkemuizen），因此這種「烘乾洋梨甜派」直譯就是「烤老鼠甜派」（bakkemoezevlaai）。

人們將洋梨放在板條箱、柳條籃或馬鈴薯袋中保存，可以一直存放到下一次收穫期，若有需要，可能會保存更長時間。當需要製作甜派時，將它們沖洗或浸泡，然後用糖燉煮，接著將其過篩，直到變成果泥（moes）。

巧合之下，烘乾洋梨甜派消失了：製作這種甜派所需的古老酸洋梨原生品種被更甜的經濟作物取代；由於烘焙坊現在擁有現代化的烤箱，因此無需消耗柴燒窯烤爐使用完畢後降溫的熱能；最後，人們認為這種甜派是因作物歉收、手邊不再有新鮮水果時的產物。過去烘乾洋梨甜派是收穫季烘烤的最後一種派餅，因為所有的蘋果、杏桃和櫻桃都用完了，只剩下洋梨乾。

在西法蘭德斯，阿弗爾海姆洋梨塔（Avelgemse perentaart）[136] 是以洋梨落果製成的。將其燉成深色果泥，然後用丁香、肉豆蔻籽與肉桂調味。

在安特衛普，在聖灰星期三享用洋李甜派仍然是一種傳統，但沒有人真正記得為什麼。有個有趣的理論是，在 16 世紀的倫敦，妓院會在窗戶上放一盤糖燉洋李。這些場所被稱為「燉菜」（stews）或「燉屋」（stewhouses），因為在中世紀，人們可在浴場中以熱水「燉煮」自己，而浴場通常提供泡澡以外的服務。但為什麼要在聖灰星期三吃洋李呢？如果洋李確實與肉體的慾望有關，那麼在大齋期前吃洋李可能具有為大齋期間禁慾做準備的象徵意義。這些通常極為豪華的浴場在過去也遍布西歐，在荷蘭語中，它們被稱為「爐灶」。儘管當時人們常會同時泡澡與用餐，餐桌、浴缸和床都放在一間房間裡，但縱觀 16 世紀尼德蘭的浴場繪畫，看不到任何派或塔的景象。在「布蘭茲維首字母畫家」（Brunswick Monogrammist）[137] 的畫作〈妓院派對〉（Party in a Brothel, c.1540，藏於阿姆斯特丹國家博物館）中，也沒有甜派，不過人們在那裡製作華夫餅。

甜派模具說明

低地國甜派幾乎都是以側面傾斜的模具製成，這表示模具底部的直徑比頂部的小。烘焙用品的尺寸說明總是放上成品派餅頂部的大小，這可能會有點困擾，因為甜派的底部要小得多。

低地國甜派並沒有標準尺寸，因為還有來自法蘭德斯利爾鎮（Lier）的迷你甜派（vlaaikes），寬度只有幾公分；另外還有佛萊米派（flamiche）[138]，直徑 34 公分（13½ 英寸），是尺寸最大的甜派。東法蘭德斯的甜派沒有派皮，是以陶製烤盤烘烤，有時則會使用帶有波浪邊緣的烤盤。

如果你的模具尺寸不太合適，別緊張，它們仍然可以使用。若模具尺寸較大，內餡會比較淺；若尺寸較小，則可能會剩下一些內餡……不過幾乎總是會有多餘的派皮可以利用。

櫻桃或鵝莓甜派
Vlaai–cherry or gooseberry

　　這是一種簡單的林堡甜派，傳統上使用該地區盛產的水果製成。如果製作得宜且新鮮出爐，它會極爲美味，但若從超市購買，同樣也可能變得乾燥、令人失望。這種水果塔無法隱藏任何缺失：不能用精美的糖霜覆蓋，無法用複雜的擠花技術或閃亮的鏡面使人驚豔。若在品質上偷工減料，就會付出缺乏風味和樂趣的代價。

　　我非常喜愛這種甜派，因爲它們很眞誠：不需額外配料，純以味道吸引人。家庭烘焙可以使用罐裝、以水保存的水果；若是烘焙坊大量使用，也有大型水果罐頭。這些保存罐和罐頭並非使用劣質水果，而是在收穫後立即將水果封存處理，好製成甜派餡料，就像我們的祖母過去所做的那樣。唯一的區別是，水果通常不再是本地出產，不過仍然不是來自太遠的地方。優點則是它們使用最新鮮的水果製作。如果你能買到新鮮水果，就買新鮮水果並從頭開始製作；若能找到優質、以水封存的水果，就使用它。

　　傳統水果餡有櫻桃、鵝莓（gooseberry）[139] 和杏桃。在比利時和尼德蘭，使用酸櫻桃（noordkrieken），但你也可以使用甜櫻桃，並根據口味調整糖量。我們將使用櫻桃的甜派稱爲「櫻桃塔」（kriekentaart），我找到最古老的食譜來自根特地區的一份中世紀手抄本。

份量：1 個頂部有格紋的甜派
使用模具：1 個頂部直徑 27 cm（10¾ inch）、底部直徑 23 cm（9 inch）、深 3 cm（1¼ inch）的派模，事先上油並撒粉以防沾黏

派皮

高筋麵粉　500 g（1 lb 2 oz）
無鹽奶油　200 g（7 oz），軟化
細砂糖　50 g（1¾ oz）
速發乾酵母　10 g（⅜ oz）
鹽　5 g（⅛ oz）
水　170 ml（5½ fl oz）

內餡

罐裝保存櫻桃或鵝莓　700 g（1 lb 9 oz）（含液體）
馬鈴薯澱粉或玉米粉（玉米澱粉）　2 大匙
糖　50 g（1¾ oz），依口味調整
牛奶　刷派皮用

備註：製作甜派的最後步驟，通常是在烘烤前將不會融化的糖晶撒滿派餅表面。你可以在專業烘焙用品商店購買這種糖晶。

作法

1. 製作餡料：將櫻桃或醋栗瀝乾並保留汁液。以少量果汁將馬鈴薯澱粉攪拌至溶解，直至沒有麵粉塊殘留。

2. 將瀝出的果汁與馬鈴薯澱粉糊、糖一起加入醬汁鍋中，以中火煮至變稠。將醬汁鍋離火，加入櫻桃或醋栗，然後放在一旁靜置冷卻。水果最後才加入，可以防止它們變得過軟。

3. 製作派皮：將麵粉、奶油、糖、酵母和鹽放入一個大型調理盆或裝有鉤型攪拌棒的電動攪拌機盆中。倒入水，揉 10 分鐘，直到成爲光滑的麵團。調理盆加蓋，放入冰箱中靜置 1 小時或隔夜。

4. 將烤箱預熱至 180° C（350° F）。勿使用旋風功能。將派皮切成 2 等份，然後將其塑形爲球狀。將其中一個麵球擀得盡可能薄，然後放入上油的模具，將其壓入底部。多出來的派皮麵團可留作他用。

5. 將第二個麵球擀成 3 mm（⅛ inch）厚，切成長條製作格紋。由於比利時製作非常多的甜派，所以我們這裡有特殊的格紋切模！

6. 用叉子在模具中的派皮上刺出孔洞，然後用勺子將內餡舀入模中。濕潤派皮邊緣，將格紋長條鋪在派餅頂端，切掉多餘的派皮。在全體派皮上刷上少許牛奶。

7. 將甜派放入烤箱中層，烘烤 30 至 35 分鐘，直至派皮呈現金褐色。

8. 在製作過程中剩餘的派皮，可以用來製作小型果醬塔，或者你也可以將內餡份量加倍，製作更多的甜派。另一種方式則是製作一個尺寸更大，不需要頂部格紋裝飾的甜派，如第 155 頁的糖酥卡士達甜派（potsuikervlaai）。

烘乾洋梨甜派
Bakkemoezevlaai

過去在烘焙坊，麵包烤好後，會將味酸及未成熟的洋梨塞入逐漸冷卻的柴燒窯烤爐底部，使其乾燥，直到它們起皺且變黑（俗稱「烤老鼠」）。接下來人們會將這些洋梨乾梨浸泡並燉煮，直到最終成為味道濃郁甘美的深色洋梨果泥。

唯一一家仍在以傳統烘乾洋梨製作甜派的烘焙坊，是在法蘭德斯林堡省的克納普烘焙坊（Knapen）。烘焙師傅傑克（Jack）找來古優原生種洋梨，並在店內的現代烤箱降溫時將所有洋梨放置其中乾燥。但由於是現代烤箱，會在幾分鐘而不是幾小時內冷卻，用這種方法需要三週才能將洋梨完全乾燥，但傑克告訴我，洋梨乾可以存放一年。

我每天使用烤箱烘焙或烹飪時，會將洋梨放在托盤上，每天晚上關掉烤箱時，就會把裝著洋梨的托盤放入烤箱中直到早上，持續幾週直到它們乾燥、皺皮且看起來沒有任何水分。因為我真的想讓讀者製作並體驗這個甜派，為了方便起見，我提供一個在三天內就能完成這個任務的方法。請記住，一旦烤箱達到一定溫度，它就會停止使用電力，僅偶爾使用熱能來保溫。

本食譜非常適合使用花園中或附近一棵被遺忘已久的果樹上的洋梨，抑或看起來根本沒有任何果汁的洋梨、未成熟的洋梨落果，甚至你會丟棄的洋梨，因為其中沒有任何令人滿足的果肉、且似乎只會帶走嘴裡的水分。這些洋梨直接吃一點都不美味，但若給予時間和溫暖，它們會以濃郁的滋味回饋。

份量：1 個甜派
使用模具：1 個頂部直徑 27 cm（10¾ inch）、底部直徑 23 cm（9 inch）、深 3 cm（1¼ inch）的派模，事先上油並撒粉以防沾黏

內餡
整粒未成熟或酸的小型洋梨　12 顆
糖　25 g（1 oz）
肉桂粉　¼ 小匙

派皮
高筋麵粉　250 g（9 oz）
無鹽奶油　100 g（3 ½ oz），軟化
細砂糖　25 g（1 oz）
速發乾酵母　7 g（¼ oz）
鹽　½ 小匙
水　85 ml（2¾ fl oz）

作法

1. 製作內餡：將洋梨放入烤箱，以 70° C（160° F）的溫度每天烘乾 6 小時、連續 6 天，或每天 12 小時、連續三天。烤箱關閉電源後不要將其取出。或者使用我上面提到，需時較長的方法。

2. 在預計烘烤甜派的前一天，將洋梨乾放入一個醬汁鍋中，加入剛好蓋過洋梨乾的開水。

3. 製作派皮：將麵粉、奶油、糖、酵母和鹽放入一個大型調理盆或裝有鉤型攪拌棒的電動攪拌機盆中。倒入水，揉 10 分鐘，直到成為光滑的麵團。調理盆加蓋，放入冰箱中靜置 1 小時或隔夜。

4. 製作派皮：將麵粉、奶油、糖、酵母和鹽放入一個大型調理盆或裝有鉤型攪拌棒的電動攪拌機盆中。倒入水，揉 10 分鐘，直到成為光滑的麵團。調理盆加蓋，放入冰箱中靜置 1 小時或隔夜。

5. 將浸泡梨乾的水倒掉後換新，中火煮 30 至 45 分鐘，直至梨乾變軟。離火，將其瀝乾（保留煮過的水）並靜置直到其冷卻至可以處理為止。將煮過的梨乾過篩壓成果泥，丟棄殘餘的固形物。將果泥放入醬汁鍋中，與剛才保留煮過洋梨的汁液、糖和肉桂一起煮沸。小火沸騰 5 分鐘，然後關火靜置，讓美如巧克力般的果泥冷卻。

6. 將烤箱預熱至 180° C（350° F）。勿使用旋風功能。

7. 麵團發酵後，將空氣排出，接著將其擀得盡可能薄，然後放入上油的模具，壓入底部並切除多餘派皮。用叉子在派皮底部全體刺出孔洞，然後用勺子將果泥舀入模中。以叉子在表面畫出裝飾紋路，如左頁照片所示。

8. 將甜派放入烤箱中層，烘烤 25 分鐘，直至派皮轉為棕色。冷卻後享用，準備好感受它的魅力。

糖酥卡士達甜派
Potsuikervlaai

　　這款由糖與卡士達餡製成的甜派有著極佳的天鵝絨般口感，與表面沙沙的糖酥形成鮮明對比。在《法蘭德斯烘焙大賽》（*Bake Off* Vlaanderen）[140] 中，一位參賽者來自法蘭德斯林堡地區，當地的甜派如今最受歡迎。比賽四年後，我偶然找到那位參賽者購買她最愛甜派的烘焙坊，並和烘焙師傅聊了聊。在品嘗過他們家的甜派之後，這家烘焙坊現在也成了我們家的最愛。

　　糖酥卡士達甜派的原文「*potsuiker*」直譯就是「糖罐」，這很有趣，因為在 15 世紀的烹飪文獻中，將固體糖磚（糖錐）上刮下來的糖也稱做「糖罐」（*potsuyckere*）。在第一本荷語印刷食譜書《烹飪名著》中，我找到「糖酥蛋塔」（*saenvladen*），這是一種類似法式布丁塔（flan）、以糖酥增加甜味的蛋塔（但沒有塔皮）。在同一本食譜書中，前一個食譜是「乳酪蛋塔」（*gouwieren*），一種以乳酪和雞蛋製作，表面添加蛋黃和糖的糕點——目前尚不清楚它是否有塔皮。乳酪蛋塔烘烤完後，會在上面加上糖酥。或許是某位讀者在閱讀第一個食譜後，認為在烘烤的塔派上加糖是個好主意，並將其添加到第二個食譜中。將布丁加上塔皮，把糖和些許奶油及麵粉混合，瞧，糖酥卡士達甜派不就有了嗎？不過會有這麼容易嗎？有時確實如此，但不能完全肯定。可以確定的是，這種甜派不會出現在 17、18 或 19 世紀的食譜書中。

份量：4-6 人份

使用模具：1 個頂部直徑 27 cm（10¾ inch）、底部直徑 23 cm（9 inch）、深 3 cm（1¼ inch）的派模，事先上油並撒粉以防沾黏

派皮
高筋麵粉　250 g（9 oz）
無鹽奶油　100 g（3½ oz），軟化
細砂糖　25 g（1 oz）
速發乾酵母　7 g（¼ oz）
鹽　½ 小匙
水　85 ml（2¾ fl oz）

卡士達內餡
蛋黃　6 顆份
細砂糖　80 g（2¾ oz）
卡士達粉或玉米粉（玉米澱粉）　25 g（1 oz）
全脂牛奶　450 ml（15½ fl oz）
高脂鮮奶油（脂肪含量 36-40%）　50 ml
香草莢　1 根（剖半取籽）
　或月桂葉　1 片

糖酥
奶油　50 g（1¾ oz），軟化
中筋麵粉　90 g（3¼ oz）
還原黃糖　90 g（3¼ oz）

作法

1. 製作派皮：將麵粉、奶油、糖、酵母和鹽放入一個大型調理盆或裝有鉤型攪拌棒的電動攪拌機盆中。倒入水，揉 10 分鐘，直到成為光滑的麵團。調理盆加蓋，放入冰箱中靜置 1 小時或隔夜。

2. 製作糖酥：將奶油揉入麵粉和糖中，直至成為酥鬆的混合物，放入冰箱中冷藏備用。

3. 以第 145 頁的說明製作卡士達內餡。

4. 冷卻卡士達內餡時，將烤箱預熱至 180°C（350°F）。勿使用旋風功能。

5. 麵團發酵後，將空氣排出，接著將其擀得盡可能薄，然後放入上油的模具，壓入底部並切除多餘派皮。用叉子在派皮底部全體刺出孔洞，然後用勺子將卡士達內餡舀入模中。將糖酥從冰箱中取出，撒在卡士達內餡上。

6. 放入烤箱中層烘烤 30-35 分鐘。靜置至完全冷卻後享用。

變化版：也可以用蛋白霜取代糖酥放在甜派上。

大齋期前的洋李甜派
Pruimenvlaai for the coming of Lent

在我的出生地安特衛普，人們會在聖灰星期三吃洋李甜派（*pruimenvlaai*）。聖灰星期三是狂歡節的最後一天、大齋期的前一天，也是天主教徒會在額頭上以黑灰畫上十字架作為懺悔標誌的日子。許多人聲稱洋李甜派與聖灰星期三有關是因為李子是黑色的；還有人說，洋李甜派在過去被視為窮人的食物，所以適合在大齋期前吃。然而，儘管現今看來很常見，但洋李從來都不是窮人的食物，它並不便宜。

幾個世紀以來，洋李甜派經常出現在食譜書中。就像所有其他的甜派一般，它們是一種節慶美食，而為迎接大齋期的 40 天禁食，人們確實需要大快朵頤一番。正如我在甜派介紹中所提及（參見第 149 頁），洋李也被認為具有清潔和保護作用，這或許是人們在大齋期前一天食用洋李的另一個原因。

無論祖先們相信些什麼，這一傳統仍然深植安特衛普市。洋李甜派是我最喜歡的甜派之一。在我的成長過程中，我們當地的烘焙坊每個星期天都會有幾塊，我母親經常會帶回一片給我。我會把它放在餐桌上的盤子裡，一次只吃一叉，這樣就可以享受一整天。

洋李乾

洋李乾（prunes）是乾燥的洋李（plums）。在柴燒窯烤爐的時代，人們會利用烤爐冷卻降溫時的熱能乾燥未成熟的洋李，就像第 153 頁烘乾洋梨甜派中的洋梨乾一樣。這樣做是為了將水果儲存起來，但也是因為有些水果還沒有成熟到可以生食的程度。緩慢乾燥的過程會賦予水果甜味，這是我們日照不足的短暫夏季所無法達到的。對杏桃來說也是如此。

本食譜由來

16 歲時，當朋友們在隔壁舉行派對時，我經常光顧一家鄉村烘焙坊，那裡的洋李甜派最好吃了。不過先讓我和你們聊聊那家店。有天晚上當我前去烘焙坊時，牛奶正好從農場運來，有人給了我一杯。在那之前，我雖然是個牛奶愛好者，但作為一個城市女孩，我從未品嘗過鮮牛奶。我記得自己對它的味道和質地感到非常震驚，它介於牛奶和鮮奶油之間，喝完後嘴唇也會油油的。

我能從中體會到動物的風味，這與我們家喝的無名、稀薄、無味的脫脂牛奶形成鮮明對比。

這一定是一個徵兆，表明我會成為今天的樣子，因為烘焙坊比派對更吸引我。夜晚在那家烘焙坊發生的事就像魔法一樣。用麵粉、水和其他所需食材製作麵包和小圓麵包的過程也有魔法一般。走進那家店的後門，就能開啟一個迥然不同的世界。酵母發酵麵團和麵包烘焙的香氣有如生命本身的氣味。我想要在那裡待上一整晚，成為其中的一部分。

當我開始認真烘焙時（表示不再以我擁有的少數食譜沒完沒了地變化），烘焙坊老闆（她叫伊爾絲〔Ils〕），給了我她的洋李甜派食譜。我沒有嫁給她的表弟（這是我當時的男朋友），但我們仍然保持聯繫：我們都有紅頭髮（這為我們建立了牢不可破的情誼）並且都喜歡烘焙，這讓我們始終沒有失聯。這份食譜就是從伊爾絲的食譜演變而來的。

雖然其他水果甜派是以酵母麵團製成，但在安特衛普，洋李甜派使用了酥脆派皮麵團，這也凸顯了這種甜派的重要性。在古老的英國食譜書中，這種派皮因其油脂豐潤而被稱為「皇家派皮」（paste royal）。你當然也可以使用酵母麵團，就像製作其他甜派一樣，尼德蘭林堡省、法蘭德斯林堡省，還有美國威斯康辛州的比利時社群就是這麼做的。威斯康辛州的比利時社群在「比利時派」的文化中，保存了甜派傳統（參見第 192 頁）。

杏桃甜派（Abrikozenvlaai）

杏桃甜派的製作法與洋李甜派相同，將杏桃乾浸泡然後燉煮，只需省略香料即可。

洋李甜派與杏桃甜派
Pruimenvlaai and abrikozenvlaai

份量：4-6 人份

使用模具：1 個頂部直徑 26 cm（10½ inch）、底部
直徑 25 cm（10 inch）、深 3 cm（1¼ inch）的派模，
事先上油並撒粉以防沾黏

洋李（洋李乾）甜派內餡

洋李乾（去核）　500 g（1 lb 2 oz）

檸檬汁　1 小匙

肉桂棒　1 根

迷迭香枝條　1 根

黑糖　1 大匙

肉桂粉　一小撮（⅛ 小匙）

派皮

中筋麵粉　250 g（9 oz）

細砂糖　125 g（4½ oz）

鹽　一小撮（⅛ 小匙）

肉桂粉　一小撮（⅛ 小匙）

泡打粉　一小撮（⅛ 小匙）

無鹽奶油　125 g（4½ oz）（切丁）

全蛋　1 顆，外加蛋黃 1 顆份

牛奶　2 大匙，刷派皮用

杏桃（杏桃乾）甜派內餡變化

杏桃乾（去核）　500 g（1 lb 2 oz）

檸檬汁　1 小匙

白砂糖　1 大匙

作法

1. 製作洋李甜派內餡：將洋李乾與檸檬汁、肉桂棒和迷迭香一起浸在水中隔夜。若是製作杏桃甜派內餡，則將杏桃乾與檸檬汁一起浸在水中過夜。

2. 將洋李或杏桃瀝乾，保留 200 ml（7 fl oz）的浸泡水。將洋李或杏桃和保留的浸漬水放入一個中型醬汁鍋中，以小火加熱。加入糖（若是製作洋李甜派，還需加入肉桂粉），煮至微沸。

3. 煮 15 分鐘或直至水果變軟。讓水果在液體中冷卻，然後以攪拌機或食物調理機將水果與液體一起打成果泥。若此時果泥太稀，可以將其放回平底鍋中，以小火稍煮、進一步濃縮。濃縮之後，請在使用前再次冷卻。冷卻後它會變得更加濃稠。果泥的質地需非常濃稠、流動性很低；攪拌水果時，要能看見鍋底。

4. 製作派皮：將麵粉、糖、鹽、肉桂、泡打粉和奶油放入食物調理機中混合。以瞬間高速功能（pulse）攪打 8 秒或直至混合物變成類似麵包粉般的質地。加入全蛋和蛋黃，再次以瞬間高速功能攪拌，直到麵團形成球狀。從調理中取出並稍稍揉捏。

5. 將派皮麵團以保鮮膜包裹，放入冰箱冷藏 30 分鐘。

6. 將烤箱預熱至 170°C（325°F），勿使用旋風設置。稍微揉捏派皮麵團直至光滑，然後擀成約 2 mm（¹⁄₁₆ inch）厚。將派皮放在派模上，使其沉入底部。以剩下的麵團滾成一個小球，輕輕地將派皮推入模具側邊 141。切掉多餘派皮，然後再次將其揉成一個光滑的麵球。

7. 裁切出一張比派模稍大的烘焙紙。將剩餘的派皮擀開，切出數條 1 cm（⅜ inch）寬的長條。在紙上用長條編好格紋，靜置備用。

8. 將水果餡以勺子舀入派模中，並在派皮邊緣刷上牛奶。小心地將剛才編好的派皮格紋以滑動或翻轉的方式放到派餅上方，依據需要進行調整，並將長條在模具邊緣壓緊，切除多餘派皮。

9. 將甜派放入烤箱中層，烘烤 35 至 40 分鐘或直至派皮呈現金黃色。靜置至完全冷卻後享用。烘焙坊通常會將這種甜派整體上刷上一層稀杏桃果醬，這樣外表會顯得非常閃亮，但我不喜歡杏桃果醬帶來的黏稠感和增加的甜味。

10. 這個甜派可在陰涼乾燥處存放數天。

東法蘭德斯甜派
Oost Vlaamse vlaai

我在東法蘭德斯生活了 13 年，東法蘭德斯甜派是那裡的傳統美食。和前幾頁介紹的甜派不同，它並非在派皮中烤製，而是使用陶製烤盤。在當地市場上，有一個商販只賣這種甜派：他的桌上鋪著黃色桌布，甜派裝在傳統大型厚重陶製派盤中排成三排。購買時會切片秤重計價。

烤好的甜派質地扎實，但有彈性會稍微來回晃動；中央凹陷，外觀呈現美麗的深棕色，帶著光澤和香料的香氣。酥皮邊緣是最美味的部分。

我在卡羅・巴圖斯的《廚藝之書》（1593）中找到了一個東法蘭德斯甜派的早期例子：一個名爲「蘋果甜派」（Appelvlaeye）的食譜與其類似，加入了香料蛋糕、香料、牛奶和蛋，還包括煮成泥狀的蘋果。

根特馬斯泰爾肉桂圓麵包（參見第 82 頁）與香料蛋糕（參見第 228 頁）是製作這種甜派的傳統材料，但由於過去家庭主婦常常不得不湊合使用現有的東西，許多食譜還包括其他種類的小圓麵包、餅乾和麵包脆餅，甚至是普通麵包；只要能達到該有的份量，就可以用手上有的東西代替。這種甜派也被稱爲阿爾斯特甜派（Aalsterse vlaai），源自狂歡節城市阿爾斯特。

安特衛普的烘焙坊也製作這種甜派，但稱之爲麵包布丁（bread pudding），目的是爲了用罄所有未售完的麵包。烘焙完成後將其從烤盤中取出，再塗上巧克力糖霜；麵包布丁中通常會加入葡萄乾，或者使用葡萄乾麵包。

本食譜是根據某人在其祖母的筆記本上找到、再贈與我的食譜改編而成，但它與《我們的食譜書》中的食譜完全相同，該書出版於第二次世界大戰幾年。和其他甜派一樣，它也是在麵包烘焙完成後，利用麵包師傅烤箱中的餘熱烤製的。

份量：8-12 人份
使用模具：1 個直徑 24 cm（9½ inch）、深 6.5 cm（2½ inch）的耐熱烤皿，或任何一個容量 2 litre（70 fl oz）的烤皿。在預計享用的前兩天便開始製作

香料麵包　200 g（7 oz）（參見第 228 頁）
全脂牛奶　1 litre（35 fl oz）
中筋麵粉　4 大匙
紅糖　250 g（9 oz）
根特馬斯泰爾肉桂圓麵包　250 g（9 oz），或使用其他
　白麵包外加 1 小匙肉桂粉
肉桂粉　1 小匙
肉豆蔻皮粉　1 小匙
糖漬橙皮　25 g（1 oz）
全蛋　2-3 顆
濃縮蘋果糖漿、甜菜糖漿、黃金糖漿或蜂蜜　2 大匙
鹽　一小撮（⅛ 小匙）

作法

1. 將香料蛋糕浸泡至剛燒開的開水中，水量需足夠浸過蛋糕。

2. 將 2 大匙牛奶與麵粉一起攪拌。在一個小型醬汁鍋中，將剩餘的牛奶與糖和馬斯泰爾肉桂圓麵包一起煮沸，把麵包撕成片狀。當麵包使牛奶變得濃稠時，加入牛奶麵粉糊及浸泡過的香料蛋糕，再次煮沸。將醬汁鍋離火，加入肉桂粉與肉豆蔻皮粉，讓麵糊冷卻並靜置隔夜。

3. 將烤箱預熱至 175° C（345° F）。勿使用旋風功能。

4. 在耐熱烤皿上塗上一層奶油，並將糖漬橙皮切成碎丁。將全蛋、糖漿、切碎的糖漬橙皮和鹽加入前夜準備好的麵糊中，攪拌均勻，倒入耐熱烤皿中。

5. 將烤皿放入烤箱底層，烘烤 1 個半小時。當甜派從烤皿側面脫離時，便表示烘焙完成。當你小心地以手掌壓入甜派頂部時，中央會回彈。甜派中央仍然會輕微晃動，冷卻後就會凝固。

6. 甜派冷卻後，蓋上茶巾（擦碗巾）並靜置隔夜。第二天，甜派表面會產生美麗的光澤，邊緣周圍會出現漂亮的裂縫，中央則會稍稍凹陷。

7. 傳統上，這種甜派會在烤皿中就先行切片，而非取出後再切分。

利爾迷你甜派
Lierse vlaaike

利爾迷你甜派是來自安特衛普附近利爾鎮的一種小型香料派，直到最近才在利爾以外的其他地方出售，這使它成爲少見的美味點心。這些迷你甜派由扎實的派皮製成，擀得和紙一樣薄，中間填入以麵包粉增稠的甜味香料混合內餡。

這種甜派的本質顯示它們是基於古老的食譜，但利爾迷你甜派直到 19 世紀才出現在印刷品中。作家菲利克斯・蒂默曼斯（Felix Timmermans）在 1928 年出版的小說《皇家甜派》（In the Royal Vlaai）中讓利爾迷你甜派永垂不朽。他寫道，這種甜派的尺寸爲墨水瓶大小，售價是每打 50 分。其經典尺寸爲 5.5 公分（2¼ 英寸）寬，但我在本食譜中用了標準小塔模，看起來仍然就像一個墨水瓶。

一位烘焙師傅告訴我，在過去，這些迷你甜派的派皮只用麵粉和水製成，塑形成環形，接著靜置乾燥，乾燥時間可能長達一個月。目前已不再使用這種做法。從 1999 年起，利爾的所有烘焙師傅皆使用經「利爾迷你甜派協會」（Order of the Liers vlaaike）批准的標準化食譜。其中食材並非牢牢保守的祕密，因爲利爾鎮的報紙和其他出版物上皆已發表過其內容，但做法則從未公開。

一本名爲《利爾迷你甜派》（Liers Vlaaike）的出版品公開了所需食材清單，但其中有重大排印錯誤，因爲其中標註的容量單位是厘升（centilitre〔cl〕）而不是毫升（millilitre〔ml〕），原本只有 220 克（7¾ 盎司）的麵包粉，被標註爲 750 厘升，相當於高達 7.5 公升（2 加侖）。你可以在下面找到經更正與重新編輯的食譜，做法是我自己的。由於原食譜中使用的食材「坎蒂紅糖漿」（一種由深棕色甜菜糖製成的糖漿，參見第 29 頁）在比利時境外不易取得，因此我以一般紅糖代替。

份量：16 個利爾迷你甜派

使用模具：16 個小型派模或環形模，頂部直徑 7 cm（2¾ inches）、深 3 cm（1¼ inch），或類似尺寸的瑪芬模

派皮

無鹽奶油或豬油　75 g（2¾ oz），軟化
水　125 ml（4 fl oz）
高筋麵粉　275 g（9¾ oz）
鹽　一小撮（⅛ 小匙）

內餡

乾燥硬幣麵包（參見第78頁）或麵包脆片（參見第96頁）
　製成的麵包粉或細粒麵包粉　220 g（7¾ oz）
全脂牛奶　400 ml（14 fl oz）
紅糖　750 g（1 lb 10 oz）
肉桂粉　8 g（¼ oz）
芫荽粉　4 g（⅛ oz）
丁香粉　4 g（⅛ oz）
肉豆蔻粉　4 g（⅛ oz）
中筋麵粉　50 g（1¾ oz）

作法

1. 製作派皮：在小型醬汁鍋中，將奶油在水中融化。將麵粉和鹽放入調理盆中或裝有鉤型攪拌棒的電動攪拌機盆中，接著倒入奶油與水的混合物。揉 5 分鐘，直至混合均勻且質地光滑。將麵團加蓋靜置，此時製作內餡。

2. 將乾燥的硬幣麵包、麵包脆片或任何其他類型的麵包磨成粉。避免使用自商店購買的麵包粉，因爲它們過於乾燥且質地太沙。

3. 將牛奶和糖一起放入一個大型醬汁鍋中加熱，直至糖完全溶解。加入香料和麵粉，最後加入麵包粉。在準備模具的同時，靜置 1 小時。

4. 爲派模、環形模或瑪芬模上油並撒粉。將麵團在撒了麵粉的工作台上盡可能擀薄，2 mm（⅟₁₆ inch）就很好了。以直徑 10 cm（4 inch）的圓形切模切出用於製作派盒的圓片。將派皮圓片放入模具中，以指尖塑型，然後在模具邊緣壓緊，這樣還能使派盒變得更薄。用叉子將每個派餅的底部全體戳出孔洞。

5. 將餡料以勺子舀入或以擠花袋擠入模具中，用一根湯匙的背面將表面抹平。將烤箱預熱至 180°C（350°F），勿使用旋風功能。預熱完成後將迷你甜派放入烤箱中層烘烤 20 分鐘，或者直到內餡凝固且膨脹，但派皮仍然呈現淺色。

6. 迷你甜派冷卻後，放入密封容器中存放，否則會變得非常堅硬。

馬頓凝乳乳酪塔
Mattentaart

馬頓塔是一種乳酪凝乳派，與東佛蘭德斯的赫拉爾茲貝亨有關。該鎮也因其扭結脆餅節而聞名（參見第 116 頁）。

出版於 14 世紀的《職業之書》（*De Bouc vanden Ambachten*）中解釋了馬頓凝乳乳酪塔原文「*mattentaart*」中「*mat*」的含義。《職業之書》是一本以中古法語和中古荷蘭語用對話風格寫作的手抄本，因此可以作為學習兩種語言的參考書。書中短句解釋了不同的工藝技能、動物，以及當時的常見食物，這對我的研究而言特別有趣。在中古法語中，「*maton*」意為「凝乳乳酪」（*wronghele*）。由於法語是菁英階層的語言，「*maton*」一詞在「*tart de maton*」（凝乳乳酪塔）[142] 中保留下來，後來演變為「mattentaart」。

非常值得注意的是，第一本以荷蘭語印刷的食譜書《烹飪名著》中記載了這種乳酪派的食譜。本書於 1510 年左右在布魯塞爾出版，如同大多數古老食譜書一樣，書中的食譜也來自其他出處，如在本例中，來自約 1490 年出版的《膳人》（*Le Viandier*）[143]。相對地，後世的烹飪書籍和手抄本也借鑑了《烹飪名著》。《烹飪名著》中將凝乳乳酪與蛋和奶油混合，整體以鼠尾草調味，內餡則在派皮中一同烘烤，然後在最後完工步驟中加入更多奶油。

一份來自根特的 16 世紀手抄本中，曾提及一份僅將凝乳乾酪、蛋黃、麵粉和奶油混合後在派皮中烘烤，不另加調味料的食譜。這份手抄本是 17 世紀荷語重要烹飪書《巧手廚師》的出處之一。不過書中沒有加調味料，並不表示聰明的廚師不會自行添加。

1612 年，安東尼奧·馬吉歐（Antonius Magirus，學者認為他很可能來自布拉邦的安特衛普）出版了《食譜書或家族食譜書》（*Koock-boeck oft familieren Keuken-boeck*，於魯汶和安特衛普出版）。本書是 17 世紀僅有的兩本荷語烹飪書之一，書中有一份題為「凝乳乳酪與其他食材的派餅」（*Toerte van nates ende ander materie*）的食譜，原文中的「nates」就是「maton」。該書中的食譜大部分取自並翻譯自 1570 年的義大利食譜書——巴特羅謬·斯卡皮（Bartolomeo Scappi）的《廚藝之書》（*Opera dell'arte di cucinare*），另外也來自前面提到的《烹飪名著》。

若仔細觀察，從安東尼奧·馬吉歐的早期馬頓塔食

譜使用的一些詞彙中，便能看出它和許多其他食譜一樣取自斯卡皮的著作。除了「nates」之外，馬吉歐還使用了瑞可達乳酪「recotten」（即「ricotta」，一種由乳清製成的義大利乳酪），另外還有義大利語為「mostaccioli」的「mostacciolen」，這是一種類似「義式杏仁餅」（amaretti）的杏仁脆餅；另一個蛛絲馬跡則是使用松子（*pingelen*）。即使在現代，義大利烘焙也廣泛使用松子。隨著時間的推移，松子已經從這個食譜中消失，杏仁脆餅也被杏仁粉所取代。

在另一本 17 世紀的烹飪文稿中，一份名為《布拉邦食譜書》的手抄本，有一份「凝乳乳酪塔」（*toerte van Natten*）的食譜，其中將凝乳乾酪與蛋黃、糖、肉桂和麝香混合，接著煮沸，冷卻後再放入派皮中一起烘烤。

到了 18 世紀，食譜書的版圖從（現在的）比利時轉移到了尼德蘭。時間快轉至 19 世紀，1896 年的一份社會主義報紙[20]提供了「布拉邦馬頓塔」食譜，將馬頓凝乳乳酪塔與布拉邦連結起來。

然而，兩年之後，同一份報紙在一個關於有關尼德布拉克爾（Nederbrakel）園遊會的報導中，將馬頓塔移到了另一個地區。此地距離赫拉爾茲貝亨僅 10 多公里（6 英里），當地人們在園遊會中享用了典型的尼德布拉克爾馬頓塔。

直到 20 世紀最初 20 年，馬頓凝乳乳酪塔才成為一種地方美食，當時旅遊業的增長推動了區域化的需求，使得餐館和烘焙坊開始推銷具有區域特色的菜餚和商品。在一張 1912 年攝於赫拉爾茲貝亨主要街道的照片中，可以看到一家麵包店的招牌上寫著「古莫爾商店：特色馬頓塔」（*Ancienne Maison Morre : spécialité de tartes à maton*）。

1929 年，馬頓凝乳乳酪塔食譜首次以「赫拉爾茲貝亨馬頓塔」（*Geraardsbergse Mattentaart*）之名發表在《女性農夫》（*De Boerin*）雜誌上。該食譜以千層派皮作為基底和上蓋，內餡則由凝乳乾酪、杏仁、少許鹽、蘭姆酒（選用）和蛋白霜製成，如今馬頓凝乳乳酪塔依然採用這種方法製作，不過通常會以杏仁香精取代蘭姆酒。

直到寫作本書時，我才第一次前往赫拉爾茲貝亨，追本溯源研究馬頓凝乳乳酪塔。匠人烘焙坊「麵包屋」依

然使用傳統食譜，直接以新鮮來自農場的乳酪製作馬頓凝乳乳酪塔，並在內餡中添加少量杏仁粉。配方當然是機密，但第三代烘焙師傅雅各‧杜勒韋（Jakob Druwé）確實把製作方法告訴了我。他們的祕方可以追溯到 1890 年該店成立之初。

份量：6 個馬頓凝乳乳酪塔（照片參見第 167 頁）
使用模具：6 個直徑 9-10 cm（3½-4 inch）的塔模

凝乳乳酪
新鮮全脂牛奶　3 litres（105 fl oz）
白脫牛奶　1 litre（35 fl oz）
新鮮檸檬汁　1 小匙

內餡
凝乳乳酪　500 g（1 lb 2 oz）（參見上方）
全蛋　4 顆（蛋黃蛋白分開）
細杏仁粉　75 g（2¾ oz）
玉米粉（玉米澱粉）　1 小匙
泡打粉　½ 小匙
細砂糖　250 g（9 oz）

快速千層派皮，也可直接使用 600 g（1 lb 5 oz）
市售純奶油千層派皮
無鹽奶油　240 g（8½ oz）（切丁，邊長小於 1 cm ／
　⅜ inch，冷凍 30 分鐘）
中筋麵粉　240 g（8½ oz），另加額外份量撒粉防沾
　黏用
海鹽　½ 小匙
冰水　130 ml（4 fl oz）
全蛋　1 顆，打散，蛋液用

作法

1. 若需製作凝乳乳酪，請於烘焙前一天開始。將一塊乾淨的平紋細布（薄棉紗布）放入一個大型調理盆上方的漏勺中。將牛奶放入大型醬汁鍋中煮沸，離火，倒入白脫牛奶和檸檬汁，繞大圈攪拌 3 次。靜置 30 分鐘，直至開始形成凝乳乳酪（若沒有任何反應，表示使用的牛奶不合適。UHT 超高溫滅菌牛奶不適用）。小心地將混合物倒入漏勺中，將乳酪在碗中瀝乾隔夜（保留乳清，可用於製作煎餅）。通常這份食譜作出的乳酪會比製作這些凝乳乳酪塔所需的份量多一些，因此可將多餘的乳酪存放在容器中，在冰箱中保存最多兩天。若你的牛奶製作出的乳酪較少，可以加一些瑞可達乳酪補足。

2. 以第 217 頁的方式製作派皮。以保鮮膜包裹並放在冰箱備用直至準備烘烤。這種派皮也能冷凍良好保存。

3. 隔日，將凝乳乳酪以金屬網篩過濾入一個大碗中，秤量出 500 g（1 lb 2 oz）。將蛋黃加入乳酪中，以矽膠刮刀攪拌均勻。

4. 將烤箱預熱至 230°C（445°F）。使用旋風功能。

5. 將派皮在撒了麵粉的工作檯上擀成 2 mm（⅟₁₆ inch）厚。

6. 將杏仁粉和玉米粉拌入乳酪糊中，最後加入泡打粉。將蛋白和糖一起打發至硬性發泡，然後將其拌入乳酪糊中。

7. 使用一半的派皮入模，並以叉子在每個塔模底部刺出孔洞 3 次。將乳酪糊內餡舀入塔模中，在派皮邊緣刷上蛋液，然後將剩餘的派皮攤在每個塔的頂端。切除多餘的派皮，並將邊緣壓緊固定上蓋。你可能需要將剩餘的派皮邊角料搜集起並重新擀平，以完成最後 2 個塔。以剪刀在每個乳酪塔頂端剪出一個十字，然後整體刷上蛋液。

8. 將塔模移至烤盤上，送入烤箱烘焙 20 至 25 分鐘，直至呈現金黃色，表面膨脹開裂，內餡會呈現金黃色並帶有一抹金棕。由於內餡可能會湧出，乳酪塔的側面經常會開裂。

9. 將乳酪塔靜置冷卻，但請在兩天內食用完畢，或者也可冷凍存放，享用之前移至冰箱內解凍隔夜。

圖爾奈蘋果塔
Doornikse appeltaart

　　我在一份來自根特的烹飪手抄本中發現了這個與杜爾尼克（Doornik，法語爲圖爾奈〔Tournai〕）市有關的蘋果派食譜。這份食譜其後被卡羅·巴圖斯複製至其 1593 年出版的《廚藝之書》中，巴圖斯還分享了一份「以瓦隆風格」製作的蘋果派食譜。隨後，這兩個食譜都被《巧手廚師》轉載。《巧手廚師》於 1667 年在阿姆斯特丹首次出版，但於安特衛普、根特和布魯塞爾也出版了多個版本。這本食譜書在 17 世紀與許多來自低地國家的移民一起傳播至美國，從當地圖書館中收藏許多本就可看出。

　　雖然如今的圖爾奈僅是一個距離法國邊境不遠的瓦隆小鎮，但在 5 世紀它是法蘭克帝國的首都。15 世紀時，它是法國統治下的法蘭德斯公國一部分，也是重要的羊毛貿易中心。 1513 年，英國國王亨利八世（Henry VIII）征服了圖爾奈，使其成爲英國統治下唯一一個低地國城鎮。所以這個小鎮確實很重要，以至於有個塔與其相關。然而這個食譜之後卻被完全遺忘，它實際上只出現在上述三個文本中。

　　農民之妻聯盟出版的《我們的食譜書》1950 年代版本中，有份名爲「列日蘋果塔」（*Luikse Appeltaart*）的食譜配方幾乎完全相同，只是在內餡混合物中加了杏仁馬卡龍，而肉桂則從內餡移至塔皮中。以下的食譜是我根據 16 世紀的圖爾奈蘋果塔食譜所設計。

份量：4-6 人份

使用模具：1 個頂部直徑 27 cm（10¾ inch）、底部直徑 23 cm（9 inch）、深 3 cm（1¼ inch）的塔模，事先上油並撒粉以防沾黏

塔皮

高筋麵粉　180 g（6¼ oz）

糖粉　20 g（¾ oz）

鹽　一小撮

無鹽奶油　100 g（3½ oz）（冰涼）

蛋黃　1 顆份

冷水　1 大匙

內餡

考克斯蘋果、澳洲青蘋或其他微酸、適宜製作甜點的
　蘋果　350 g（12 oz）

糖粉　60 g（2¼ oz）

奶油　110 g（3¾ oz），融化

蛋黃　5 顆份，外加 1 顆全蛋

肉桂粉　1 小匙

秈米粉　1 大匙

作法

1. 製作酥脆塔皮：將麵粉、糖、鹽和奶油放入裝有攪拌刀片的食物調理機中混合。以瞬間高速功能攪打 8 秒或直至成爲質地類似麵包粉的混合物。加入蛋黃和水，再次攪打，直到麵團形成球狀。從調理機中取出並稍稍揉捏。

2. 將塔皮以保鮮膜包裹，放入冰箱冷藏 30 分鐘。

3. 製作內餡：將蘋果切成圓片，然後將每片圓片切成 3 等份。總共需要 230 g（8¼ oz）的蘋果片。

4. 將糖粉加入融化奶油中攪拌至滑順。加入蛋黃和全蛋攪拌均勻，接著加入肉桂粉。將內餡靜置備用，同時將烤箱預熱至 180°C（350°F）。勿使用旋風功能。

5. 將塔皮稍稍揉捏至光滑，然後拍成一個圓片，並在撒了麵粉的工作檯上擀成 3 mm（1/8 inch）厚。將塔皮入模，切除多餘的部分。

6. 將蘋果片裹上秈米粉，然後放入塔模中。將內餡攪拌均勻，倒在蘋果片上，輕輕晃動蘋果塔，使內餡遍布蘋果片四周。

7. 將蘋果塔送入烤箱中層，溫度調低至 160°C（315°F），烘烤 40 分鐘，直到內餡凝固。接著將烤箱溫度升至 180°C（350°F）再烤 10 分鐘，直到塔皮呈現金棕色，內餡呈現金黃色。

三色砂糖塔
Tarte au sucre brun, blanc ou blonde

　　三色砂糖塔也被稱爲「卡薩納多紅糖塔」（*tarte à la cassonade*）與「鋪路人塔」（*tarte de Paveû*），以滑鐵盧的鋪路工人[144]爲名，因爲鋪路工人的妻子們過去經常爲自己的丈夫和村莊園遊會製作這種塔派。當糖生產從甘蔗糖轉向甜菜糖，且變得便宜且產量充足時，砂糖塔就出現了。

　　1863 年，「國立本地與異國煉糖廠」（*Raffinerie Nationale de Sucre Indigène et Exotique*）在滑鐵盧成立，爲該地區帶來了製糖業及甜菜生產；然而，傳說這個精煉廠沒有產出過一粒糖。它最初是一家蔗糖精煉廠，但由於位置距離製糖所需的水源太遠，最後破產了。隨後這家糖廠變成了甜菜糖精煉廠，但在正式開始生產前再度破產。然而，鋪路工人的妻子們似乎有辦法取得紅糖來製作砂糖塔。

　　這種砂糖塔使用比利時人喜愛的坎蒂紅糖，但也有一種版本使用黃糖，另一種版本使用白糖。你可以自行決定使用哪種糖，布魯塞爾和瓦隆大區的大多數烘焙坊都提供全三種版本：紅糖塔（tarte au sucre brun）、白糖塔（tarte au sucre blanc）或黃糖塔（tarte au sucre blonde）（參見第 28 頁）。

份量：2 個小塔

使用模具：2 個塔盤或小型塔模，頂部直徑 22 cm（8½ inch）、底部直徑 20 cm（8 inch）、深 2.5 cm（1 inch），事先上油並撒粉以防沾黏

塔皮

高筋麵粉　250 g（9 oz）

細砂糖　50 g（1¾ oz）

無鹽奶油　100 g（3½ oz），軟化，另加額外份量爲模具上油

速發乾酵母　7 g（¼ oz）

全蛋　1 顆

全脂牛奶或水　85 ml（2¾ fl oz）（室溫，冬季時微溫）

鹽　一小撮（⅛ 小匙）

內餡

坎蒂深色紅糖、黃糖或白糖　240 g（8½ oz）

全蛋　2 顆，打散

鮮奶油（乳脂肪含量 30%）　100 ml（3½ fl oz）

奶油　50 g（1¾ oz）（冰涼、切丁）

作法

1. 製作塔皮：將麵粉、糖、軟化奶油和酵母放入大調理盆或裝上鉤型攪拌棒的電動攪拌機盆中。加入全蛋和半量的牛奶或水，然後開始揉捏。當液體完全吸收後，加入剩餘的牛奶或水並揉 5 分鐘。將麵團靜置 5 分鐘。

2. 加入鹽再揉 10 分鐘。如有需要，將沾黏在攪拌棒或調理盆壁上的麵糰刮下。揉捏直到形成光滑且有彈性的麵團，既不太乾也不過分濕潤。將麵團加蓋靜置 30 分鐘。

3. 將麵團分成 2 等份，然後擀成圓形。在每個模具底部放入麵團圓片，然後以拇指將其推入邊緣。用叉子在塔皮底部全體刺出孔洞。切除多餘塔皮並靜置備用。

4. 製作內餡：將半量的糖均勻覆蓋在每個塔皮上。

5. 將打散的全蛋與鮮奶油混合，然後以螺旋狀倒在糖上。不需將砂糖全部覆蓋，因爲液體會擴散開來，並在烘烤後留下一些液態流質。將奶油丁撒在整個塔面上。烘烤前讓砂糖塔靜置 10 分鐘，以便麵團發酵，砂糖吸收蛋液和鮮奶油。如果你喜歡，可以使用剩餘的派皮來裝飾砂糖塔的邊緣。

6. 將烤箱預熱至 180° C（350° F）。勿使用旋風功能。將砂糖塔放入烤箱中層烘烤 20 分鐘，直至塔皮呈現棕色。

7. 溫食或冷食；最好在烘烤當天享用。如果你想隔天再食用，請將砂糖塔放入熱烤箱中加熱，直到砂糖再次變得具有流動性。

瓦弗爾白乳酪塔
Tarte au stofé de Wavre

瓦弗爾白乳酪塔原名中的「*stofé*」在瓦隆語中意指「白乳酪」（*fromage blanc*），這通常是一種類似全脂夸克乳酪的乳酪。這種乳酪塔的塔殼會先刷上一層薄薄的蘋果醬，然後加入以馬卡龍調味的乳酪糊，最後舀入扁桃仁（almond）[145] 於其上。過去人們使用苦杏仁，但現在認爲苦杏仁有毒性，其替代品杏桃核仁（apricot kernel）也很難找到。

瓦弗爾白乳酪塔是在「讓與阿麗絲詩劇」（*Jeu de Jean et Alice*）[146] 期間食用的。「讓與阿麗絲詩劇」是一項音樂和民俗活動，自 1954 年以來每五年在瓦弗爾舉行一次。瓦弗爾白乳酪的發明時間未知，但自 16 世紀以降，尼德蘭烹飪書籍中出現了許多類似的食譜。

瓦弗爾白乳酪協會（Confrérie du Stofé de Wavre）非常友善地與我分享了他們的食譜，而你們可以在下面找到經我改良後的版本。

份量：1 個瓦弗爾白乳酪塔

使用模具：1 個頂部直徑 26 cm（10½ inch）、底部直徑 25 cm（10 inch）、深 3 cm（1¼ inch）的塔模，事先上油並撒粉以防沾黏

塔皮

高筋麵粉　250 g（9 oz）

細砂糖　40 g（1½ oz）

無鹽奶油　100 g（3½ oz），軟化，另加額外份量爲模具上油

速發乾酵母　7 g（¼ oz）

全蛋　1 顆

全脂牛奶或水　85 ml（2¾ fl oz）（室溫，冬季時微溫）

鹽　一小撮（⅛ 小匙）

內餡

無鹽奶油　25 g（1 oz）

碎馬卡龍殼或義大利杏仁餅（amaretti）　25 g（1 oz）

碎杏桃核仁　10 g（⅜ oz），加 ⅛ 小匙玫瑰水，或苦杏仁香精 1 小匙

白乳酪或全脂夸克乳酪　250 g（9 oz）

全蛋　3 顆（蛋黃蛋白分開）

法式酸奶油（crème fraîche）　60 g（2¼ oz）

細砂糖　100 g（3½ oz）

柔滑糖煮蘋果泥（smooth apple compote）[147]
　150 g（5½ oz）

作法

1. 依照第 171 頁的說明製作塔皮並靜置備用。

2. 製作內餡：將奶油融化並冷卻。以研磨缽和杵將馬卡龍殼碾碎。

3. 若使用杏桃核仁，將其汆燙一下，然後去皮。以研磨缽和杵將其和玫瑰水一起搗碎成糊狀，這樣可以防止杏桃核仁變得油膩。

4. 在一個大型調理盆中混合乳酪、蛋黃、法式酸奶油、融化奶油、馬卡龍碎及杏桃核仁糊或苦杏仁香精。用攪拌匙拌合所有食材，但不能完全混合至滑順均匀。顯然，這種塔的魅力在於能在其中發現一些白乳酪塊。

5. 將烤箱預熱至 210° C（410° F）。勿使用旋風功能。

6. 將麵團擀薄後入模，用叉子在底部全體刺出孔洞。

7. 將蛋白和糖一起打發至硬性發泡，並儘可能輕輕地拌入內餡中，以免蛋白霜消泡。在塔殼底部抹鋪上一層薄薄的糖煮蘋果泥。將內餡均匀地舀入放在蘋果泥上，以一根大湯匙的背面將表面抹平。

8. 將乳酪塔放在烤箱中層烘烤 20-30 分鐘，直至派皮均匀上色、內餡膨脹、略呈褐色，中央有些微金色亮澤。內餡會在其後凹陷，使邊緣出現美麗的皺摺。放在網架上冷卻。

* 關於杏桃核仁的重要說明

杏桃核仁非常美妙，但絕對不能生食，且應該嚴格遵守食譜的要求用量。在裝杏桃核仁的罐子上貼上「不可生食」的警示標籤，以防飢餓的同居者或兒童食用。吃下過多生杏桃核仁將有嚴重致病風險。

洛泰爾塔
Tarte du Lothier

　　洛泰爾塔是產自瓦隆布拉邦省（Walloon Brabant）熱納普（Genappe）的一種塔，內餡是以苦杏仁調味的粗粒秈米粉（rice semolina）[148]，下層是杏桃果泥。這是我在爲本書進行研究時，發現和自己家鄉有關的當地塔派之一。洛泰爾地區協會好心地與我分享了他們的食譜，不過下方我的改良版本沒有那麼甜。

份量：3 個洛泰爾塔

使用模具：1 個頂部直徑 22 cm（8½ inch）、底部直徑 20 cm（8 inch）、深 2.5 cm（1 inch）的塔模，事先上油並撒粉以防沾黏

塔皮

高筋麵粉　500 g（1 lb 2 oz）
無鹽奶油　200 g（7 oz）
細砂糖　80 g（2¾ oz）
速發乾酵母　10 g（⅜ oz）
鹽　10 g（⅜ oz）
水　160 ml（5¼ fl oz）

內餡

碎杏桃核仁　10 g（⅜ oz）（參見第 172 頁說明）加 ⅛
　小匙玫瑰水，或苦杏仁香精 1 小匙
全脂牛奶　1 litre（35 fl oz）
細砂糖　150 g（5½ oz）
粗粒秈米粉　150 g（5½ oz）
杏桃果醬　400 g（14 oz）
蛋黃　5 顆份
蛋白　8 顆份

作法

1. 製作內餡：將杏桃核仁（若有使用）汆燙去皮。用研磨缽和杵將其與玫瑰水一起搗碎成糊狀，這樣可以防止杏桃核仁變得油膩。

2. 在一個小型醬汁鍋中混合牛奶、杏仁糊或杏仁香精、糖，煮沸後後倒入粗粒秈米粉，保持微沸狀態 7 分鐘，其間不斷攪拌。將牛奶杏仁米糊倒入一個大型調理中，以保鮮膜緊貼表面，防止結皮。靜置備用。

3. 依照第 155 頁的說明製作塔皮。

4. 將烤箱預熱至 220° C（430° F）。勿使用旋風功能。

5. 將塔皮麵團擀薄後入模，然後以叉子在每個塔的底部都全體刺出孔洞。在塔皮底部塗上一層薄薄的果醬（每個塔約需 5 大匙）。

6. 將蛋黃攪拌至牛奶杏仁米糊中。將蛋白打至硬性發泡，盡可能輕輕地拌入內餡中，以免蛋白霜消泡。

7. 將餡料舀至果醬上，並以一根大湯匙的背面將表面抹平。

8. 將洛泰爾塔放入烤箱中層烘烤 25 至 30 分鐘，直到派皮和內餡變成漂亮的金棕色，表面出現一些顏色更深的褐色斑點。內餡會膨脹然後陷落，使塔邊出現褶皺。

* 洛泰爾塔可以冷凍良好保存，只需在冰箱中解凍隔夜，然後在食用前 30 分鐘從冰箱內取出。一次製作 3 個洛泰爾塔，就能送一到兩個給親人或飢餓的同事們。

韋爾維耶肉桂塔
Vaution de Verviers

　　瓦隆尼亞的肉桂塔（*vaution* 或 *vôtion*）是韋爾維耶（Verviers）的砂糖塔。它基本上是一個巨大的肉桂麵包，但並非以千層派皮擀成，而是將塔皮一片片堆疊起來。語言學家認為「vaution」或「vôtion」來自「*vôte*」，在瓦隆語中意為「煎餅」。韋爾維耶肉桂塔是將 5 片油脂豐富的酵母麵團堆疊起來，中間夾入糖、肉桂和奶油，形成滲透至麵團中的糖漿。韋爾維耶肉桂塔與砂糖塔有關（參見第 171 頁），但結構完全不同。這種塔在溫熱時享用最佳，它在列日期間園遊會很受歡迎。

份量：1 個大型肉桂塔
使用模具：1 個直徑 30-32cm（12-12¾ inch）的琺瑯塔盤或塔模，事先上油並撒粉以防沾黏

塔皮
高筋麵粉　1 kg（2 lb 4 oz）
黃糖　50 g（1¾ oz）
無鹽奶油　300 g（10½ oz），軟化
速發乾酵母　20 g（¾ oz）
全蛋　2 顆
全脂牛奶　400 ml（14 fl oz）
鹽　20 g（¾ oz）
全蛋（打散）　1 顆，蛋液用
糖粉　2 大匙，撒糖粉用

內餡
細砂糖　300 g（10½ oz）
黑糖　100 g（3½ oz）
肉桂粉　1 大匙
無鹽奶油　150 g（5½ oz）（冰涼）

作法

1. 製作塔皮：將麵粉、糖、奶油和酵母放入一個大型調理盆或裝有鉤型攪拌棒的電動攪拌盆中。加入全蛋和半量的牛奶，開始揉捏。當液體完全被吸收後，倒入剩餘的牛奶，揉 5 分鐘。讓麵團靜置 5 分鐘，然後加入鹽再揉 10 分鐘，直到形成一個光滑且有彈性的麵團，既不太乾也不過分濕潤。

2. 將麵團分成 5 份，其中 2 份各重 415 g（14¾ oz）、另外 3 份各重 350 g（12 oz），然後滾成漂亮的球形。以茶巾（擦碗巾）覆蓋住麵團，靜置 1 小時，直至發酵至兩倍大。

3. 麵團靜置時製作內餡：混合糖與肉桂粉，然後將奶油切成 20 個小丁。

準備好要組裝肉桂塔時，將其中一個較大的麵團擀開，直到與準備好的塔模一樣寬，厚度約為 3 mm（⅛ inch），然後入模。將其中一個較小的麵球擀開，如果空間充裕，也可以擀開其他麵球。

4. 將烤箱預熱至 180° C（350° F）。勿使用旋風功能。

5. 將 3 大匙的肉桂與糖混合物撒在塔模底部的塔皮上，邊緣留出 2 cm（¾ inch）的空間，然後將 5 塊奶油丁間隔擺在肉桂糖上。在塔皮邊緣刷上蛋液，然後在內餡上放一片較小的塔皮。重複放上肉桂糖混合物（這次一直放至邊緣）及 5 塊奶油丁，和下層奶油丁的位置相互開。擺上另一片較小的塔皮，然後重複同樣的步驟。擺上第三片塔皮，重複上述步驟，撒上剩餘的肉桂糖混合物和奶油丁。將另一片大型塔皮攤在堆疊起來的肉桂塔上，並將其固定在底層那片派皮的邊緣，將派皮盡可能地壓緊，可以將邊緣折疊起來，或使用叉子或糕點壓模。在肉桂塔表面刷上蛋液，然後將糖粉篩在頂端。

6. 在烤箱第二層（中層下方）烘烤 30 至 35 分鐘，直到呈現金棕色，並有糖粉帶來的白色斑點。

* 肉桂塔最好在還有些熱度時食用，但它冷了也很好吃。可切分成大塊。隔天可在熱烤箱中或烤麵包機頂部網架上重新加熱肉桂塔切片。

馬斯泰爾迷你砂糖塔
Mastelles ~ tarte au sucre

　　馬斯泰爾砂糖塔是砂糖塔的縮小版，看起來有點像上面帶著指印的佛卡夏麵包。因為總是在去迪南（Dinant）旅行時購買馬斯泰爾砂糖塔，我更喜歡這種縮小版本。這種糕點的名稱令人困惑，因為佛拉蒙語中的「馬斯泰爾」（mastel）是一種完全不同的糕點（參見第 82 頁的根特馬斯泰爾肉桂圓麵包），它和第 171 頁的砂糖塔「tarte au sucre」名稱也不一樣。在瓦隆尼亞，這些其他種類的馬斯泰爾麵包會被用於製作阿特（Ath）的「馬斯泰爾塔」（tart au mastele）[149]。雖然名稱很相似（主要是字尾「L」的數量不同），但味道卻相當不一樣，這是一個連我收藏的烹飪歷史書籍也無法解開的謎題。1903 年的《巴蕾拉夫人的烹飪與甜點指南》（Manuel de Cuisine et de pâtisserie par Madame Barella）中的食譜沒有標示數量，但卻在做法中揭示了這種糕點。巴蕾拉夫人是布魯塞爾一所女子學校的校長：看來學校的女孩們並不缺乏甜點。

　　在家製作馬斯泰爾砂糖塔時，同一個塔皮也可以用來製作右頁的戈塞特派（照片請參見第 180-181 頁）。但你也可以只製作馬斯泰爾砂糖塔，一切取決於你！

份量：12 個小塔或 1 個大型塔

塔皮
高筋麵粉　500 g（1 lb 2 oz）
細砂糖　25 g（1 oz）
無鹽奶油　70 g（2½ oz），軟化
速發乾酵母　15 g（½ oz）
全蛋　1 顆
全脂牛奶　300 ml（10½ fl oz），室溫
細粒海鹽　5 g（⅛ oz）
全蛋　1 顆（打散）加牛奶 2 大匙，蛋液用

配料
無鹽奶油　120 g（4¼ oz），軟化
高脂鮮奶油（乳脂肪含量 36-40%）　75 ml（2¼ fl oz）
糖粉　175 g（6 oz）

作法

1. 將麵粉、糖、軟化奶油和酵母放入一個大型調理盆或裝有鉤型攪拌棒的電動攪拌機盆中。加入全蛋和半量牛奶，開始揉捏。當液體完全吸收後，倒入剩餘的牛奶，揉捏 5 分鐘。讓麵團靜置 5 分鐘。

2. 加入鹽，再揉 10 分鐘，直到成為光滑有彈性的麵團，既不太乾也不過分濕潤。將麵團加蓋靜置 1 小時，直至發酵至兩倍大。

3. 將烤箱預熱至 220°C（430°F）。勿使用旋風功能。在烤盤上鋪上烘焙紙。

4. 製作配料：將奶油切成 2 cm（¾ inch）的方塊，然後將鮮奶油倒入一個小罐中。

5. 麵團發酵完成後，將空氣排出，分成 12 等份，塑形成圓球。將每個小球擀成厚度為 5 mm（¼ inch）的橢圓形，然後將移至鋪了烘焙紙的烤盤上。用叉子在塔皮整體上刺出孔洞，防止塔皮在烘烤過程中膨脹。

6. 在塔皮上刷上蛋液，然後將糖粉等份撒在每個塔上，在邊緣留出一根手指寬的空間。最後將 2 塊奶油丁放在每個塔的中央。

7. 烘烤 15 分鐘，或直至塔皮呈金棕色、頂端仍然維持淺色但出現小小氣泡，然後從烤箱中取出，整體刷上鮮奶油，放在烤盤上靜置 5 分鐘。移到網架上冷卻。

8. 隔天可以使用熱烤箱或烤麵包機輕鬆復熱這些小塔。

戈塞特卡士達派與夾餡蘋果派
Gozette à la crème and appelflap

　　戈塞特派在比利時全國都很知名。在法蘭德斯，人們過去會使用剩餘的甜派派皮來製作，但現在則使用千層派皮；而瓦隆人則使用油脂豐厚的麵團製作戈塞特派，或稱「戈薩」（gozå）。派皮中可以填入糖煮蘋果來製作夾餡蘋果派（appelflappen），也可以填入櫻桃、杏桃或卡士達餡（這是我最喜歡的一種）。當我們去迪南旅遊時，總是會購買戈塞特卡士達派（gozette à la crème），那裡有家烘焙坊販賣最好的佛萊米派、馬斯泰爾迷你砂糖塔和戈塞特派，這便是默茲河畔一頓完美的午餐與甜點。在尼德蘭，會在新年時享用夾餡蘋果派（以千層派皮製作）；而在比利時，它們已成為每個烘焙坊都會出售的日常點心。戈塞特卡士達派與夾餡蘋果派使用和馬斯泰爾迷你砂糖塔相同的派皮，因此若你願意，可以將一半的派皮用來製作戈塞特派或夾餡蘋果派、另一半則製作馬斯泰爾迷你砂糖塔。照片請參見第 180-181 頁。

份量：12 個戈塞特卡士達派或夾餡蘋果派

派皮

高筋麵粉　500 g（1 lb 2 oz）

細砂糖　25 g（1 oz）

無鹽奶油　70 g（2½ oz），軟化

速發乾酵母　15 g（½ oz）

全蛋　1 顆

全脂牛奶　300 ml（10½ fl oz），室溫

細粒海鹽　5 g（⅛ oz）

牛奶　刷派皮用

糖粉　撒糖粉用

卡士達餡

蛋黃　9 顆份

細砂糖　75 g（2¾ oz）

卡士達粉或玉米粉（玉米澱粉）　40 g（1½ oz）

全脂牛奶 675 ml（23 fl oz）

高脂鮮奶油（乳脂肪含量 36-40%）　75 ml（2¼ fl oz）

香草莢　1 根（剖半取籽）

　或月桂葉　1 片

蘋果餡

糖煮蘋果　1 瓶

作法

1. 製作卡士達餡：準備一個大而淺的耐熱烤皿。

2. 將蛋黃、糖和卡士達粉攪拌至奶霜狀。以法國烹飪術語來說，呈現「緞帶」狀。

3. 在一個大型醬汁鍋中將牛奶、鮮奶油與香草籽一起加熱。離火。若想去掉黑色香草籽，可將牛奶過濾，也可將香草籽留在牛奶中，讓大家知道你用的是真材實料。將一大匙溫牛奶加入剛才的卡士達奶霜中，攪拌均勻，然後將其倒回熱牛奶中不斷攪拌。將鍋子放回爐上以小火加熱，不斷攪拌直到卡士達醬變稠。一旦感到攪拌時的阻力開始變強，就立即關火。

4. 立即將熱卡士達餡倒入冷的耐熱烤皿中，以保鮮膜覆蓋卡士達餡（而非烤皿）表面。遺憾的是，我還沒有找到無塑替代品。蓋子無法取代表鮮膜，因為蓋子和卡士達餡之間凝結的水珠會使卡士達餡變濕，保鮮膜則可以防止卡士達結皮。卡士達餡冷卻後裝入擠花袋中。

5. 製作派皮：請依照左頁馬斯泰爾迷你砂糖塔中的說明製作。靜置時間即將結束時，將烤箱預熱至 220°C（430°F）。勿使用旋風功能。在烤盤上鋪上烘焙紙。

6. 麵團發酵完成後，將空氣排出，分成 12 等份，塑形成圓球。將每個小球擀成厚度為 5 mm（¼ inch）的橢圓形，然後將移至鋪了烘焙紙的烤盤上。

7. 現在將所有橢圓形派皮對折，不要擠壓派皮（製作夾餡蘋果派時，在折疊前先在每個橢圓形派皮中加入 2 大匙糖煮蘋果，並省略卡士達醬）。在表面全體刷上牛奶，然後將烤盤放入到烤箱中層。烘烤 15 分鐘或直至派皮呈現金棕色，然後放在網架上冷卻。冷卻後，將要填入卡士達醬的派皮在麵團折疊形成的接縫處切開，確保兩半派皮沿直邊相連。

8. 讓夾餡蘋果派冷卻。將卡士達餡擠入派皮中以製作卡士達派。在蘋果派和卡士達派上撒上大量糖粉即可享用。

米布丁塔
Rijstevlaai ~ tarte au riz

　　來自列日的米布丁塔（*rijstevlaai*、*tarte au riz*、*tarte blanche*，或瓦隆語稱 *blanke Doreye*）是一種以米布丁填餡的甜派。在瓦隆尼亞的韋爾維耶，韋爾維耶米布丁協會（*Seigneurie de la Vèrvî-riz*）致力保存這個傳統甜派。

　　1604 年的一本食譜書中首次提到了這種塔：列日三位朵邑主教的主廚蘭斯洛特・德卡斯托（Lancelot de Casteau）在其《廚藝序言》（*Ouverture de Cuisine*）中發表了米布丁塔的前身。雖然當今米布丁塔總是用香草調味，但這是一種現代風格，因為 17 世紀還沒有香草。蘭斯洛特建議使用肉桂和玫瑰水，你一定要嘗試一下。1917 年出版，一本名為《柯琳奈特阿姨的家庭主婦小天地》（*Le Coin de la Ménagère par Tante Colinette*）的食譜書也使用了肉桂，甚至還添加了高湯。兩本書中的食譜都使用在烘烤前經過一段時間烹煮的米，而非立即使用，這種處理法的確改善了米的質地。

　　蘭斯洛特指示，米布丁的完工就像他章節中其他種類的塔一樣，這表示在塔頂加上格紋裝飾。如今，這種甜派表面絕對不會使用格紋裝飾，因為經過烹煮的米布丁看起來非常美味。不過，以 17 世紀早期的時代精神而言，它對列日朵邑主教來說可能不夠花俏。

　　佛拉蒙／尼德蘭「米甜派」（*rijstevlaai*）和瓦隆風米布丁塔（*tarte au riz*）之間有兩個主要區別：前者在米布丁成品中加入卡士達醬，而後者只加入蛋；列日米布丁塔則將蛋白打至硬性發泡。因此，瓦隆版本比佛拉蒙及尼德蘭版本更加輕盈。在韋爾維耶，人們過去會在米中添加碎馬卡龍殼。我吃過的最好吃的米布丁塔來自東比利時（Ostbelgien）一個小鎮中的烘焙坊，我試著將其重新還原如下。好的米布丁塔內餡質地並非很扎實，僅是剛好能黏合在一起的程度。

份量：1 個大型米布丁塔
使用模具：1 個頂部直徑 26 cm（10½ inch）、底部直徑 25 cm（10 inch）、深 3 cm（1¼ inch）的派模，事先上油並撒粉以防沾黏

塔皮
高筋麵粉　250 g（9 oz）
無鹽奶油　100 g（3½ oz），軟化
細砂糖　25 g（1 oz）
速發乾酵母　7 g（¼ oz）
鹽　½ 小匙
水　85 ml（2¾ fl oz）

米布丁
全脂牛奶　1.5 litres（52 fl oz）
肉桂粉與玫瑰水　各 ⅛ 小匙
　或香草莢　1 根（剖半）
米布丁或義式燉飯（risotto）用米 [150]　140 g（5 oz）
全蛋　2 顆，另加蛋黃 1 顆份
細砂糖　50 g（1¾ oz）
無鹽奶油　20 g（¾ oz），融化
糖粉　1 大匙

作法

1. 烹煮米飯：將牛奶、肉桂、玫瑰水或香草莢和米放入醬汁鍋中，加蓋以小火煮 40 分鐘，維持微沸狀態，偶爾攪拌一下。當米飯變軟時，開蓋離火。靜置稍微冷卻，若使用了香草莢，請將其取出，然後加蓋並在冰箱中冷藏隔夜。

2. 隔天在製作前 1 小時將米飯從冰箱中取出。依照第 155 頁的說明製作塔皮。

3. 在塔皮麵團發酵時，製作米布丁：如同製作卡士達醬一般，將 2 顆全蛋與細砂糖一起攪拌直至呈現奶霜狀。將蛋糖混合物加入醬汁鍋中，和米飯一起攪拌，然後加入奶油。將醬汁鍋放回爐上，以小火加熱。微沸 20 分鐘或直至質地變稠，中間不停攪拌，然後將鍋子離火，偶爾攪拌一下直至米布丁降溫冷卻。

4. 將烤箱預熱至 200°C（400°F）。勿使用旋風功能。

5. 麵團發酵完成後，將空氣排出。將麵團擀得盡可能薄，然後放在上油後的塔模上，壓入底部並切除多餘的塔皮。用叉子將塔底全體刺出孔洞，然後將米布丁舀入塔中，保留 2 大匙內餡。將額外的 1 顆蛋黃和糖粉及保留的米布丁餡混合，然後倒入塔中，以糕點刷將表面抹平。還會剩下一些派皮和內餡，份量足夠製作 2 個小塔。

6. 將米布丁塔放入烤箱中層烘烤 40 至 45 分鐘，直到呈現金棕色並帶有淺色斑點。食用前先靜置冷卻。

一種乳酪兩樣塔
Two tarts, one 'boulette' of cheese

來自尼維勒的瑞士甜菜乳酪塔（*tarte al djote*）及迪南佛萊米派（*flamiche de Dinant*）（食譜見下頁）是瓦隆尼亞最重要的（鹹味）乳酪塔之二，兩者皆是以來自該地區的布列圓球乳酪（*boulette*，在瓦隆語中稱爲 *bètchéye*）製成。布列圓球乳酪是將生脫脂牛奶加入發酵凝乳中混合，再使其凝結而成。其質地乾燥鬆碎，和我有幸品過的任何其他乳酪皆不同。在右頁照片中，可以看到用於製作佛萊米派的版本（羅莫丹布列圓球乳酪，*Romedenne*）。製作這種乳酪的完整過程是機密，被嚴加守護。由於擔心人們竊取配方，以至於當乳品廠停止生產時，相關知識無法傳承。過於重視食譜的保密性，最終代表它將永遠佚失，這是我再怎麼強調都不爲過的。

瑞士甜菜乳酪塔

瑞士甜菜乳酪塔是一種乳酪、雞蛋與甜菜製成的塔，來自布魯塞爾南部瓦隆布拉邦省的尼維勒鎮。這個塔相當質樸，起源於中世紀，儘管許多古老文獻都提到乳酪塔和綠葉蔬菜乳酪塔，但沒有提到「*al djote*」之名，這在烹飪史上完全正常，因爲人們都是在很久以後才覺得有必要爲每道菜命名。

這個塔的成分顯示，它是爲特殊場合而製作的，即人們有能力負擔大量的蛋、奶油和乳酪時。

最早的法國烹飪書之一，於 13 世紀末或 14 世紀初出版的泰爾馮的《膳人》，提供了「香草乳酪蛋餡餅」（*Tortes de harbe, fromaige, et oeuf*）的食譜，其中使用荷蘭芹（parsley）、薄荷、瑞士甜菜（chard）、菠菜、萵苣、馬鬱蘭（marjoram）、羅勒和野生百里香、蛋和乳酪，但沒有奶油，然後以薑末、肉桂及長胡椒調味。14 世紀的英國食譜書《烹飪之道》（*The Forme of Cury*）[151] 提供了一個類似的塔餅配方，其中添加洋蔥、數種香草（未具體說明）和綠乳酪（一種熟成乳酪）、蛋、奶油及番紅花、鹽、小粒無籽葡萄乾，以及「溫和香料」（*powdour douce*，一種中世紀香料混合物）[152]。這兩種中世紀食譜看起來和我們的瑞士甜菜乳酪塔很像，如今的塔餅裡僅缺少香料。16 世紀，一份來自根

特的手抄本提供了一份細葉香芹塔的食譜，使用乳酪，在烘烤後、食用前還添加奶油，將其分布在整個塔上。

最後這種塔——在烤好的塔上加奶油——正是在享用瑞士甜菜塔之前所做的事情；相對的，佛萊米派則是在烘烤前加入奶油塊。除了洋蔥和荷蘭芹，瑞士甜菜是這份食譜中的主要綠色蔬菜。

如果你的居住地很難找到瑞士甜菜，我發現小白菜的葉子非常類似，而細葉香芹會帶來一種非常纖細的風味。

在一本來自安特衛普的 16 世紀烹飪手抄本中，出現了一種「Warmoes 餡餅」（*Warmoestoerte*），以一把「warmoes」、細葉香芹和新鮮乳酪、蛋及麵包粉混合製成。「Warmoes」是荷蘭語中的「瑞士甜菜」，這個食材出現在幾份有著數百年歷史的塔派食譜中。在那個時代的那些脈絡下，「warmoes」可能意指各種綠葉蔬菜，而不僅僅是瑞士甜菜。這顯示我們有可能將現代語言投射至古老文本中並犯下錯誤。語言是不斷發展的，因此我們的「瑞士甜菜塔」可能確實在某個時候是以各種綠葉蔬菜製成。相對的，這種微苦的蔬菜在一個古老法語方言中，稱爲「*jottes*」。

我們唯一可以確定的是，瑞士甜菜乳酪塔目前的食譜早在 1918 年便已存在，當時尼維勒的「同盟者餐廳」（Restaurant des Alliés）被宣傳爲「公認最古老的美味瑞士甜菜乳酪塔店家」，提供「*bî tchaude, bî blète, queèl bûre déglète*」（在瓦隆語中，意爲「燙口、帶有瑞士甜菜與奶油油滴」）。在尼維勒的烘焙坊，還可以買到不含蔬菜的版本，稱爲「瑞士甜菜乳酪白塔」（*tarte al djote blanc*），或是以乳酪餡爲名的「瑪卡永斯塔」（*tarte macayance*）[153]。有經驗的瑞士甜菜乳酪塔製作老手會將乳酪放在室溫下，使其成爲「*à point*」[154]，即「有些出汗」的程度。

迪南佛萊米派

迪南佛萊米派是瑞士甜菜乳酪塔與其他和類似的中世紀塔派近親，以酵母麵團製成，並填入當地典型的濃烈羅莫丹布列圓球乳酪、蛋和奶油。在法國北部，人們則

製作了這種派餅於內餡中加入韭菜的一個版本。

關於佛萊米派起源的當地傳說，講述了一個來自羅莫丹農場的女孩步行至迪南，好在當地市集販賣商品的故事。在路上，可憐的女孩摔倒了，柳條籃裡的所有東西都無法再出售，蛋砸碎了，並和新鮮乳酪與軟軟的奶油混在一起。爲了救回這些農產品，她跑到麵包店要了一塊麵包麵團，用它做了派皮，將乳酪、蛋與奶油包在裡面，最後從烤箱裡出來就是——佛萊米派！

爲崇揚佛萊米派，迪南佛萊米派皇家保衛官協會（Confrérie Royale des Quarteniers de la Flamiche Dinantaise）於 1956 年建立，紀念活動 [155] 則於 9 月的第一個週末在迪南跳蚤市場（Braderie de Dinant）舉行。

瑞士甜菜乳酪塔的詞源最容易解釋，因爲「djote」意爲是瑞士甜菜，但佛萊米派一詞的起源則要模糊得多。「Flamiche」與亞爾薩斯（Alsace）的「火焰烤餅」（flammkuchen，如披薩一般）[156] 及「以火燃燒」

（flambé）[157] 一詞有相似之處：「flam」是「火焰」之意。嘉斯頓・克萊蒙（Gaston Clément）在其 1950 年代出版的《廚藝顧問》（De Raadsman in de Kookkunst）一書中聲稱，在柴燒窯烤爐的時代，佛萊米派確實像火焰烤餅一樣扁平。

我知道可能很難爲這些塔派中使用的圓球乳酪溯源，但由於它們都是從有著數百年歷史的食譜流傳下來，其中沒有指定乳酪種類，且廚師最清楚在食譜中該使用哪種乳酪最好，所以將其中的比利時傳統乳酪換成磨成屑狀的成熟切達乳酪或豪達乳酪完全沒有問題，或者也可以使用你們當地的類似乳酪（若你認爲效果更好）。在法國北部，人們以韭菜製作佛萊米派，使用馬魯瓦勒乳酪（maroilles），這是一種產自皮卡第地區的牛乳乳酪。

當地人認爲，瑞士甜菜乳酪塔和佛萊米派都應該趁熱或溫熱時享用，最好搭配一杯勃艮第葡萄酒。

瑞士甜菜乳酪塔
Tarte al djote

份量：4 個單人份瑞士甜菜乳酪塔

使用模具：1 個頂部直徑 20 cm（8 inch）、底部直徑 18 cm（7 inch）、深 2.5 cm（1 inch）的塔模，事先上油並撒粉以防沾黏

塔皮

中筋麵粉　500 g（1 lb 2 oz）

含鹽奶油　125 g（4½ oz），軟化

速發乾酵母　11 g（⅜ oz）

鹽　10 g（⅜ oz）

全蛋　2 顆

全脂牛奶　125 ml（4 fl oz）

內餡

乳酪　400 g（14 oz）（參見第 185 頁）

含鹽奶油　75 g（2¾ oz），另加額外份量搭配食用

全蛋　1 顆，另加蛋黃 1 顆份

白胡椒粉　½ 小匙

鹽　一小撮（⅛ 小匙）

瑞士甜菜（Swiss chard, sliverbeet）　35 g（1¼ oz）（僅葉片），細切

紅蔥頭（eschalots）　25 g（1 oz），細切

平葉荷蘭芹葉片　20 g（¾ oz），細切

作法

1. 製作塔皮：將麵粉、奶油、酵母和鹽放入一個大型調理盆或裝有鉤型攪拌棒的電動攪拌機盆中，揉捏直到成爲粗糙顆粒狀混合物。加入全蛋和牛奶揉捏 10 分鐘，直到成爲光滑的麵團。將麵團加蓋靜置 30 分鐘，或放入冰箱中靜置隔夜。

2. 製作內餡：將乳酪壓碎或磨碎，然後將其放在室溫下靜置「出汗」。

3. 乳酪靜置時，將奶油放入醬汁鍋中，以小火融化，然後將其變爲棕色（即焦化奶油「*beurre noisette*」）[158]。靜置冷卻，以免之後奶油將蛋液煮熟。

4. 將乳酪與冷卻的焦化奶油、全蛋、蛋黃、胡椒與鹽混合。將甜菜、紅蔥頭和西洋芹拌入，靜置備用。

5. 將烤箱預熱至 210° C（410° F）。勿使用旋風功能。

6. 麵團發酵好後，將空氣排出，分成 4 等份並擀得盡可能薄。全部 4 塊派皮都以相同方式操作，然後將它們放在上油的塔模上，壓入底部並切除多餘塔皮。以叉子將塔底全體刺出孔洞。

7. 將內餡舀入每個塔中，高度略低於 1 cm（⅜ inch）。

8. 將塔放在烤箱最底層的烤架上，烘烤 20 分鐘，直至塔皮透出金黃色。將塔移至網架上靜置 5 分鐘，讓乳酪凝固，這樣就可以安全地將塔脫模。

9. 趁熱食用，上面加一點額外的奶油使其融化。搭配酒體厚重濃郁的紅酒（傳統是勃艮第葡萄酒）或修道院黑啤酒。

10. 隔天可將塔放入 200° C（400° F）的烤箱中復熱 10 分鐘。

11. 烘烤完成的塔可以冷凍良好保存：只需在冰箱中解凍並復熱即可。

迪南佛萊米派
Flamiche de Dinant

我有一張 1970 年代的明信片，上面是一個佛萊米派被一盤傳統的羅莫丹布列圓球乳酪、一瓶勃艮第葡萄酒和一個用於製作迪南庫克硬香料餅（couque de Dinant，參見第 245 頁）的木雕模具所圍繞的復古場景。明信片背面是製作佛萊米派的食譜，而這個食譜正是去年迪南德佛賽糕點店（Defossez）的一位女士慷慨地教我的。它一點也不複雜，但祕訣在於如何處理內餡。若將所有食材攪拌在一起，就不是佛萊米派；小心地將奶油和乳酪散步在派餅底部上，然後將全蛋倒在其上，就能確實做出出完美的佛萊米派。胡椒的用量可能會讓你大吃一驚，但它對於減輕乳酪的濃郁程度非常關鍵。如果你不喜歡胡椒味，或是你的乳酪沒有那麼辛辣，加入半量胡椒即可。我喜歡胡椒帶來的迎面重擊感，讓喉嚨後部刺痛，相對地，嘴唇則因油脂豐厚的內餡而變得油膩。

瓦隆尼亞的迪南城堡小鎮在我心中占有非常特殊的位置。當班上的所有孩子都被裝入一輛巴士，前往我們國家的法語區進行一趟特別之旅時，我大概 6、7 歲。對我們這些孩子來說，感覺就像一次貨真價實的海外度假。我的意思是說，他們說的語言與我們不同；那裡有懸崖和丘陵，而法蘭德斯則地貌平坦。我第一次看到迪南，就是你在下一頁看到的景色，13 世紀的大教堂有著獨特的洋蔥形塔樓、懸崖上聳立著俯瞰城鎮的城堡，還有默茲河畔色彩繽紛的房屋。那天我給媽媽買了一塊迪南庫克硬香料餅，把所有的零用錢都花在了那上面。我沒有看到佛萊米派，我想是因為庫克香料餅更能激發孩子的想像力。當我帶著丈夫第一次造訪迪南時，才發現這個濃郁的乳酪派。

份量：2 個迪南佛萊米派
使用模具：1 個頂部直徑 27 cm（10¾ inch）、底部直徑 23 cm（9 inch）、深 3 cm（1¼ inch）的派模，事先上油並撒粉以防沾黏

派皮
高筋麵粉　500 g（1 lb 2 oz）
含鹽奶油　20 g（¾ oz），軟化
速發乾酵母　11 g（⅜ oz）
全脂牛奶　310 ml（10¾ fl oz），微溫
鹽　10 g（⅜ oz）

內餡
氣味濃烈的乳酪　400-500 g（14 oz–1 lb 2 oz）（參見第 185 頁）
無鹽奶油　250 g（9 oz）（冰涼）
全蛋　18 顆
現磨黑胡椒　2 小匙
鹽　½ 小匙

作法

1. 製作派皮：將麵粉、奶油、酵母和鹽放入一個大型調理盆或裝有鉤型攪拌棒的電動攪拌機盆中。倒入牛奶，揉 10 分鐘，直到成為一個光滑的麵團。調理盆加蓋，靜置 1 小時。

2. 將烤箱預熱至 220°C（430°F）。勿使用旋風功能。

3. 把麵團擀開，直到它比你的派模大。將麵團放在派模上，然後以拇指將麵團壓入模具中。用刀切除多餘的麵團。

4. 製作內餡：將乳酪壓碎或磨碎備用。將冰冷的奶油切成小方塊（約 1 cm／⅜ inch），分散放在派餅底部。將乳酪均勻地擺在奶油周圍。將蛋打入一個大型調理盆中，加入胡椒和鹽輕輕混拌，不要攪打，保持大部分雞蛋完整：這會在派餅烘烤時與奶油丁作用，產生坑狀效果。將蛋液倒入派中。

5. 將派餅放在烤箱底部的烤架上烘烤 35 至 40 分鐘，直到呈現金棕色並帶有淺色斑點。

6. 趁熱食用，搭配酒體濃郁厚重的紅酒（傳統是勃艮第葡萄酒）或修道院黑啤酒。

7. 隔天可將派餅放入 190°C（375°F）的烤箱中復熱 10 分鐘。

美國比利時派
AMERICAN BELGIAN PIE

《多爾郡倡導者報》（*The Door County Advocate*）1969 年 10 月 9 日的一篇文章是這樣開頭的：「『傻瓜西蒙遇到了一位前往市集的餡餅師傅⋯⋯』[159] 現代的傻瓜西蒙可能會去園遊會，很可能會遇到一位剛剛做完一批比利時派的比利時家庭主婦。現在是多爾郡（Door County）[160] 的園遊會時節⋯⋯」

能在美國威斯康辛州找到一個比利時社群非常驚人。當地人慶祝比利時傳統與飲食文化，每年皆會舉辦園遊會，並爲此製作大量比利時派。他們甚至居住在以相應比利時城市命名的城鎮中。

自 1623 年起，比利時瓦隆的雨格諾新教徒（Huguenots）[161] 便在改革宗新教徒（Reformed Protestant Christian）[162] 傑西・德福里斯特（Jessé de Forest）的帶領下，成爲曼哈頓（Manhattan）、紐澤西州（New Jersey）、德拉瓦州（Delaware）、康乃狄克州（Connecticut）和賓夕法尼亞州（Pennsylvania）的第一批歐洲移民[21]，尋求不被迫害的生活。

時間快轉至 19 世紀中葉：比利時是一個處於經濟大蕭條邊緣的年輕國家，可耕地稀缺、人口不斷增長、工作報酬過低，講佛拉蒙語和法語的工人階級活在悲慘的環境中，幾乎沒有改善生活的希望。

雖然許多法蘭德斯人厭倦了在比利時面臨的語言歧視，並爲了尋求更好的生活而移民到美國，但比利時移民中大多數人來自法語區的瓦隆尼亞。法蘭德斯人搬到了與瓦隆鄰居們不同的地區，並創辦了幾家荷語報紙，其中最著名的是《底特律公報》，該報從 1914 年一直營運至 2018 年。

安特衛普是移民前往美國的最大港口，紅星航線（Red Star Line）的船舶連接該港與美國及加拿大。紐約和俄亥俄州有名爲安特衛普的城鎮，紐澤西州有霍博肯（Hoboken）[163]，明尼蘇達州有根特，密蘇里州有列日，賓夕法尼亞州有夏樂華[164]，但擁有最多比利時同名城鎮的州是威斯康辛州：此處還有布魯塞爾、那慕爾、羅西埃（Rosière）、瓦爾海恩（Walhain）和盧森堡（Luxembourg）。

如今，威斯康辛州和密西根州有著最大的比利時裔美國人社群，而這一切始於 1856 年，當時只有幾個瓦隆家庭在此地建立了一個社區。他們規整土地，爲自己的家屬建造房屋、開創生活。對比利時人來說，在美國鄉間中看到比利時城鎮的路標很奇怪，但在那些城鎮裡，許多當地公民試圖過著他們認爲是比利時方式的生活。1858 年，第一屆「園遊會」在羅西埃舉行，開啟了年度收穫市集的傳統。就像在他們的家鄉一樣，人們爲了園遊會而烘烤低地國甜派，他們稱其爲比利時派。這些「比利時派」看起來並不像比利時的派餅，因爲它們的發展過程不同，但對於威斯康辛州的比利時人來說，這些是「母國」的派餅。

爲了解更多關於美國比利時烹飪傳統的資訊，我閱讀了出身威斯康辛州的瑪格麗特・德雷茲（Margaret Draize）的烹飪筆記本。瑪格麗特出生於 1927 年，她的朋友和家人要求她寫下從祖父母和父母那裡了解的一切，並記錄下食譜，這樣便能成爲當地比利時裔美國人的指南。她提供了許多甜鹹菜餚的食譜，我認爲其中有些確實是比利時的，但也有許多是已經在美國經過演變，無法將和比利時連結起來。經過進一步研究，我得出的結論是，這些比利時裔美國人對他們的比利時烹飪熱愛是無與倫比的。或許是因爲他們遠離家鄉，懷念這些菜餚，而在比利時，我們逐漸渴望異國風情，以至於不再看到自己的香料蛋糕及派餅之美。

在寫作本書的旅程中，我試圖變成自己國家的一名遊客，懷著好奇心去眞正了解那裡究竟有些什麼。閱讀這些比利時裔美國人關於比利時文化的文字，讓我進一步開闊了眼界。

我和吉娜・古斯（Gina Guth）交談，她是她烹飪學校教授製作比利時派的人之一，這讓威斯康辛州保留了此一傳統。她的曾曾祖母是來自比利時的第一代移民。吉娜的母親珍（Jean）製作了非常多的派餅，以至於經常占滿整個房子，家中每個平面都擺著派餅。

吉娜知道這些比利時派和如今比利時的派餅並不相似，但她以很美的方式將它們描述爲「一張舊時光快照，是貧困移民生活的遺跡。當時人們用手頭有的東西，以及對熟悉口味與技術的認同烹飪」。瓦隆人將他們最愛的食譜牢記在心，因爲這些食譜保留了他們的傳統。這種風格的派餅在比利時因爲沒有歷經這樣的過程

而完全失傳，但在比利時裔美國人家庭中仍然存在。

吉娜寄給我一篇1970年《密爾瓦基日報》（*Milwaukee Journal*）上刊登的文章，標題為「經營園遊會」（Keeping the Kermiss），文章中可以看到她母親在木架上擺放幾十個比利時派。報導寫著，目前是園遊會時節，比利時派不是一次作數十個，而是數百個。由於是為了園遊會所製，因此傳統上總是大量製作比利時派，而非像我們期待現代食譜那樣，只作一個。

就像比利時林堡與尼德蘭林堡一樣，這裡也是為園遊會大量製作派餅，然後在戶外的柴燒窯烤爐中烘烤。人們會每週烤一次麵包，並在麵包烤完後、烤箱降溫時烘焙派餅。

這就是為什麼比利時派在1990年代逐漸消失，因為人們不知道該拿祖母們的慷慨食譜如何是好。過去有段時間旅行受限，吉娜透過網際網路分享她的知識，並教我製作比利時派，將這種慷慨送給了我。

本食譜中的麵團與配料的配方來自吉娜，而我為國際讀者改良過，希望能藉著本書繼續存活，為未來的比利時派烘焙師傅們所用。

這些派是用手拿著吃的，而非放在盤子上以刀叉食用。就像比利時林堡人和尼德蘭林堡人傳統上享用甜派的方式相同──手握派皮並以小指支撐頂端，就像吃一片披薩一樣。吉娜說，珍祖母做的派以其皮薄餡厚而聞名。

比利時派
Belgian pie

吉娜的母親珍・古斯（Jean Guth）的乳酪配料食譜使用了乾與霜狀的茅屋乳酪（cottage cheese）。乾茅屋乳酪並不容易找到，因此吉娜取「小顆粒凝乳」（small-curd，至少含有 4% 乳脂肪）的霜狀茅屋乳酪，沖去鮮奶油，然後用布包裹擠出水分，得到乾乳酪凝乳。如果你的所在之處很難買到茅屋乳酪，請參閱第 165 頁製作凝乳乾酪的食譜。

吉娜在學校教授的傳統比利時派內餡是洋李、大粒黑葡萄乾、蘋果、櫻桃和米布丁。除了葡萄乾之外，這些也是比利時和尼德蘭甜派的傳統內餡，但乳酪配料則是美國比利時派才有的典型餡料。

由於吉娜製作麵團的方式與我不同，我在下面提供了我的製作法。除了你覺得最有信心的作法之外，沒有「最好的方法」（儘管有些人會不同意）。對吉娜來說，持續傳統的麵團攪拌法很重要，若你想學習如何製作，她在其烹飪學校和網路上皆有授課。

份量：4 個比利時派
使用模具：1 個頂部直徑 20 cm（8 inch）、底部直徑 18 cm（7 inch）、深 2.5 cm（1 inch）的塔模，事先上油並撒粉以防沾黏

派皮

高脂鮮奶油（乳脂肪含量 36-40%）　85 g（3 oz）
水　3 大匙
中筋麵粉　410 g（14½ oz）
無鹽奶油　120 g（4¼ oz），軟化
全蛋　2 顆
細砂糖　65 g（2¼ oz）
速發乾酵母　2 小匙
鹽　¼ 小匙

作法

1. 以中火加熱鮮奶油，直到頂部結一層皮，但不要讓鮮奶油沸騰。關火，加水並冷卻。在一個大型攪拌盆或裝有鉤形攪拌棒的電動攪拌機盆中，加入麵粉、軟化奶油、蛋、糖和酵母。揉捏直至所有食材拌合在一起，然後加入奶油與水的混合物，揉 5 分鐘。此時麵團看來更像蛋糕麵糊而非派皮麵團。

2. 此時加入鹽，再揉 5 分鐘，直到形成一個柔軟的麵球。將調理盆加蓋，靜置 1 小時或直至發酵至兩倍。

3. 麵團靜置時，製作乳酪配料以及右頁的一或兩種內餡。

4. 在派模上塗上奶油或豬油。將麵團分成 4 球，分別放入 4 個派模中。這種麵團不應該、也不能擀開，只需用手掌將麵團壓平，然後用手指將其推壓成型，就像平底鍋披薩（pan pizza）一樣。麵團應該被推壓展開至模具底部的邊緣，而非上推至模具側面。

5. 麵團蓋上茶巾（擦碗巾）靜置 5 分鐘，同時將烤箱預熱至 180°C（350°F）。請勿使用旋風功能。

6. 將內餡舀至派皮上，在派皮邊緣留下 1.5 cm（⅝ inch）的空間。然後將乳酪配料舀至內餡上，於邊緣留下約 2 cm（¾ inch）的空間，可以看到整圈水果餡。

7. 吉娜指示，若使用頂部和底部加熱的傳統烤箱（這是我唯一的烘焙法），需從烤箱底層往上數第二個烤架上開始烘烤派餅。大約 10 分鐘後，當派皮底部呈現金棕色時，將派餅移到頂層烤架上。烘烤約 5 至 8 分鐘，直至派皮呈現淺金黃色。移至網架上冷卻，或小心地將它們從模具中取出，再放在網架上冷卻。或者，在製作 40 個派餅時，將它們放在茶巾上冷卻，就像那些比利時裔美國母親們會做的那樣。

乳酪配料

小顆粒凝乳（乳脂肪含量至少 4%）的霜狀茅屋乳酪
　　680 g（1 lb 8 oz）
糖　4 小匙
蛋黃　2 顆份

作法

1. 將茅屋乳酪分成 2 等份。一半放入過濾器中，在流水下沖洗，直至所有的鮮奶油都被沖洗掉。將乳酪放入一塊平紋細布（薄棉紗布）中，動作輕柔但有力地擠出其中的水分。倒掉擠出的液體，製成所需的乾凝乳。
2. 在食物調理機中，將剩餘的一半小顆粒凝乳茅屋乳酪與乾凝乳混合在一起，加入將糖和蛋黃，攪拌直到質地仍有些顆粒狀而非光滑。若太光滑，乳酪就會從派上流下來。冷藏直到預備淋在派上。

洋李內餡（份量：2 個派）

洋李乾　170 g（6 oz）
蘋果醬（applesauce，若想要較爲柔和的洋李風味可選用）　125 g（4½ oz）

作法

1. 將乾李子在水中浸泡隔夜。
2. 將洋李瀝乾。在一個中型醬汁鍋中，將洋李和蘋果醬以小火煮至微沸。持續微沸狀態 15 分鐘或直至洋李變軟。
3. 讓洋李在醬汁中冷卻，然後在果汁機或食物調理機中將洋李和醬汁打成泥。若此時果泥太稀，可以將其放回醬汁鍋中，以小火稍煮、進一步濃縮。濃縮之後，請在使用前再次冷卻。冷卻後它會變得更加濃稠。果泥的質地需非常濃稠、流動性很低；攪拌洋李時要能看見鍋底。

櫻桃內餡（份量：2 個派）

罐頭或冷凍酸櫻桃　280 g（10 oz），去核，若有需要請瀝乾（保留汁液）
細砂糖　70 g（2⅜ oz）
玉米粉（玉米澱粉）　15 g（½ oz）
鹽　一小撮（⅛ 小匙）
櫻桃熬煮後的汁液、瀝出的果汁或液體　90 g（3 oz）

作法

1. 若使用新鮮或冷凍櫻桃，將其煮至變軟但不破碎，將熬煮過的汁液秤量出所需重量，作爲醬汁。
2. 將糖、玉米粉和鹽在一個醬汁鍋中混合。慢慢加入櫻桃熬煮汁液或果汁，攪拌直至滑順。持續熬煮並攪拌，直到質地變得濃稠，需要相當長的時間。吉娜使用多爾郡櫻桃派內餡，由當地生產的多爾櫻桃製成。

品味黃金年代藝術
SAVOURING GOLDEN AGE ART

　　黃金時代的尼德蘭與法蘭德斯靜物畫中，展示了那些在輝煌時期爲國家帶來財富的對外貿易產品。這些畫是16世紀物質文化的個案研究，它們是於南尼德蘭（現今的比利時）與義大利爲西歐藝術及文化中心時所繪：當時是歐洲藝術史上一個了不起的時刻。

　　雖然最常被稱爲「尼德蘭大師繪畫」（Dutch masters），但這種繪畫風格起源於法蘭德斯，即現在的比利時，當時該地是西屬尼德蘭（1556-1714）的一部分。彼得・阿爾特森（Pieter Aertsen, 1508-1575）與約阿希姆・布克萊爾（Joachim Beuckelaer, c.1535-1575）都居住在安特衛普，他們是最早將廚房及市場情境描繪成靜物畫的兩位畫家。布克萊爾從叔叔阿爾特森那裡學到了市場與廚房場景的風格，並無疑地在低地國家開創了這種潮流。

　　克拉拉・佩特斯（1594-c.1657）是第一位以食物做餐桌布置繪製靜物畫的藝術家，她讓觀者感覺自己就像作爲一位客人，是畫作的一部分。克拉拉・佩特斯出生於安特衛普，並在此地受訓成爲畫家。她目前已知的最早畫作可追溯至1607年。其後同樣來自安特衛普的奧夏斯・貝爾（Osias Beert, c.1580-1623）也有著相似的獨特風格。人們普遍認爲，來自哈倫的弗洛里斯・范戴克（Floris Van Dyck, c.1575-1651）受到佩特斯的啟發。彼得・克拉斯（Pieter Claesz, 1597-1661）也來自安特衛普，其繪畫風格與佩特斯和貝爾相似，但比起成堆的乳酪或甜食，他更偏愛描繪充滿戲劇性的派餅。接著自1620年代末開始，來自哈倫的威廉・克拉斯・賀達（Willem Claesz. Heda, c.1594-1680）發展了自己的風格。

　　在成長過程中，家中客廳裡掛著一幅餐桌場景的靜物畫，而我就坐在對面用餐。它不是克拉拉・佩特斯、奧夏斯・貝爾或任何其他上述藝術家的畫作，但仍然讓我著迷。食物和餐具在過去一定很重要且與當時社會相關，才會被如此小心地繪製。

　　我第一次見到克拉拉・佩特斯，是在自己的日記本中，裡面每天都有不同的藝術作品。由於印刷在很薄的紙上，日記本很快就破爛了，但在我生命的最初幾年，這是唯一一本藝術書。我花了很多時間翻它，研究其中的藝術作品，尋找了解過去及當時風俗的途徑。我喜愛歷史、神話，長大後想上藝術學校，即使在父母的極力反對下還是去了。很久以後，我才發現克拉拉・佩特斯住在我成長的安特衛普同一個地區。雖然過去僅是被她的藝術所吸引，但現在我也感受到了與她之間更深層的連結。她是我在另一個時代的鄰居；作爲一名女性，在一個女性前景極其有限的時代中，她技藝高超、具影響力，還享有盛名。

　　她的作品是由西班牙藝術收藏家萊加內斯侯爵（Marquis of Leganés）委託創作，魯本斯（Rubens）描述後者爲世上最偉大的藝術鑑賞家之一。早在1666年，佩特斯的兩幅作品就被登錄在馬德里皇室收藏中。

　　克拉拉的畫作和同時期其他藝術家的藝術作品，是一份17世紀的物質文化研究。它們是了解過去的窗口，但不是現實中的餐桌布置。尼德蘭乳酪在當時並沒有整輪或半輪[165]堆放在桌上；它們存在於每頓餐食中，因爲對健康有益而備受稱頌，但被切成更小的三角形。不過，由於這些畫家場景中的其他物件都華麗不已，乳酪也必須處在顯眼的位置上，如同安特衛普製作的「威尼斯風」（à la façon de Venice）[166]珍貴玻璃製品、來自遠方的香料、昂貴的康菲糖、精緻糕點與字母餅乾、中國產的瓷器、充滿異國情調的貝殼，以及來自安特衛普和紐倫堡的銀器一樣。

　　雖然人們經常認爲這些畫作是爲了警醒「過度」，但我相信它們是對當時尼德蘭南部及北部擁有的所有珍寶的一種禮讚：知名的乳酪和奶油，以及所有來到安特衛普港的奢華商品、貿易聯繫，以及石器、銀器與玻璃器皿的工藝。尼德蘭經濟的金礦——鯡魚，經常出現在低地國家的藝術家畫作中。這是一種財富的展示，表示這是「最好的」，同時也是一種藝術愛國主義，是17世紀時該地的廣告宣傳。當時新成立的尼德蘭共和國正需要一場公關活動。

　　然而有幾位靜物畫家來自法蘭德斯，尤其是安特衛普。這些畫作是否是種宣言，表達沒有西班牙統治的尼德蘭聯合王國「在一起更好」？這是宗教聲明嗎？人們理所當然地認爲，大多數法蘭德斯食物靜物畫家是天主教徒，而北尼德蘭的宗教是新教，新教普遍譴責輕浮。

克拉拉・佩特斯（1594-c.1657）：〈覆有桌布的餐桌、鹽罐、鍍金杯、派餅、水壺、瓷盤與橄欖，以及烤雞〉
（*Table with a cloth, salt cellar, gilt tazza, pie, jug, porcelain dish with olives, and roast fowl*, 1611）。

或者，這幅畫中是否有足夠的寓意，能夠為呈現的奢華辯解，並將其變成反對放縱的聲明？堆疊的乳酪顯示「過度」；「乳製品加乳製品是魔鬼的食物」（*zuivel op zuivel is voer voor de duivel*），因此乳酪上的奶油也同樣過份。酒和麵包是聖體聖事的象徵，而核桃則代表基督的苦難。

藝術中的玩心

藝術家不僅僅關注美感或寓意，他們還有具玩心的洞察力，可以以字母餅乾來拼出自己的名字或縮寫；或者，他們也會將其刻在刀上。克拉拉・佩特斯的倒影就出現在其畫作中的某些物件中。這些藝術作品可能是應要求繪製，但藝術家經常找到將自己融入故事中的方法。這鼓勵了繪畫觀賞者在其中尋找線索，使藝術作品具有互動性。

食物在 17 世紀靜物畫中占有突出地位，它們提供了一種獨特的觀點，讓我們窺探當時的物質文化，以及飲食史上奢華的甜食、餅乾、扭結餅和麵包的形狀與形式。不過，並非在靜物畫、而是在風俗畫中，我們發現了更多有關飲食習俗、傳統及圍繞這些傳統的政治訊息。

塞巴斯蒂安・弗朗克斯（Sebastiaan Vrancx）在其〈冬日寓言〉（*An Allegory of Winter*，1608 年，私人收藏品）中，向我們展示了一幅雪景，前景是戴芙卡特或佛拉節慶麵包，在冬季蔬菜、堅果、一疊衣物和一個狂歡節面具旁邊，則有華夫餅、煎餅和精緻白色小圓麵包。

同一時期，漢斯・弗蘭肯的〈冬日煎餅、華夫餅與戴芙卡特麵包靜物畫〉（參見第 68 頁）中，也展示了一系列節日冬季烘焙食品，不過在這幅畫中食物是主題，除了烘焙風景外，沒有其他風景。華夫餅、佛拉麵包或戴芙卡特麵包、精緻白麵包、字母餅乾、糖漿、香

料蛋糕或「締婚者」香料蛋糕、油炸點心、堅果和柑橘類水果、蘋果與歐楂果……食物在當時一定很重要：為特定場合製作的特定食物重要到足以將它們描繪得如此生動、大膽，就像它們是人們的一切一樣——是年中黑暗時期的一線光明，展望舉辦盛宴、為親朋好友製作糕點，和今日社群媒體上充滿節慶氣氛的聖誕節或復活節餐桌照片沒有什麼不同。食物是這個場合的象徵。

揚·史汀（1628-1679）就像一個世紀前的布魯赫爾一樣，告訴我們哪些食物與節日有關。我在史汀的多幅「第十二夜」[167] 畫作中找到華夫餅；而在過去 50 年左右的時間裡，在比利時，主顯節吃國王餅已經成為一種習俗，就像在法國一樣。

而深受低地國家人們喜愛的聖尼古拉斯節，史汀還畫了兩個版本，展示哪些烘焙食品與節日有關。1648 年尼德蘭獨立戰爭後，人們被禁止表露自己的天主教信仰，更不用說崇拜天主教聖人了。新教徒試圖廢除聖尼古拉斯節（Sinterklaas），因為這個節日充滿了奠基於異教習俗的天主教象徵。

但聖尼古拉斯節在比利時與尼德蘭文化中根深蒂固，人們反對對聖尼古拉斯市集與販賣聖尼古拉斯香料蛋糕的禁令，特別是荷蘭人。

在史汀最著名的兩幅畫之一中（參見第 209 頁），我們看到了所有代表聖尼古拉斯的意象，但沒有聖人本人。前景中有一隻鞋，代表孩子們將鞋子放在壁爐前獲得禮物的習俗。左邊有一籃傳統聖尼古拉斯節烘焙糕點：長而重的香料蛋糕（參見第 228 頁）、華夫餅、甜麵包、水果及堅果；一個大形戴芙卡特麵包（參見第 77 頁）靠著一張擺滿點心的小桌，桌上有一片捲起來的烏布利華夫薄餅（參見第 48 頁）、一些康菲糖和一枚插在蘋果中的硬幣；地板上有橘子。前景中的小女孩抱著一個穿著祭披禮服的洋娃娃，她還拿著一個裝滿點心的小桶。背景中的嬰兒拿著一塊聖尼古拉斯形象的糕點，即聖尼古拉斯人形麵包（參見第 218 頁），而她和其他孩子則抬頭望向煙囪，想一睹這位善良老人的風采。左邊，一個男孩因為自己的鞋子是空的而哭泣，他一定知道自己是做錯了什麼，鞋中才會沒有禮物。

這幅畫中的食物意義重大，因為它們變成了聖尼古拉斯節的代名詞。人們無需親眼見到聖人，也不用知道畫作的名字，只需從甜點的選擇就能看出這是聖尼古拉斯節。有趣的是，350 多年後的今天，我們仍然可以看著這幅畫並認出烹飪象徵手法：即使在今天，香料蛋糕、人形蛋糕與麵包、柳橙與甜點的組合仍然是這個節日的明顯標誌。

藝術中的無政府狀態

我們可以將烘烤、贈送和吞下這些蛋糕、甜點與薑餅視為一種抗議形式、一種消費禁忌節日的方式，就像在聖餐中吃聖體讓你成為社群的一分子。對那些揮舞畫筆和顏料的人來說，在這段期間繪製這些節日可能會很危險。新教徒從未成功消除聖尼古拉斯節，它變成了反宗教改革的象徵。

奧夏斯・貝爾（c.1580-1623）：〈牡蠣盤、水果與葡萄酒〉（*Dishes with Oysters, Fruit, and Wine*），
約 1620/1625 年，美國國家美術館（National Gallery of Art, USA）。由左上角順時鐘方向開始：威尼斯
風酒杯；一碗果乾和堅果，上面放著麵包脆片；栗子；溫梓醬；一盆紅色與白色字母餅乾，混合其他甜
味糕餅（可能是葡萄牙香料餅乾）；牡蠣，以及畫作中央的一碗綜合康菲糖與糖果。

字母餅乾
Letter biscuits

在 17 世紀低地國家的宴席靜物畫中，經常可以看到造型精美的字母餅乾。它們通常以淺紅與深紅色描繪。這些餅乾上經常點上金箔與銀箔，讓畫家嘗試不同的表現手法。作爲一系列節日美食、水果和堅果的一部分，這些字母被放在那裡，上面的銀箔與金箔閃閃發光，引誘我們進入畫中。彼得・比努瓦（Peter Binoit, 1590-1632）在他的作品〈字母糕點靜物畫〉（*Still life with letter pastry*，約 1615 年，藏於格羅寧恩博物館）中畫了最誘人的一堆字母，如果你仔細觀察，它們能拼出畫家的名字。由此可見，字母餅乾具趣味性，有助於富人們的晚餐會話。人們可以尋找自己名字的首字母、互相交換，然後將它們浸入香料甜酒中。

這些精緻字母餅乾最早的食譜大約可追溯至 1580 年左右，這是我在一份來自安特衛普的手抄本中找到的。但是，正如如此古老的食譜中常見的那樣，它並不是很詳細。雖然字母形狀的餅乾經常出現在 17 世紀的尼德蘭靜物畫中，但它們在烹飪書籍中出現的次數並不像 18 世紀那樣頻繁，而且在 19 世紀完全消失了。現在的食譜中可能已經找不到字母餅乾，但在聖尼古拉斯節期間，孩子們仍會收到。當然，它們不再以金銀箔裝飾，且除了作爲點心之外，更具有教育功能。

若仔細觀察奧夏斯・貝爾第 199 頁畫作上的字母，你會發現它們顯然是以模具壓出的。爲了本書的攝影，我非常熱切渴望使用自己的古董木製字母模來製作，但我也想告訴你，也可以自由捏出餅乾的形狀或使用餅乾切模。

本食譜改編自一本 18 世紀以對話形式呈現的烹飪書，名爲《一位女士與糕點師和果醬師傅的對話》。食譜指示使用水，但我將其解釋爲玫瑰水；調味料是丁香，但其他食譜中使用肉桂，而且美味得多。在許多畫作中，白色字母似乎有一層薄薄的糖霜，但這在任何古食譜中都沒有獲得證實，可能是藝術家發揮了一些創意。

份量：數個字母餅乾

糖粉　225 g（8 oz）
去皮杏仁　110 g（3¾ oz）
玫瑰水　½ 小匙
無鹽奶油　60 g（2¼ oz），融化並冷卻
全蛋　1 顆
丁香粉或肉桂粉　1 小匙
中筋麵粉　175 g（6 oz）
籼米粉　工作檯撒粉用

作法

1. 在你預計烘焙的前一天晚上開始準備。將糖、去皮杏仁和玫瑰水放入食物調理機中，以瞬間高速功能攪打，直到混合物形成被略略切碎的質地。加入奶油、蛋與丁香或肉桂粉，以瞬間高速功能攪打直到變成糊狀。若沒有變成糊狀，可加入一點水。質地取決於杏仁的水分含量。

2. 最後一點一點地加入麵粉，直到完全混合。然後將麵團從食物調理機中取出並揉至光滑。將麵團放入密封容器中，靜置隔夜。

3. 將烤箱預熱至 180°C（350°F）。勿使用旋風功能。將麵團揉至柔軟。在工作檯表面撒上籼米粉，然後將麵團擀成 1 cm（⅜ inch）厚。用切模或塑型的方式做出字母，然後將它們放在鋪了烘焙紙的烤盤上。

4. 放入烤箱中層烘烤 5 至 7 分鐘。餅乾的顏色應該非常淺。

製作紅色字母

5. 將麵團分爲 2 等份，以天然食用色素或歷史悠久的食用色素將其中一半染成紅色，如紅檀香（saunders，一種檀香木，溶在酒精中會產生天然的紅棕色）或胭脂紅色素（cochineal），由乾燥的胭脂蟲製成（如果您認爲這聽起來很噁心，請記住——你的紅色唇膏中也可能有它）。

香料餅乾
Spice biscuits

這是一個相當有趣的故事：在一些 17 世紀的靜物畫中，可以在字母餅乾和杏仁膏（marzipan）旁邊看到一種糕點。它顏色很淺，大小或許和 TimTam 巧克力餅乾或或波本夾心餅乾（Bourbon biscuit）差不多，厚得像個小墊子，但有時它是字母或圓圈形（仔細觀察第 199 頁奧夏斯‧貝爾畫作中的字母餅乾，然後翻到下一頁看看這種餅乾的照片）。其細緻的白色表面上有清晰切痕，露出深棕色的內餡。有很長一段時間，我都很好奇這到底是什麼，因為在低地國家地區的 16、17 或 18 世紀食譜收藏品中沒有任何線索。我一度認為這一定是因為畫家發揮了自己的創意，但後來發現這些甜點出現在不同的低地國家藝術家作品中，而不僅僅是一位。當我在胡安‧范德哈門（Juan Van der Hamen, 1596-1631）的畫作中看到它們時，線索出現了。范德哈們是馬德里一位法蘭德斯侍臣的兒子，母親有一半西班牙血統和一半佛拉蒙血統。他受到佛拉蒙靜物畫家的啟發，所以可以再現這些甜點。又或者他是在西班牙時就知道這些糕點了？它們可能來自西班牙？

我在葡萄牙附近的亞速爾群島發現了這種糕點，它們和畫中看到的一模一樣，如今被稱為「聖喬治香料餅乾」（espécies de São Jorge）或「bolashas de espece」，簡單翻譯就是香料餅乾。它們與亞速爾群島的聖喬治島有關，在葡萄牙本土很少見。我在一本於 1680 年出版的葡萄牙食譜書中發現了一個非常類似的食譜。

但葡萄牙和法蘭德斯之間有什麼連結呢？早在 15 世紀，葡萄牙人就已在布魯日進行糖和象牙貿易；到了 1501 年，他們將殖民地香料貿易市場轉移至安特衛普，這裡是貿易、金融、現代思想和藝術領域中，所有事物發生的所在。

一位名叫威廉‧范德哈根（Willem Van der Haegen）的佛拉蒙富商（在葡萄牙語中被稱為吉列爾梅‧達西爾維拉〔Guilherme da Silveira〕，儘管他的名字有爭議），於 1480 年在亞速爾群島建立了多個定居地，其中包括聖喬治島的托波（Topo）。他確立了小麥種植、菘藍（woad）青黛染料，還還從法蘭德斯帶來了一種製作乳酪的菌叢，至今仍是法蘭德斯人的榮耀。該群島被稱為新法蘭德斯（New Flanders）或佛拉蒙群島（Flemish Islands）。

船隻滿載來自印度的香料，停靠在亞速爾群島，為這些糕點提供了最重要的食材。我們經常在烹飪史上看到在麵包粉中加入香料、製作麵糊，此處也不例外。香料餅乾的內餡與利爾迷你甜派相似（參見第 162 頁）。

這些糕點與安特衛普直接相關，一種可能是它們起源於安特衛普，使用葡萄牙船隻運輸的香料，另一種可能則是起源於亞速爾群島富裕殖民地移居者的廚房，然後傳至安特衛普，在那裡引起了許多本書中曾提到的大批安特衛普靜物畫家的興趣。對如此專注於視覺表現的藝術家來說，繪製這些糕點一定很愉快。

我們可能永遠無法確定究竟是哪一種可能，因為叛變的西班牙士兵於 1576 年殘酷洗劫安特衛普、燒毀該市城市檔案，因此那個時期的書面資料極少。這些糕點只在藝術作品中倖存下來。

有趣的是，在美國加利福尼亞州，曾於聖喬治島定居的葡萄牙人後裔都認識這種糕點。聖荷西（San Jose）甚至還有聖靈節（Holy Ghost fiesta）[168]，在聖靈節時，這些餅乾會被拍賣用作慈善募捐；聖誕節時，它們也會為餐桌增添光彩。

這些糕點是低地國家中心的藝術史一部分，所以我希望能收錄它們的食譜。正如安特衛普藝術家在他們的作品中受到這些精緻糕點的啟發一樣，400 多年後，我也受到了這些藝術作品的啟發。

份量：17 個香料餅乾（照片參見第 204-205 頁）

內餡

乾麵包粉或麵包脆片粉（參見第 96 頁），或使用
　烘烤過的新鮮麵包粉　110 g（3¾ oz）

肉桂粉　½ 小匙

肉豆蔻粉　¼ 小匙

洋茴香籽粉　¼ 小匙

丁香粉　⅛ 小匙

多香果粉（allspice）[169]　⅛ 小匙

長胡椒粉（或你擁有的胡椒粉）　⅛ 小匙

檸檬皮屑　½ 顆份

無鹽奶油　30 g（1 oz）

水　110 ml（3½ fl oz）

細砂糖　110 g（3¾ oz）

派皮

高筋麵粉　300 g（10½ oz）

細砂糖　1 大匙

鹽　½ 小匙

豬油或無鹽奶油　15 g（½ oz），軟化

全蛋　1 顆

水　90 ml（3 fl oz）

作法

1. 製作內餡：請在烘焙前一天晚上開始。若使用新鮮麵包粉，請在熱平底鍋或烤箱中輕輕烘烤並冷卻。將麵包粉、香料和檸檬皮放入一個大碗中，攪拌混合。

2. 在小型醬汁中將奶油於水中融化，然後加入糖煮至溶解，趁熱倒入麵包屑中，用木勺或抹刀攪拌直至混合物匯集在一起。如果你的麵包屑真的很乾，它們會吸收更多水分，變得乾燥易碎、一團混亂。若是如此，加點水並將它們揉捏在一起。冷卻後，蓋上蓋子靜置過夜或幾個小時備用。

3. 製作派皮：將麵粉、糖、鹽和豬油或奶油放入食物調理機中，以瞬間高速功能攪打幾秒鐘。加入全蛋和水，以瞬間高速功能攪打幾分鐘，直到形成球狀麵團。用手揉捏 1 分鐘，然後為柔軟的派皮加蓋，在冰箱中靜置一小時，以便麵筋形成。

4. 派皮靜置同時，揉捏內餡並分成 17 等份，然後將其塑形成為 14 cm（5½ inches）長、約小指般粗（8 mm 或 ¼ inch）的小形長條。

5. 將烤箱預熱至 170°C（325°F）。勿使用旋風功能。在烤盤上鋪上烘焙紙。

6. 將派皮從冰箱中取出，分批擀成薄片，如果你有義大利麵製麵機的話，可以使用它（壓成厚度 4）。將派皮放在乾淨的檯面上，將長條型內餡放在上面，每個長條間保持兩根手指寬的距離，然後以鋒利的刀子在內餡長條間切開派皮，成為單獨的糕點。

7. 使用有波浪邊的義大利麵餃切刀或普通刀子，在內餡旁邊的空間中切出短短的線條，然後將派皮繞著餡料捲起來並壓緊閉合。切除多餘的派皮，然後小心地將餅乾彎成新月形，派皮摺疊處在內側。如果你使用有波浪邊的義大利麵餃切刀，會在餅乾外形成漂亮的圖紋。現在將兩端拉攏、圍成一個圓圈。用手指在切口與切口間壓出一個凹痕，使餡料在烘烤時能稍微凸出。

8. 將餅乾移至烤盤上，放在烤箱中層烘烤 20 分鐘，然後移至網架上冷卻。保存於密封容器中。

變化版：若要製作 5 × 7 cm（2 × 2¾ inch）的長方形枕頭狀餅乾，請切出兩個稍大的長方形，並在一個長方形派皮上放一團內餡；在另一個長方形派皮上，以鋒利的刀子或義大利麵餃切刀在中間切三刀、形成圖樣。將切好的派皮覆蓋在內餡上，然後用手指按壓四周，就像做餃子一樣，然後在餅乾四周以刀或義大利麵餃切刀切割，使成品更為美觀。若更有創意，可嘗試製作字母形狀，如下頁的照片所示，儘管步驟會更為繁瑣。（參見第 204 頁的香料餅乾形狀）

聖尼古拉斯節
THE FEAST OF SAINT NICHOLAS

　　我們都願意相信童話，希望這是眞的：有個長鬍子的男人，年長而睿智，騎著他灰白相間的馬高高地飛過我們屋頂上的冬日天際。我們記得曾經相信童話的那段時光，那是一段令人安心的時光，一切皆有可能。12 月 5 日晚上，我們滿懷希望地將鞋子放在壁爐旁，裡面放著一封給這位聖人的信、給他的助手的啤酒，以及給馬的胡蘿蔔。我們在床上仔細聽著細微聲響，希望能瞥見這位長者，但每年都在祖父來到家門口之前就睡著了。第二天早上，很神奇地，在煙囪旁發現了包裝精美的禮物被小心翼翼地放在鞋子旁邊；房間的其他地方則滿是史派克拉斯餅乾（*speculaas*）、圓形綜合香料餅乾（*kruidnoten*）、巧克力塑像和字母餅乾、柳橙和柑橘，它們散落在地上，就像被人匆忙丟在那裡一樣。這些點心的氣味組合在一起，創造了專屬那個時刻的迷人香氣，至今仍鮮明地留在我的記憶中。

　　Sinterklaas（荷）、Santa Claus（英）、Santa（英）、Father Christmas（英）、Père Noël（法）……無論你如何稱呼那位在十二月帶著禮物拜訪孩子們的老人，都可以追溯至歷史及民間傳說中的一個人物：聖尼古拉斯。聖尼古拉斯是古希臘米拉（Myra）的一位主教，生活在 3 至 4 世紀之間。其出生和逝世的確切年分不得而知，現存首次提及聖尼古拉斯的紀錄可追溯至他死後 200 年，當時的拜占庭皇帝狄奧多西二世（Theodosius II，西元 401 年至 450 年在位）下令在米拉建造聖尼古拉斯教堂。

「婚姻締造者」

　　尼古拉斯原本是個大富翁，卻捐出了繼承的全部財產，並以其中一部分作爲嫁妝，拯救了三位貧困的少女。尼古拉斯從屋子的窗戶扔進了一袋袋金子，儘管在後來的故事中，他透過煙囪來贈送禮物，這便是聖誕老人或其助手帶著禮物從煙囪爬下的傳統故事來由。這也是他被稱爲「婚姻締造者」之故，並從而催生了製作同名香料餅乾的習俗。

三個復活的孩子

　　尼古拉斯一生創造了無數奇蹟，但他所有事蹟中最著名的，是在中世紀晚期出現的復活兒童的故事。傳說講述了一位鄉村屠夫或一位旅店老闆如何綁架小孩、將其殺害並肢解，然後將屍體放入醃漬桶中作爲食物出售。據說尼古拉斯拜訪了這個因嚴重飢荒而癱瘓的地區，救濟飢餓的災民。不過他可以看穿屠夫或旅店店主的所作所爲，並拯救了死去的孩子，以十字聖號（sign of the cross）的手勢 170 來復活他們。

　　由於其象徵意義及病態性質，這個故事逐漸開始在據稱由聖尼古拉斯所創造的其他奇蹟中占了上風。彩繪玻璃窗、壁畫，以及於 1503 至 1508 年間創作的一本名爲《布列塔尼的安妮之大祈禱書》（*Les Grandes Heures d'Anne de Bretagne*）171 的重要書籍中，皆反覆述說了這個故事。《布列塔尼的安妮之大祈禱書》書中華麗的插圖繪製了聖尼古拉斯復活了三個被殺害的孩子，他們站立在醃漬桶中。這幅畫後來成爲描繪聖尼古拉斯最具代表性的作品，人們開始明白他是兒童的守護神。在比利時和尼德蘭，薑餅模具（*koekplanken*）上刻有聖尼古拉斯主教和醃漬桶中三個孩童復活的場景，巧克力塑像也描繪了此一情境（如左頁圖所示）。

被禁止的節慶

　　隨著 17 世紀宗教改革和清教主義興起，人們強烈反對崇拜聖尼古拉斯等聖人，認爲這是偶像崇拜和迷信。在英國，信仰清教的政府禁止舉行聖誕儀式、禁止聖誕老人及和節日有關的一切活動。在尼德蘭，新興的新教則想根除聖尼古拉斯慶祝活動。當時對成人來說也是重要慶典的聖尼古拉斯節在此期間被取締；那些在傳統聖尼古拉斯市集上擺滿薑餅和其他甜食出售的攤位也被禁止。這在多德雷赫特和阿姆斯特丹引發了巨大的反抗，人們不願放棄一年中他們最愛的節日及與之相關的甜點，尤其是因爲聖尼古拉斯是阿姆斯特丹的守護聖者。

聖人的多重面貌

聖尼古拉斯節從一開始就是一個不斷演變的節慶，社會變遷塑造了它，因此隨著時間推移，聖尼古拉斯也呈現出多種樣貌。

早期對聖尼古拉斯被描繪成一個虔誠聖潔之人，但並不總是一位聖者。詩人揚·凡吉森（Jan van Gijsen）提到，1720 年阿姆斯特丹有一個裝扮成小丑的聖誕老人像；呂伐登（Leeuwarden）弗里斯博物館（Fries Museum）中一個 18 世紀的連環畫（*centsprent*，漫畫的前身：參見第 211 頁示例）也描繪了這個丑角人物。紐倫堡市立圖書館（Stadtbibliothek Nürnberg）藏有一幅 16 世紀的插圖，畫中一位小丑騎在馬上參加面具狂歡節（Schembartlauf）[172] 表演，向孩子們投擲堅果。這讓狂歡節中出現了贈禮者的角色，類似比利時的聖格里夫（參見第 129 頁），他有時也被描繪為戴著小丑帽。

在荷蘭國立博物館收藏的一幅大約完成於 1761 年至 1804 年之間的尼德蘭插畫中，聖尼古拉斯被描繪成一個沒有鬍鬚的年輕人，身著常民服飾、頭戴三角帽，而非穿著祭披禮服、戴著法冠。他的隨從則是一位船長般的人物。

我們無法確認當時人們是否就是這樣看待聖尼古拉斯，但版畫上的文字確實概述了這個節慶究竟是怎麼一回事：

> 聖尼古拉斯領頭，與孩子們和男人一起；多少人渴望著他。他的助手看起來像位船長，負責找出乖巧的孩子和壞孩子。他為後者帶來棍棒、給前者另一本要讀的書。服從父母的孩子，他會以蛋糕、糕點和糖果獎勵，或者給他們一個玩偶。孩子們，勤奮學習、利用你的書本，這樣聖尼古拉斯就會眷顧你。

另一件 1814 年至 1830 年左右的聖尼古拉斯雕刻版畫表明，人們會重複利用此類雕版，作為一種經濟、高效率的圖像創作方式。根據荷蘭國立博物館的說法，原始雕版是 16 世紀神聖羅馬皇帝查理五世（Emperor Charles V）的肖像，為此目的而修改。

揚·史汀的聖尼古拉斯節

由揚·史汀創作的 17 世紀著名畫作〈聖尼古拉斯節〉（右頁）中，我們可以看到代表聖尼古拉斯的所有意象，尤其是與節慶相關的甜點，但聖人本人卻缺席。聖尼古拉斯節的早晨，一家人聚集在煙囪旁：我們知道這時是早晨，因為陽光透過窗戶照進來。在尼德蘭，聖尼古拉斯更常在 12 月 5 日傍晚到來——稱為「聖尼古拉斯節前夜」（*pakjesavond*）——而在現在的比利時和德國地區，習俗則是聖誕老人在夜色的覆蓋下，騎著他的馬越過屋頂，孩子們都入睡了。畫中有一個香料蛋糕或聖尼古拉斯人形糕點（參見第 218 頁），形狀是聖人的輪廓，被小嬰孩緊緊抱在懷裡，她和她的兄弟們一起向煙囪仰望，想一睹這位受人尊敬、慷慨的聖人之風采。

左邊的前景有一個淺柳條籃，裡面裝滿了點心：華夫餅、甜麵包、蘋果、堅果、用杏仁裝飾的長形香料蛋糕（參見第 228 頁）與薄一點的蜂蜜蛋糕，可能是「泰泰」硬香料餅（*taai-taai*，參見第 253 頁）或「締婚者」香料蛋糕（參見第 233 頁）。地板上的兩顆柳橙或柑橘（克萊門氏小柑橘〔clementine〕）導引我們的目光至令人印象深刻的戴芙卡特麵包（參見第 77 頁）。麵包上的蛋液層在照亮整個場景的光線下閃閃發光，它背靠著一個小几，上面放著一個以硬幣刺穿的紅蘋果、一塊大威化餅或烏布利薄餅（參見第 48 頁）、一片捲起來的薄華夫餅（新年小捲餅，參見第 50 頁）、一塊字母餅乾（參見第 200 頁）、康菲糖，一個紙袋中裝有堅果及看起來像糖工藝製成的培根，我們稱之為「*spek*」。中間的小女孩抱著一個裝扮成宗教人物的洋娃娃；她手臂上掛著一個桶子，裡面裝著些點心，還有一個小公雞形狀的麵包插在細籤上（*haantje op een stekje*）。

畫中的鞋子暗示了將其放在煙囪旁，等待送禮者到來的習俗。一個男孩正在哭泣，因為他的鞋子裡除了幾根小樹枝之外什麼都沒有。樹枝代表用於管教兒童的棍棒（*roe*〔荷〕）。一首關於聖尼古拉斯的兒歌是這樣唱的：「如果你很乖巧，就會得到點心；如果不乖，就會得到棍棒。」

這幅畫提醒人們慶祝聖尼古拉斯節的傳統方式。史汀

揚・史汀〈聖尼古拉斯節〉（*The Feast of Saint Nicholas, 1665-1668*）包含香料蛋糕、「締婚者」香料蛋糕、華夫餅、烏布利薄餅、戴芙卡特麵包、水果、小圓麵包、康菲糖與一隻「細籤上的小公雞」（*haantje op een stekje*）。

是一位講故事的人，而且若你仔細觀賞他的作品，會發現他一定很喜歡烘焙糕點——無論是在日常生活中，還是在節慶與節日中。

雖然這幅畫是由私人委託繪製，但它早在 1743 年就被售出，並且從那時起就公開展示，以便人們可以看到它，並記得傳統。藝術受到生活的影響，而或許藉由裝飾在各處，進而影響生活。

雖然因聖尼古拉斯市集和街頭慶祝活動，聖尼古拉斯節曾即為喧鬧，但這幅畫顯示，節慶活動已經開始轉移至家中，至今仍然如此。從 19 世紀末開始，大城市與鄉鎮都會慣例舉行聖尼古拉斯到來的遊行。他騎著灰白色的馬，從日照充足的所在帶來明媚的陽光，柳橙與柑橘、史派克拉斯餅乾（參見第 254 頁）、小圓香料餅乾（*Pepernoten*，參見第 213 頁）和圓形綜合香料餅乾（參見第 215 頁）就是太陽的象徵。這些節日烘焙糕點以溫暖的香料製成，然後被扔至人群中，好讓孩子們接住並塞進袋子和冬衣的口袋裡。

聖尼古拉斯，還有聖馬丁和聖格里夫所騎的馬，可和奧丁的八足魔馬史萊普尼爾（Sleipnir）連結在一起。在尼德蘭林堡省的霍斯特（Horst），人們會製作馬形大型麵包以歌頌這匹馬[22]。它也是安地斯文化[173]的一部分，當地會烘焙馬形麵包（*pan caballo*）作為諸聖節（All Saints' Day）[174]的祭品。塑形成人物、嬰兒與動物的糕點和前基督教時期的祭祀麵包有關。

對我們這些孩子來說，節慶前慶祝聖尼古拉斯到來的盛大遊行，代表著必須表現得格外出色，因為聖尼古拉斯就在附近，而我們不想一覺醒來在鞋子裡發現給聖人的信沒有被收走、胡蘿蔔沒有被馬碰過，啤酒也沒有被打開。

小時候我極其喜愛聖尼古拉斯節，還有它在節日當天早上帶給學校與家中的溫暖和歡樂：地板上散落著史派克拉斯餅乾、圓形綜合香料餅乾、杏仁膏製成的水果、柑橘，還要加上偶爾會出現的巧克力塑像（用作展示，因為我們都並未瘋迷巧克力）。我特別享受柳橙、柑橘果肉和果皮、香料與巧克力香味的記憶：這種組合會讓我陷入對童年的懷舊之情。

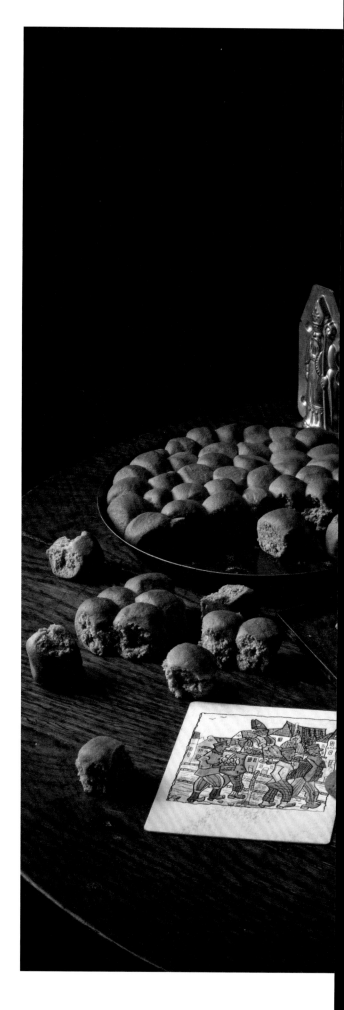

Leven van sint Nicolaas. 144 Vie de saint Nicolas.

小圓香料餅乾
Pepernoten

　　小圓香料餅乾和下一頁的圓形綜合香料餅乾都是所謂的「派發品」（*strooigoed*）：在聖尼古拉斯、聖格里夫或其他角色在節慶期間分發的甜點——扔至人群中，讓孩子們用手接住，收進他們的甜食袋中。

　　小圓香料餅乾是由「泰泰」硬香料餅（參見第 253 頁）麵團製成的小蛋糕。「泰泰」翻譯過來就是「有嚼勁的」，它的麵團非常堅韌，烘烤後會形成一種怡人的嚼感。小圓香料餅乾是香料蛋糕（第 228 頁）家族的一部分，因此原名「*pepernoten*」中的「*peper*」（胡椒）其實是「香料」的古老辭彙。儘管如今小圓香料餅乾主要是一種尼德蘭點心，但 18 和 19 世紀的法蘭德斯文獻中，會在講述聖格里夫慶祝活動時一起提到它們（參見第 129 頁）。

　　我們必須感謝一家商店讓小圓香料餅乾仍然在比利時保持活力：一家名爲 Hema[175] 的尼德蘭商店每年都會用形形色色的裝飾與食物來慶祝聖尼古拉斯節。我熱愛 Hema。

　　這些小蛋糕的樂趣在於，它們是一起擠滿在模具中烘烤的，就像週一早晨地鐵裡的人們一樣。烤完後把它們撕開，每一粒都會有像玉米棒一樣的凹痕，露出淺色的內裡，與頂部及底部的一抹金棕色形成鮮明對比。我幾乎無法阻止自己一口氣吃下一把，而不是其中一兩個耐嚼的小塊。它們越有嚼勁，我就越想吃下它們。

份量：70 塊迷你餅乾
使用模具：1 個直徑 20 cm（8 inch）的圓形模（如果沒有圓形模具也可使用方形）。於烘焙前三天製作麵團。

液態蜂蜜　200 g（7 oz）
黃糖　100 g（3½ oz）
洋茴香籽粉　1 小匙
淡色裸麥粉（white rye flour）[176]　280 g（10 oz）
碳酸氫鈉（小蘇打）　1 小匙
鹽　一小撮（⅛ 小匙）
植物油　模具及餅乾表面上油用

作法

1. 在一個醬汁鍋中以小火加熱蜂蜜、糖和洋茴香。當液體似乎沿著邊緣向內移動（不是氣泡）時離火（若你有糖溫度計，此時溫度應爲 80° C）。
2. 將裸麥粉、小蘇打和鹽放入一個大型調理盆中攪拌均勻，在中央挖出一個凹洞，倒入熱蜂蜜糖漿，以結實的木勺攪拌（我使用是蘇格蘭燕麥粥攪拌棒，是一根長形小棒〔spurtle〕）。當麵團冷卻到可以以手觸摸時，將其揉成柔軟但結實的麵團。這些混合物一開始會顯得很鬆散，但最終會成團。將麵團加蓋，放在陰涼處至少三天[177]。

烘焙當天

3. 將烤箱預熱至 180° C（325° F）。勿使用旋風功能。烤箱預熱時揉麵團，此時麵團應非常硬。
4. 準備一碗油，並在模具上薄薄塗上一層。平均製作麵團小球最簡單的方法，是將麵團擀成約爲手指厚度的長條型。切下一塊並稱重：應爲 8g（¼ oz）。現在以這個麵團爲標準，將剩餘的麵團切成小塊。
5. 將小塊麵團滾成球，塗上一層薄薄的油，讓表面閃亮，然後將它們緊密地排列在模具中。烘烤時它們會膨脹並擠壓在一起。
6. 烘烤 20 分鐘直到呈現金黃色。無論熱食還是冷食，把餅乾小球撕開，露出內部相連的淺色面。它們可在密封容器中保存最多三週。

圓形綜合香料餅乾
Kruidnoten

　　圓形綜合香料餅乾的荷蘭文原名「*kruidnoten*」（德語爲 *pfeffernüsse*）意爲加了香料的堅果：它們是迷你酥脆的史派克拉斯餅乾，僅比榛果大一些。在聖尼古拉斯節的慶祝活動中，聖尼古拉斯的助手們會在聖尼古拉斯到來的遊行期間將這些小餅乾扔至人群中，不過近年來，出於健康考量，只向人群扔擲包裝好的糖果和柑橘（克萊門氏小柑橘）或柳橙。現在圓形綜合香料餅乾被留在學校的課桌上，或者在聖尼古拉斯早晨被放在房子的壁爐周圍，這樣它們就不會變髒。將這些餅乾扔在房間的黑暗角落，和一個將邪惡從黑暗中驅逐出去的異教習俗有關。

　　這些餅乾透過一本重要的德國食譜書譯本傳入美國：亨利葉·戴維德斯—霍爾（Henriette Davidis-Holle）於 1904 年出版的《適宜美國廚房的德國國菜》（*German National Cookery for American Kitchens*）。如今，圓形綜合香料餅乾在比利時和尼德蘭最受歡迎，它們裝在大袋中出售，分爲原味或覆上一層白巧克力、牛奶巧克力或黑巧克力的口味。我非常喜歡這些餅乾，而且經常在聖尼古拉斯節時享用們，會來回走去櫥櫃前拿一把。製作最好的圓形綜合香料餅乾的祕訣，是找到剛剛好份量的鹽加入其中，這能讓它們變得使人上癮。

份量：176 個迷你餅乾。可將食譜減半，但你將會後悔這麼做，因爲它們眞的很美味，吃起來就像花生一樣。

無鹽奶油　190 g，軟化
黑糖　225 g（8 oz）
海鹽　1 小匙
史派克拉斯餅乾綜合香料（見下方）　4 小匙
白脫牛奶（或牛奶外加 1 小匙檸檬汁混合均勻）　45 ml
中筋麵粉或淺色裸麥粉　420 g
碳酸氫鈉（小蘇打）　2 小匙

史派克拉斯餅乾綜合香料（份量比食譜所需多，但它可以放在罐中於陰涼處保存良好）

肉桂粉　2 大匙
丁香粉　½ 小匙
薑粉、芫荽粉、多香果粉、肉豆蔻粉、肉豆蔻皮粉、小豆蔻（cardamom）粉、長胡椒（或你擁有的其他胡椒）粉　各 ¼ 小匙

作法

在烘焙前一天製作麵團

1. 將黑糖和海鹽與奶油一起攪打至乳霜狀，這個過程會將小小的氣泡打入脂肪中，這就是爲什麼此步驟很重要，並且最好使用電動攪拌機來完成。奶油混合物的顏色必須比剛開始攪拌時更淺，而且會在過程中變得更接近乳霜的質地，因此稱爲「乳霜化」。

2. 加入香料和白脫牛奶攪拌均勻。將麵粉與小蘇打混合，然後加入至麵團中。揉捏直至充分混合，這可能需要一段時間。若麵團看起來乾燥且呈現酥鬆顆粒狀，不要驚慌，繼續用手揉捏，它會變成光滑而結實的麵團——你可以使用電動攪拌機混合奶油與糖，但是這部分則需要費點勁。將麵團放入加蓋的調理盆中，在陰涼處（而非冰箱）放置隔夜 177。

烘焙當天

3. 將烤箱預熱至 160° C（315° F）。勿使用旋風功能。在烤盤上鋪上烘焙紙。

4. 將鬆弛好的麵團揉至柔軟。如果麵團易碎或很乾燥，這代表你的糖或麵粉非常乾，但只要揉捏，麵團就會聚合成團。在製作像這樣的小餅乾時，它們應該要大小相同，否則容易在烘烤過程中燒焦。秤出 5 g（⅛ oz）的麵團塊並一一搓成小球，放在烤盤上。它們在烘烤過程中不會膨脹太多，因此可以在一個烤盤上放很多球。

5. 烘焙 18 至 20 分鐘。由於麵團是棕色的，所以很難給出確切指示，但我發現當餅乾底部邊緣呈深棕色時，效果會最好。

6. 將這些圓形綜合香料餅乾保存在密封的餅乾罐中時，可以存放三週，因此若在聖尼古拉斯節時製作，可在聖誕節前享用到最後一批。

字母杏仁糕點
Banketletter

字母杏仁糕點是以派皮包裹著杏仁膏做成字母形狀的糕點，這是聖尼古拉斯節慶祝活動的傳統點心，通常會販賣容易塑形的字母，如 O、I、M，或是我最喜歡、且非常適合聖尼古拉斯節的字母 S。爲聖尼古拉斯節製作這些字母糕點的原因，是因爲字母形狀的麵包或餅乾在過去一直具有教育功能，而聖尼古拉斯節是兒童的節日。類似的例子還有德國的字母形狀薑餅模，以及在義大利，湯中有字母形狀的義大利麵，目的都是在不那麼刻意的方式下刺激孩子們的大腦。

在聖誕節和新年，你會看到同樣的甜點被做成一個圓圈、形成花環，並以鮮紅色的糖漬櫻桃、綠色的歐白芷（angelica）與其他糖漬水果裝飾，每家麵包店各有不同。這種習俗在比利時正逐漸衰退，但在尼德蘭仍然發展得如火如荼。

我能夠找到的最早的字母杏仁糕點食譜出現在 1758 年出版的《烹飪的完美基礎》（*Volmaakte Grondbeginselen der Keukenkunde*）中。它使用的是「精緻的派皮」，儘管在現代千層派皮糕點已成爲常態。我使用自己的快速千層派皮，因爲比起現成的酥皮，它做出來的成品更令人滿意。

份量：2 個大型字母，或 1 個字母與 1 個聖誕花環

快速千層派皮

中筋麵粉　240 g（8½ oz）

海鹽　½ 小匙

無鹽奶油　240 g（8½ oz），切成邊長小於 1 cm（⅜ inch）的小丁並冷凍 30 分鐘

冰水　130 ml（4 fl oz）

麵粉　撒粉防沾黏用

蛋黃（打散）　1 顆份（若製作內餡時有剩餘的蛋黃，可直接在此處使用），外加牛奶 1 大匙，蛋液用

堅果與糖漬水果　裝飾用（選用）

杏仁餡

去皮杏仁（或使用杏仁粉，省略打碎步驟）　500 g（1 lb 2 oz）

細砂糖　400 g（14 oz）

玫瑰水　½ 小匙

全蛋　3 顆

細檸檬皮屑　1 顆份

作法

1. **內餡製作請至少提前 1 天開始。**（此內餡也可用於製作杏仁夾心史派克拉斯蛋糕：參見第 238 頁）

2. 將去皮杏仁、糖和玫瑰水放入食物調理機中，使用瞬間高速功能攪打至混合物被略略切碎。加入前 2 個全蛋和檸檬皮屑，以瞬間高速功能攪打直到形成糊狀。若混合物沒有變成糊狀，則將第 3 個蛋的蛋黃與蛋白分離，加入蛋白於混合物中攪打。通常不需要完整的第 3 個蛋——這取決於杏仁的水分含量。成品為黏稠、柔軟的糊狀物。若蛋黃有剩餘，將其保留，加入 1 大匙牛奶作為蛋液使用。

3. 製作快速千層派皮：將麵粉和鹽放入裝上刀片附件的食物調理機盆中混合。從冰箱裡取出奶油，將奶油拌入麵粉中，使其沾上麵粉。這樣可以防止沾黏。

4. 將麵粉與奶油混合物以瞬間高速功能攪打兩次，每次 1 秒。加入一半冰水、攪打 3 次，然後加入剩餘的水並攪打 6 次。

5. 在工作檯表面撒上麵粉，然後將麵團從食物調理機的調理盆中取出。用手將麵團壓平，但不要揉捏——需保留麵團中可見的小塊奶油，並產生大理石紋的效果。

6. 將麵團撒上麵粉，用擀麵棍擀成長方形。將三分之一的麵團向中央折疊，然後從另一端折疊三分之一（就像折一張紙一樣）。用擀麵棍輕輕捶打，然後再次折疊三分之一，但方向相反 178。重複以上操作一次，然後用保鮮膜包裹麵團，放在冰箱中靜置至少 30 分鐘。重複折疊與冷卻步驟 3 次。

7. 將烤箱預熱至 220° C（430° F），勿使用旋風功能。在烤盤上鋪上烘焙紙。將蛋黃和牛奶攪拌成蛋液。

8. 在一張撒了麵粉的烘焙紙上，將一半的麵團擀成 70 × 11 cm（27¼ × 4¼ inch）的長方形。在長方形麵團中央，放上半量的杏仁餡，塑形成 60 cm（24 inch）的長條。以烘焙紙協助，將派皮底部折疊蓋過杏仁餡並捲起。在派皮頂部刷上蛋液，然後用烘焙紙進一步捲動麵團長條。將整體捲緊，閉口處壓緊，確保長條兩端整齊地塞入麵團中。現在小心地將麵團塑型為字母或圓形，並將其放在烤盤上，接縫面朝下。刷上蛋液，然後保留原樣或依個人喜好以堅果或糖漬水果裝飾。以同樣的方式製作第二個字母或聖誕花環。將剩餘的杏仁內餡冷凍起來。

9. 放入烤箱中層烘烤 45 分鐘，直至頂部變硬且側面起皺。放在烤盤上冷卻。

聖馬丁與聖尼古拉斯人形麵包
Mantepeirden and klaaskoeken

1879 年的一本雜誌中[⑮]一位記者寫道，在聖馬丁節（11 月 11 日），唱著歌的男孩們帶著用甜菜根雕刻而成的燈籠來拜訪他。他們唱的歌中提到了製作華夫餅及享用「蛋糕」（koek）。

這次的「蛋糕」不是香料蛋糕（peperkoek），而是聖馬丁人形麵包。原文「mantepeird」直譯為「騎馬的人」，以油脂豐厚的甜麵包形塑馬丁騎在馬背上的情景。這是西法蘭德斯沿海地區的一種風俗，那裡的聖馬丁節（Sint Maarten 或 Sintemette）完全取代了聖尼古拉斯節。過去，孩子們在聖馬丁節遊行時會手持插在細籤上的麵包。在某些地區，聖馬丁人形麵包的傳統與聖尼古拉斯人形麵包融為一體，麵包會製作成戴著主教冠冕的童稚風格人形。

聖尼古拉斯節的傳統與異教有一些連結，不過聖馬丁節更是火力全開，孩子們會拿著雕刻的甜菜燈籠與紙燈籠遊行，還有大型篝火象徵冬季之始。

這些人形麵包在比利時林堡省與荷屬布拉邦省被稱為「聖尼古拉斯人形」（klaaspeirden）、「麵包人」（mikkemannen）或「肚皮人」（buikman），在那裡也經常會以一根小小的白棒插入麵包中烘烤製作。這種習俗在德國也很盛行，隨著地區的不同，這種人形麵包也有許多不同名稱[179]：Stoeteman、Wekkeman、Weckman、Weggekèl、Sevensman、Piepespringer、Stutenkerl、Hefekerl 和 Männele（在法國亞爾薩斯，這種吸著小煙斗的人形麵包也叫做 Mannele，雖然通常沒有煙斗，有煙斗的人形麵包只在德國出售[180]）。在盧森堡，它們被稱為「褲子人」（boxemännchen）[181]。

份量：數個小型人形麵包

高筋麵粉　500 g（1 lb 2 oz）
細砂糖　50 g（1¾ oz）
速發乾酵母　10 g（⅜ oz）
全脂牛奶　225 ml（7¾ fl oz），室溫
全蛋　2 顆
鹽　10 g（⅜ oz）
無鹽奶油　75 g（2¾ oz），軟化
蛋黃　1 顆份，另加牛奶 1 大匙，蛋液用

作法

1. 將麵粉、糖和酵母放入一個大型調理盆或裝了鉤形攪拌棒的電動攪拌機調理盆中。倒入半量的牛奶和 2 顆全蛋，開始揉捏。當液體被完全吸收後，倒入剩餘的牛奶並揉捏 5 分鐘。讓麵團靜置 5 分鐘。

2. 在一側加入鹽，另一側加入分成小塊的奶油，揉捏 10 分鐘。如有需要，將沾黏在攪拌棒或調理盆壁上的麵糰刮下。揉捏直到麵團形成光滑且有彈性的麵團，不太乾也不過分濕潤。

3. 將麵團加蓋靜置 1 小時，直至發酵至兩倍大。

4. 將麵團中的空氣排出，壓扁大致成一個正方形，將兩端向內折疊，然後拍扁成為原來的大小。現在在撒了麵粉的工作檯面上，將麵團擀成 1 cm（⅜ inch）厚，然後切出一個戴著主教冠冕的人形或一個騎著馬的人形。你可以製作一個版型當模——它不必是完美的——然後沿著模板切割。將成型的麵包放在烤盤上，留出足夠的空間讓它們發酵。蓋上布巾或保鮮膜，再次發酵 1 小時。

5. 將烤箱預熱至 200°C（400°F）。勿使用旋風功能。在麵團表面刷上蛋液，烘烤 12-15 分鐘，直到麵包呈現金棕色。

甜牙齒
SWEET TOOTH

在中世紀，由於糖價昂貴，人們會如同使用香料般少量使用糖。糖也被認為具有藥用特性，並被當作銷售與提供藥物的方法。糖果、果醬和濃縮果泥（fruit cheese）[182] 皆起源於藥店。

從 16 世紀開始，糖的消費量不斷增加，這並不是由於人均消費量增加（糖在 18 世紀之前仍然是奢侈品），而是因為人口快速增長。

17 世紀，糖的消費量增加，但不是為了烘焙，而是為了給熱巧克力、茶和咖啡等新興飲料增加甜味。糖仍然很稀缺，這就是為什麼直到 18 世紀，甜食食譜仍持續使用蜂蜜作為甜味劑。

在 17 世紀的健康書籍《文明飲食》中，史帝芬納·伯蘭卡寫道：「糖的顏色越白越健康」，因為它會帶走我們體內的所有酸性物質。但他也警告，大量攝入糖是有害的。

糖根據其精煉程度分為不同的等級。原糖或糖蜜被送至煉糖廠，在那裡被熬煮成糖漿。接著會對糖漿進行純化，經過純化的次數多寡會產生不同品質的糖：高度精煉的白糖磚或甜錐、次級（較不白）糖磚與糖漿──或我們荷語中所說的「stroop」，這是最廉價的種類，最廣泛為一般人使用。

糖蜜（melado 或 molasses）是顏色最深的糖漿。與

Among other things, they [America] have brought us
so much sugar, so that it is now in every kitchen,
and it is devoured with such greed; while it was
previously only to be found in the Apothecary,
and preserved only for the sick, so to speak;
so that it is now used almost always for food,
while beforehand only taken as medicine.

1571 年於安特衛普出版的首部現代地圖集《世界地圖》（*Theatrum orbis terrarum*）中的「美洲」（America）條目，繪製者：亞伯拉罕・奧特柳斯（Abraham Ortelius）。

高度精製的白糖不同，糖蜜含有多種維生素。糖漿最初是由蔗糖所製，但在過去 150 年左右的時間裡，它一直提取自甜菜根。當蜂蜜變得過於昂貴時，糖漿便滲入了香料蛋糕和其他蜂蜜蛋糕中。人們將它塗在麵包上、夾在華夫餅的兩半之間，然後倒在煎餅與華夫餅上。對於荷蘭人和比利時人來說，糖漿就像黃金糖漿之於英國文化，以及楓糖漿之於美國文化一樣。被保存在陶製糖漿罐中，考古發掘中就曾發現許多這種糖漿罐。

荷蘭人喜歡較輕盈的糖漿（*schenkstroop*），而比利時人則偏愛由安特衛普煉糖廠坎蒂可獨家生產的一種顏色極深且濃稠的糖漿（參見第 28 頁）。

19 世紀末和 1900 年代初，林堡地區的許多甜菜糖廠從生產砂糖轉向生產甜菜糖漿。新的蒸汽鍋和電力驅動的液壓機降低了工作強度，並且實現工業規模生產。

很快地，生產商開始混合甜菜糖漿與濃縮水果糖漿，製作出稀釋糖漿（*rinse stroop*）。2011 年，一個消費者協會指出，大多數此類蘋果糖漿的工業製品中只含有 30% 的水果。因此，有趣的是，當 70% 的成分是甜菜時，他們仍可將這種糖漿行銷為「蘋果糖漿」。改革運動正在興起，目前有些大型製造商也提供 100% 水果的產品選項。

蘋果與洋梨濃縮糖漿

蘋果和洋梨濃縮糖漿在過去是另一種傳統的甜味來源，現在也是。自中世紀以來，在瓦隆尼亞的埃爾韋地區（Pays de Herve）、比利時與尼德蘭林堡省以及德國萊茵蘭（Rhineland）[183]，它們都由 100% 的水果製成。在工業革命以及從高大果樹轉向更易於管理的矮樹之前，水果收穫中有很大一部份來自落果。這些落果會被放入果園旁穀倉中熱氣蒸騰的銅製熱水壺裡，下方有個燒著柴火的坑。

生產蘋果與洋梨濃縮糖漿的地點位於修道院和農場，這些地方種有水果，且能夠讓火連續燃燒數小時來製作糖漿。經過幾個小時的烹煮，會製出一種濃稠、深色的糖漿，質地更接近奶油而非糖漿。這就是為什麼在英語中，它經常被稱為「蘋果奶油」（apple butter）。在家裡，人們也會將自家樹上的水果熬煮濃縮作為一種保存方式。每個家庭的食品儲藏室裡都會有這兩樣糖漿。後者雖然也用於烘焙和燉菜中，但經常會大量塗在麵包上食用。

低地國家的薑餅
THE LOW COUNTRIES' GINGERBREAD

幾個世紀以來，蜂蜜滿足了人們對甜味的渴望。最初是野生蜂蜜，但後來養蜂成爲農村日常生活的一部分。將蜂蜜和麵粉揉成麵團製作蛋糕是一種自然而合理的演變。

蜂蜜蛋糕師傅（lebzelter，原爲「蜂蜜加工者」之意）加工蜂蜜，將其中一部分製成蜂蜜蛋糕、一部分製成蜂蜜酒，然後將蜂窩變成蜂蠟，用於製作裝飾物與蠟燭。這三者在數個世紀以來一直連在一起。蜂蜜蛋糕的製作通常在修道院裡進行，修道院飼養蜜蜂，修士們需要教堂的蠟燭，當然，他們也偏愛蜂蜜酒。1520 年一份紐倫堡的手抄本中，有幅畫描繪了一位修士正在烘烤蜂蜜蛋糕。

香料蛋糕（peperkoek）和史派克拉斯香料餅乾（speculaas）是低地國家的薑餅，它們從那些只使用蜂蜜和麵粉製成的蛋糕演變而來，主要風格共有三種：一種以雕刻木模壓製；一種不需要工具製作、形狀自由；一種製作成長條型、形式自由或使用木框（現代通常使用金屬框）。無固定形狀及長條型最爲古老，因爲壓模製作的蜂蜜香料蛋糕（koek）[184] 需有雕刻模具的物質文化才能存在。雖然它們都是香料蛋糕（peperkoek），但隨著時間推移，其變化便有了不同的名稱：如 honigkoek（蜂蜜蛋糕）、cruyd koek（香料蛋糕）、lijfkoek（蜂蜜蛋糕）[185]、zoetekoek（甜味蛋糕）、hylickmaker（「締婚者」香料蛋糕）、直接了當的「koek」、liefcoecken（蜂蜜蛋糕）、taai-taai（「泰泰」硬香料餅）、pepernoten（小圓香料餅乾）或 peperbollen（圓形香料餅乾）、Lebkuchen（德式香料蛋糕）[186]、printen（壓模香料蛋糕）、Pfefferküchen（香料蛋糕）、speculatie 或 speculaas（史派克拉斯香料餅乾）。

在中世紀，低地國家和德國部分地區的每個重要城市都有自己的蜂蜜香料蛋糕與蜂蜜香料蛋糕烘焙坊（koekebakkers），甚至常常還有蜂蜜香料蛋糕行會。朝聖地也有蜂蜜香料蛋糕文化，因爲這些禮拜場所需要蜂蠟製成的教堂蠟燭（與蜂蜜酒），因此爲蜂蜜蛋糕創造了銷售市場。

揚・史汀〈聖尼古拉斯節〉（參見第 209 頁）的局部細節：包含長條型香料蛋糕、「締婚者」香料蛋糕、華夫餅與小圓白麵包。

根特曾經因其蜂蜜香料蛋糕而聞名，但現在已被遺忘。傳說中，1452 年勃艮第公爵兼法蘭德斯伯爵菲利浦三世（「好人菲利浦」〔Philip the Good〕）到達根特時，收到了一份香料蛋糕作爲禮物。菲利浦是法國人，特意爲這個場合排練了一場荷蘭語演說。他非常喜歡香料蛋糕，所以帶著製作蛋糕的烘焙師傅回到巴黎，教導法國人如何製作香料蛋糕。如果香料蛋糕（peperkoek〔荷〕或 pain d'épice〔法〕）是在這片低地發明的，那不是很棒嗎？不過……雖然 1452 年菲利浦確實以荷蘭語發表了演講，卻是向根特宣戰。因此，當他以對香料蛋糕以外的其他必需品徵收高額稅負威脅根特時，憤怒的鎮民似乎不太可能將珍貴的香料蛋糕贈送給他。

德國慕尼黑對其香料蛋糕的卓越品質感到非常自豪，因而早在 1474 年就在一項法令中規定了德式香料蛋糕的成分。由於標準太高，以至於生產和銷售成本都過於昂貴，使得紐倫堡取代慕尼黑成爲德式香料蛋糕之都，

為德國大部分地區生產德式香料蛋糕。

如今只有少數城市或地區仍保留著獨特的蜂蜜香料蛋糕文化。專門的香料蛋糕商店和市場攤位幾乎從我們的街道上消失了，不過許多烘焙師傅仍然自己製作蜂蜜香料蛋糕，尤其是在尼德蘭的菲仕蘭（Friesland）。其中尼德蘭德芬特（Deventer）的布欣科烘焙坊（Bussink）仍在出售德芬特蜂蜜蛋糕（Deventer koek），而登博斯（Den Bosch）的一家烘焙坊也保留了這一傳統，販售博斯蜂蜜蛋糕（Bossche koek）。

東法蘭德斯擁有歐洲兩家最大的香料蛋糕烘焙坊。瓦隆尼亞的迪南還有幾家烘焙坊賣堅硬的迪南庫克硬香料餅（參見第 245 頁）。德國紐倫堡有史密特式香料蛋糕（Lebkuchen Schmidt）；而亞琛（Aachen）的諾碧斯壓模香料蛋糕烘焙坊（Nobis Printen Bäckerei）自1858 年以來一直在製作德式香料蛋糕。理論上來說，迪南的銅工匠在尼德蘭黃金時代時帶著他們的庫克硬香料餅移居到了亞琛。

蜂蜜香料蛋糕之城

德芬特在尼德蘭暱稱為「蜂蜜香料蛋糕之城」（koekstad）。至少從 1417 年起，德芬特就開始烘焙蜂蜜香料蛋糕，該鎮檔案中有極其詳細的歷史紀錄。15世紀的一項法令詳細規定了大型與小型德芬特長形蜂蜜蛋糕的重量和外觀：它們必須既長且窄，分別重 3 磅和2 磅（1.3 公斤和 900 克）。該法令還規定，德芬特以外的任何人都不得烘焙這種蜂蜜蛋糕。

蜂蜜香料蛋糕烘焙師行會監督該法規的遵守情況，新加入的烘焙師必須宣誓遵守該條例。1534 年、1544 年和 1557 年修訂了德芬特蜂蜜蛋糕的製作法規，規定上面需有烘焙師傅和該市市徽老鷹的標誌。1593 年，行會中有 13 名烘焙師傅；到了 1637 年，該市已有 25 名烘焙師傅。1477 年，由德芬特一名醫師雷納・奧斯特胡森（Reyner Oesterhusen）撰寫的一份手稿中，概述了製作德芬特蜂蜜蛋糕的香料。[23]

雖然「koek」是美式英語單詞「cookie」（美式軟餅乾）的起源，但它在荷蘭語區域並不專門指美式軟餅乾或或餅乾（biscuit）[187]，而意為長條型香料蛋糕、壓模香料蛋糕或形象麵包（gebildbrot，特殊形狀的慶祝麵包）[188]。

香料蛋糕間的競爭

德芬特城中的博物館收藏著一個 1659 年的公會銀盃，上面刻著一首詩，開頭是這樣的：「德芬特蜂蜜香料蛋糕在整個尼德蘭都受到高度讚揚」。德芬特從中世紀早期開始，就一個重要城鎮，因為它位於艾瑟爾河（IJssel）畔，因此成為漢薩同盟（Hanseatic League）[189] 的一部分。與水路或貿易路線相連的城鎮通常擁有豐富的蜂蜜香料蛋糕文化。為了越過德芬特蜂蜜蛋糕烘焙師傅，阿姆斯特丹市甚至決定制定可在阿姆斯特丹出售的蜂蜜香料蛋糕尺寸與重量規定。當然，根據這些新規則，德芬特蜂蜜蛋糕重量不符合，因此在阿姆斯特丹被禁止了一段時間，這使得阿姆斯特丹蜂蜜香料蛋糕烘焙師能夠賺取更多利潤。德芬特派出了一名特使，最終蜂蜜香料蛋糕爭議與各城鎮之間因此產生的糾紛獲得解決。阿姆斯特丹人非常喜愛蜂蜜香料蛋糕，在 16 世紀，他們甚至因為愛好甜食而被稱為「食用蜂蜜香料蛋糕者」（koek eaters）。

蜂蜜香料蛋糕與儀禮

香料蛋糕是每一個慶祝活動的一部分，特別是跨越人生轉捩點的各種儀禮，無論是女孩成年時求愛，還是舉行婚禮、哀悼逝者。追求者會在一年一度的集市或狂歡節上為自己所愛之人購買一塊蜂蜜香料蛋糕；婚禮上也會分食蜂蜜香料蛋糕，祝願長壽與幸福。孩子們熱切地看著蜂蜜香料蛋糕烘焙坊櫥窗中或市場攤位上整齊堆放的蜂蜜香料蛋糕。在萬靈節前夕，人們烘焙蜂蜜香料蛋糕；孩子們會在「消失的週一」[190] 收到蜂蜜香料蛋糕；新年期間，雇主會以蜂蜜香料蛋糕和啤酒款待員工。1879 年一本雜誌上的報導提到，最後這兩個習俗在當時已逐漸衰落，取而代之的是直接給員工和孩童們一個可以帶回家的蜂蜜香料蛋糕。我記得我爸爸在聖誕節前後帶了一條香料蛋糕回家，是來自公司的禮物。我母親則記得聖誕節期間，烘焙師傅在送貨時帶著厚厚的心形香料蛋糕。

蜂蜜香料蛋糕經常與啤酒一起食用，搖籃曲的歌詞「koeken en brouw」（蜂蜜香料蛋糕與啤酒）也是這麼說的。[15]我們必須記得，在 17 世紀茶、咖啡和熱巧克力傳入我們的海岸之前，這些香料蛋糕是宴會中的一道菜色，與啤酒或香料酒與甜酒一起享用。這是一道餐後

甜點，意在幫助消化。在法蘭德斯與尼德蘭黃金時代的宴席（banketjes）靜物畫（參見第 196 頁）及一些風俗畫中，都見證了這一點。

香料蛋糕中的胡椒

香料蛋糕的荷語「peperkoek」中的「peper」（胡椒）指的是包含胡椒的綜合香料，儘管古老的食譜並不總是使用胡椒。若有使用生薑，需少量使用作爲輔助，與肉桂、丁香、多香果、肉豆蔻籽與肉豆蔻皮形成和諧的風味。因爲薑不是歐陸的主要調味品，所以我們不會稱這些烘焙糕點爲「薑餅」，也從未將眞正的「麵包」作爲製作薑餅所需的材料之一，這是英國早期薑餅的作法 191。

香料的使用各不相同，肉桂是主要風味，古老的食譜則會使用丁香；尼德蘭和德國會使用洋茴香籽。因大量進口糖使得人們可以使用廉價糖漿前，蜂蜜和（裸麥）麵粉是主要食材。紅糖讓麵團顏色變得更深、味道更圓潤。當時代、品味與流行時尚改變，原本堅硬的壓模香料蛋糕開始將奶油作爲成分之一，史派克拉斯香料餅乾就此誕生。不過，它並沒有取代舊式的蜂蜜香料蛋糕，因爲「泰泰」硬香料餅仍然非常堅韌（taai 意爲堅韌或有嚼勁），而迪南庫克硬香料餅仍然與千年前相同，僅使用蜂蜜和麵粉。

藥用蜂蜜香料蛋糕

用蜂蜜和麵粉製作的蛋糕，和麵包一樣古老，但其食譜只有在人們開始將它們寫下來時才出現。首先是在醫學文本中，後來是在專爲烹飪所用的手抄本上。前文提及製作香料蛋糕使用香料的手抄本是由德芬特的一位醫師所撰寫，這份手抄本就是就是這種醫學文本，它也是提及「香料蛋糕」一詞的首本書面文獻。香料蛋糕出現在這樣的作品中，表明它已經存在了一段時間，足夠普及，得以在此脈絡下被使用。

《烹飪名著》是荷蘭語中最古老的印刷食譜書，大約在 1510-14 年於布魯塞爾出版。該書提供了一份蜂蜜蛋糕（liefcoecken）的食譜，作爲其他食譜中的食材之一使用。製作這個蛋糕只需使用蜂蜜、麵粉和香料塑形成廚師想要的任何形狀。

在一份來自根特的 16 世紀手抄本中，有一份香料蛋

迪南一家商店櫥窗中陳列著蜂蜜蛋糕。

糕（kruidkoek）的食譜：含有蜂蜜、胡椒、肉豆蔻籽、薑、丁香和番紅花。食材裡沒有麵粉，但很可能是被省略了，因爲擁有這本手寫食譜書的人記得這部分，但可能更容易忘記蜂蜜和香料的比例所以寫上。

卡斯帕・凡登恩德（Caspar Van den Ende）所著的 17 世紀荷蘭語—法語詞典《理解荷蘭語及法語之寶典 》（Schat-kamer, der nederduytische en francoysche tale begrypende）中提到了「Peperkoek」香料蛋糕，並在其條目翻譯如下：Pain d'épice（香料蛋糕）, Gâteau poivré（胡椒蛋糕）。

香料蛋糕食譜在早期食譜書中很少見，因爲通常人們會從蜂蜜香料蛋糕烘焙師那裡購買這種蛋糕，而非在家烘烤。這與在早期烹飪書中通常找不到日常麵包食譜的原因相同。

若在早期烹飪書籍中看到蜂蜜香料蛋糕，它通常會以其最古老的名稱出現：*kruidkoekjes*（香料蛋糕）、*liefkoek*（蜂蜜蛋糕）和 *lyfkoeck*（蜂蜜蛋糕），而且常會用於製作其他菜餚。用香料蛋糕製作的鹿肉醬經常出現在古老的烹飪文獻中，而在比利時與尼德蘭，我們如今仍然會在燉菜中加入蜂蜜香料蛋糕。

在卡羅・巴圖斯的《生活祕訣》——一本包含藥物和甜食食譜的著作中有一個「胡椒香料蛋糕」（*Peper-koeckxkens*，參見第 232 頁）和「香料蛋糕」（*Kruyt-koecxkens*）的食譜，是小型香料蛋糕。第一種使用的食材依次為肉桂、摩洛哥豆蔻、薑、肉豆蔻籽和胡椒；後者省略了胡椒、摩洛哥豆蔻和肉桂，但添加了丁香。兩種食譜都有蜂蜜，前者食譜也含有等量的糖，但不含後者中所含的葡萄酒。一個食譜上明確寫著使用小麥，另一個寫著「精製麵粉」，所以可以得出結論，這個食譜是為買得起一等抽穗小麥的上層階級準備的。巴圖斯在他早期的一本著作《卓越烹飪祕方》（*Eenige uytnemende excelente Secreten van Koockerijen*）中，指示使用一半裸麥與一半小麥。這些食譜是和杏仁膏和溫桲甜點（果醬）一起提供的，再次強調了甜食食譜與人們福祉間的關聯性。那時的藥局一定看起來像糖果店。

婚姻締造者

18 世紀，香料蛋糕得到了一個有趣的名字：「婚姻締造者」（*hylickmaker*）。《完美荷蘭廚房仕女》中發表的食譜，包含等量的麵粉、紅糖、蜂蜜、丁香、肉豆蔻籽與肉桂，另外還有糖漬香櫞皮、糖漬橙皮與鉀肥。鉀鹽是一種老式膨鬆劑，製作方法是燃燒橡木和山毛櫸的木材，將灰溶解在水中，然後揮發過濾後的溶液，直到得到可溶解的鹽。當鉀鹽與酸接觸時，可以使烘焙糕點膨脹。鉀鹽由碳酸鉀和其他鉀鹽礦物（如氯化鉀和硫酸鉀）組成。雖然一些化學公司仍會出售鉀鹽或鉀，但可以使用碳酸氫鈉（小蘇打）代替。不過不能使用泡打粉，因為這種麵團必須靜置 [192]。

18 世紀的這個食譜是用來製作長條香料蛋糕的，其作法經過發展，如今烘焙坊中仍然會用以製作傳統香料蛋糕：將蜂蜜和糖一起煮沸，然後加入其餘材料。在作法說明中，並沒有寫明需靜置麵團，但這並不表示這些食譜並未使麵團熟成，只是在當時這已經被認為是常識，所以不需解釋。

「Hylickmaker」之名很重要，因為它代表「婚姻締造者」，此名表達了追求戀人時向對方贈送香料蛋糕的習俗。「婚姻締造者」也象徵著聖尼古拉斯（參見第 207 頁），他除了復活三個孩童外，還向女孩們贈送嫁妝，讓她們得以出嫁。聖尼古拉斯也被稱為「*Goed Heiligman*」，可譯為聖人或婚姻締造者。

在某些地區，女孩們需要在手上拿著香料蛋糕，或用緞帶將其綁在手腕上，在鎮上的園遊會或市集上漫步。在其他地區，年輕男子會在集市的最後一天去女孩家拜訪：蜂蜜香料蛋糕留在女孩家中，如果他得到一兩週前送出的蜂蜜香料蛋糕一部分，代表女孩同意這樁婚姻，但若他得到整個蜂蜜香料蛋糕，則代表著拒絕。

當蜂蜜香料蛋糕是以木模壓印出時，通常會是一個人形，可能是女士或男士的形象，稱為「戀人」。若收到蜂蜜香料蛋糕的女孩將人形的頭折下，代表她同意這門婚事；若女孩把人形的雙腳折下來交還給年輕男子，代表他應該離開。求婚和香料蛋糕之間的連結在 20 世紀初仍然存在，不過由於所有禮儀和禮節都已改變，作為情書的香料蛋糕「締婚者」已經過時了。

娛樂用蜂蜜香料蛋糕

在村鎮集市上，蜂蜜香料蛋糕也被用作娛樂之一。有幅木刻或石刻版畫描繪了鄉鎮集市的所有娛樂與食物，其中有一種稱為「砍蛋糕」（*Capfen Koecken*）的活動，使用蜂蜜香料蛋糕堅硬的邊緣或者特製的堅硬長條型蜂蜜香料蛋糕，然後用一把特殊的小斧頭試著將蜂蜜香料蛋糕砍成兩半。如果你做不到，就得付錢；如果成功了，就由旁觀者付費。

再晚近一些，在鄉鎮集市上有另一項與蜂蜜香料蛋糕相關的比賽，是將塗上奶油的蜂蜜香料蛋糕切片掛在樹上或棒狀物上，人們將雙手反綁在背後，比賽看誰第一個吃到懸掛的蜂蜜香料蛋糕切片。通常這會讓臉被奶油塗得到處都是。交往中的情侶也經常會做這種活動。

在 18 世紀和 19 世紀，家庭中流行用真金為香料蛋糕鍍金作為消遣，當時各項冬季慶祝活動已成為一種家庭娛樂。

長條型香料蛋糕

　　長條型香料蛋糕（見右頁照片）也稱為 *honingkoek*（蜂蜜蛋糕）、*ontbijtkoek*（早餐蛋糕）、*kandijkoek*（坎蒂紅糖蛋糕）、*kermiskoek*（園遊會蛋糕）、*zoetekoek*（甜蛋糕）、*kruidkoek*（香料蛋糕）或 *sukkadekoek*（香櫞蛋糕）：在低地國長條型薑餅的食譜中，這些是常見但稍稍有些不同的名稱。

　　在比利時和尼德蘭，這是每戶人家食品儲藏室中都會有的麵包，因為它的保存期限很長，這表示隨時都能享用。我從小就把它當早餐吃（因此得名「早餐蛋糕」）或作為上午或下午的點心，塗上大量奶油（遺憾的是，在我們家是指乳瑪琳）。它用於增稠肉醬和燉菜並調味，也是製作低地國甜派（參見第 160 頁）和新的香料蛋糕成分之一。

香料蛋糕壟斷

　　和裸麥麵包一樣，蜂蜜香料蛋糕的生產最終從烘焙坊轉移到了工廠，而那些工廠急切且貪婪地收買了所有的小型蜂蜜香料蛋糕烘焙坊，直到只剩下少數大型工廠。香料蛋糕從我們的大街上消失並搬遷至工業區。許多蜂蜜香料蛋糕烘焙坊在第二次世界大戰期間被迫將全部或部分的生產轉為麵包脆片，因而消失無蹤，同樣的情況也發生在德國亞琛的德式香料蛋糕烘焙坊。法蘭德斯的洛克倫（Lokeren）鎮中心曾經也有一家蜂蜜香料蛋糕烘焙坊，但幸運的是，真正的烘焙坊「弗利斯」（De Vreese）仍舊存在於城外一家更大的工廠中，該工廠仍為弗利斯家族第五代所有。（不過在我寫這篇文章時，另一家香料蛋糕工廠馮德莫勒（Vondemolen）已提議收購弗利斯，這將使馮德莫勒在比利時取得香料蛋糕壟斷地位。）

　　隨著糖變得廉價並取代了蜂蜜，蜂蜜香料蛋糕便不再受到重視。畢竟，這是最受到低地國家人們讚揚的昂貴點心，但在過去的 30 年裡，它不再特殊。不過，它仍然是日常生活的一部分：蜂蜜香料蛋糕總是出現在尼德蘭和比利時食品儲藏室的深處，因為它可以保存數月。沒有麵包嗎？蜂蜜香料蛋糕永遠是個好選擇。要去哪裡嗎？路上趕緊吃一塊蜂蜜香料蛋糕。下午覺得無聊嗎？來片塗上厚厚一層奶油的蜂蜜香料蛋糕吧。

　　當香料麵包在聖誕節期間被做成心形並以糖霜裝飾販賣時，它突然又恢復了一些慶祝性質。壓成各種形狀和尺寸的史派克拉斯香料餅乾仍然被認為充滿節日氣氛，就像德國的德式香料蛋糕一樣，在聖尼古拉斯節和新年之間，它同樣備受矚目。

　　不過，繁榮、宗教與政經局勢的變化會影響我們對食品的重視程度。著名的蜂蜜香料蛋糕——曾經像當今最昂貴的巧克力或魚子醬一樣珍貴的蜂蜜香料蛋糕、因真正的金箔而光燦閃耀的蜂蜜香料蛋糕、在黃金時代繪畫中出現的蜂蜜香料蛋糕、曾經如製作麵包和釀造啤酒一樣，形成法規與條例的蜂蜜香料蛋糕、引起城市間長期爭鬥，讓城鎮中的烘焙師傅們間彼此競爭的蜂蜜香料蛋糕——那個蜂蜜香料蛋糕，或者說在我們文化中給予它的重要性，很遺憾地已不復存在。

香料蛋糕
Peperkoek

　　雖然香料蛋糕是僅由註冊在案的蜂蜜香料蛋糕烘焙師製作的產品，但大約在 20 世紀初，各種長條型香料蛋糕的食譜開始出現在烘焙學校的教科書中。1927 年出版的一本書中，有 8 個這種蜂蜜香料蛋糕的食譜，雖然它們非常相似，但也有些區別：烘焙坊通常會提供幾種選擇。所有食譜都使用（過篩的）裸麥麵粉——這是不容置疑的；許多食譜中都使用了蜂蜜，而其他食譜中則用了糖漿，有的單獨使用、有的則與蜂蜜一起使用。早期的蜂蜜香料蛋糕食譜只用蜂蜜，但隨著蜂蜜變得昂貴且糖價下跌，蜂蜜蛋糕中便摻了糖。這並不表示它品質變差，事實上並非如此：添加糖或葡萄糖與糖漿改善了蜂蜜香料蛋糕的質地。葡萄糖廣泛用於烘焙與糖果製作，以防止糖結晶，使成品保持濕潤。

　　8 個食譜中，有 6 個使用水，另外 2 個則使用水兌上牛奶。一半的食譜以舊的或剩下的蜂蜜香料蛋糕作為成分之一。有種專門為這種蜂蜜香料蛋糕開發的混合香料，在其他國家被稱為英式綜合香料（mixed spice）或南瓜香料（pumpkin spice）[193]，8 個食譜中只有 1 個沒有用到。在綜合香料之外，額外加入肉桂的做法僅出現在一個食譜中，薑也是如此。另外還有 1 個使用綜合糖漬水果的食譜和 1 個使用糖漬橘皮的食譜。除此之外，也會使用使用碳酸鉀、碳酸鈉等膨脹劑。

蜂蜜香料蛋糕傳統製法

　　傳統的蜂蜜香料蛋糕製作法耗時雖漫長但很值得。將 kantkoek——外緣的邊角料，乾燥且顏色烘烤較深——或者舊的蜂蜜香料蛋糕與大量蜂蜜混合，加熱至沸點，直到舊的蜂蜜香料蛋糕全部變軟，然後加入裸麥麵粉，將其揉製成母麵團。

　　母麵團會在金屬槽中靜置或成熟至少一週，但專業的香料蛋糕烘焙師傅會將其靜置數月。從此刻開始，酶將分解澱粉，這在荷蘭語的香料蛋糕術語中被稱為「teren」，即「消化」之意。

　　麵團靜置完成後，會加入最後一組材料：調味品，如香料、更多蜂蜜或其他液體、果乾或糖漬水果、珍珠糖或坎蒂紅糖，然後將麵團揉成柔軟而結實的麵團。過去，烘焙師傅會將麵團圍著一個掛在牆上的鉤子投擲，作用和揉捏麵團相同，也會以馬力驅動的揉麵機幫忙。不用說，這是一種很難用手工製作的麵團，需要一個強力攪拌機代你完成這項工作。這就是為什麼我為讀者設計了這個食譜，其成品可呈現蜂蜜香料蛋糕的典型口感：咬下時會有些阻力。

　　在大型蜂蜜香料蛋糕烘焙坊中，會在大型框架中同時烘烤不只一個蛋糕。這些大型框架最初是木製，但現在是金屬製，不過弗利斯—凡路（De Vreese-Van Loo）蜂蜜香料蛋糕烘焙師傅仍然使用木製框架來製作其工匠版本。他們還指點我麵團正確的質地，並警告我不要將蜂蜜煮沸。

　　烘烤後，會將香料蛋糕先靜置一段時間：新鮮出爐的香料蛋糕就像新鮮出爐的英式帕金蛋糕（Parkin）[194] 一樣……現在還沒有達到最佳狀態。靜置完成後，會將香料蛋糕切成獨特的長條型。

　　蜂蜜香料蛋糕大師是混合不同蜂蜜、以在其蜂蜜香料蛋糕中獲得獨特風味的專家。但蜂蜜昂貴，所以被糖取代也很合理。由於糖確實可以讓成品更好，因此本食譜中也使用糖。

　　濃縮蘋果糖漿和蜂蜜的組合會製作出深色的蜂蜜香料蛋糕，而全部使用蜂蜜（或部分以黃金糖漿代替）則會呈現這種糕點的傳統顏色；但我發現濃縮蘋果糖漿——這種蜂蜜香料蛋糕的家用食譜中會使用——會帶來具有美妙深度的風味。不過，我明白雖然自己可以直接跑出去買一罐，但在世界其他地方卻很難如此。因此，全部使用蜂蜜，或蜂蜜加黃金糖漿或葡萄糖漿應該是最簡單的選擇。我建議不要使用黑糖漿（black treacle）[195] 或糖蜜，因為它們的味道過於濃烈。

份量：1 或 2 條香料蛋糕（照片參見第 227 頁）
使用模具：1 個 20 cm（8 inch）的方型模或 2 個 23
× 13 cm（9 × 5 inch）長形麵包模，事先上油並鋪
上烘焙紙

液態蜂蜜　250 g（9 oz）
甜菜糖漿、濃縮蘋果糖漿、葡萄糖漿、黃金糖漿或
　液態蜂蜜　400 g（14 oz）
細砂糖　100 g（3½ oz）
淺色裸麥粉或斯佩爾特小麥粉（若無法取得裸麥粉）
　600 g（1 lb 5 oz）
肉桂粉　2 大匙
肉豆蔻粉、薑粉、芫荽籽粉、小豆蔻粉、長胡椒或
　黑胡椒粉、丁香粉 *　各 1 小匙
洋茴香籽粉　½ 小匙
鹽　一小撮（⅛ 小匙）
白脫牛奶　200 ml（7 fl oz）或牛奶　200ml，加 2
　大匙檸檬汁
碳酸氫鈉（小蘇打）　2 小匙
咖啡奶精或牛奶　包覆湯匙用
珍珠糖　200 g（7 oz）　選用（大顆粒最佳，但小
　顆粒也無妨）

* 如果這些香料不齊全，可以用 30 g（1 oz）的英式
綜合香料代替。

作法

1. 在一個大型醬汁鍋中，混合蜂蜜、甜菜糖漿（或替代品）與糖。以小火加熱，確保它不會沸騰。在液體剛剛形成氣泡時離火（若你有糖溫度計，溫度應為 80°C ／ 175°F）。如將蜂蜜煮沸會產生苦味。
2. 倒入一半麵粉並攪拌，然後加入香料並攪拌。當麵粉完全混合後，加入白脫牛奶。將剩餘的麵粉與小蘇打粉混合後也加入其中。用力將麵糊混合在一起，確保沒有殘留的麵粉塊。
3. 將麵糊舀入模具中。將一支湯匙浸入咖啡奶精或牛奶中，然後以湯匙背面壓平麵糊表面。事先將湯匙裹上奶精或牛奶，可以防止湯匙黏在麵糊上。烘烤後，牛奶會讓香料蛋糕表現呈現漂亮的光澤。
4. 將模具加蓋，在陰涼處靜置 24 小時，但如果放置更長時間，質地與風味會更好，這是傳統做法。
5. 將烤箱預熱至 160°C（315°F）。勿使用旋風功能。
6. 若使用珍珠糖，在烘烤前將其撒在整個表面，不需將它們壓入麵糊中：它們會黏在表面而不脫落，別擔心。
7. 將方形模具的香料蛋糕放在烤箱中層烘烤 1 個半小時，長形模具的香料蛋糕烘烤時間則是 1 小時 45 分鐘。將竹籤插入蛋糕中間後檢查是否有沾黏，如果有沾上麵糊，請再烘烤 15 分鐘，然後再次檢查。將模具移至網架上並讓蛋糕在模具中冷卻。
8. 取出冷卻的香料蛋糕並放置在密封容器中，靜置至少三天，但一週或更長時間更好，因為這樣可以改善蛋糕結構。切掉蛋糕四邊，然後（若你用的是方形模）將香料蛋糕切成兩半，就能獲得 2 條以傳統方式切分的蛋糕。當使用長形模時，可將將側邊薄薄切除一片，以獲得傳統風格。
9. 切除的邊角料可以磨成細粉並用於下次製作香料蛋糕的麵糊中，或用來製作東法蘭德斯甜派（參見第 160 頁）或燉牛肉或鹿肉的配料。當然也可以直接吃掉。

* 早餐或點心時間可以吃一片這種香料蛋糕，塗上大量奶油。它也能為乳酪拼盤增色不少。

胡椒香料餅乾
Peper-koeckxkens

　　這是來自卡羅・巴圖斯所著《生活祕訣》中的食譜，巴圖斯原居安特衛普，其後當他與其他新教徒不得不逃離安特衛普時，他移居多德雷赫特。《生活祕訣》又名 *Secreti*，以其義大利原著為名，書中包含自然的祕密（雷電如何運作）與日常生活食譜，可以是人類和動物的藥方，也可以是有關清潔、害蟲防治、油漆、釀造葡萄酒、果醬製作和美容保養的建議。

　　這些胡椒香料餅乾與製作糖漬水果、杏仁膏和去除糖的雜質一起，出現在甜食章節中。名稱中的胡椒確實代表它們是「胡椒餅乾」，因為胡椒是其中的重點風味。事實上，我認為這些餅乾可以提神，這很可能就是它們的作用。如果你想品嘗 16 和 17 世紀有錢人們會享用的餅乾，這是個體驗的好機會；如果你連溫和風味的咖哩都吃不了，那就避開它們，改為製作史派克拉斯餅乾（參見第 254 頁）。

　　這些餅乾須趁熱享用：冷了之後它們會變硬，幾乎和迪南庫克硬香料餅一樣硬，後者是這種類型的香料蛋糕近親。你可能需要花點時間才能買到摩洛哥豆蔻，不過通常可以在專業香料供應商那裡找到。它是小豆蔻的近親，但只有辣味，並帶著一絲新鮮椰子的風味。就本食譜來說，不應省略這種香料，因為它是很關鍵的風味，最重要的是，它也是關鍵體驗之一。我已將原食譜減量，以降低香料的食材成本。

份量：45 個胡椒香料餅乾

液態蜂蜜　145 g（5¼ oz）
細砂糖　145 g（5¼ oz）
中筋麵粉　150 g（5½ oz）

綜合香料
肉桂粉　1½ 大匙
摩洛哥豆蔻粉　1 大匙
薑粉　1 大匙
肉豆蔻粉　2 小匙
長胡椒粉　1 小匙

作法

1. 在一個大型醬汁鍋中，以小火加熱蜂蜜，確保它不會沸騰。當液體似乎沿著鍋邊向內移動（非氣泡）時離火。（若你有糖溫度計，溫度應為 80°C／175°F。）如將蜂蜜煮沸會產生苦味。

2. 加入糖並攪拌，然後加入麵粉和香料，用結實的木勺攪拌直至充分混合。當麵團冷卻到足以操作時，以單手揉捏，使用指關節使麵團更容易操作。接著將麵團塑形成榛果大小的球狀，稍微壓扁成橢圓形（參見第 231 頁照片中蜂蜜罐旁的橢圓形小餅乾）。

3. 轉移到烤盤上並加蓋，靜置隔夜。

4. 將烤箱預熱至 200°C（400°F），勿使用旋風功能。烘烤 10 分鐘。

5. 移至網架上，待涼透後立即食用。餅乾降溫後，可以像吃糖果一樣享用，因為它們很有嚼勁。放在密封容器中儲存。

「締婚者」香料蛋糕
Hylickmaker

1758 年的《完美廚藝基礎》（*Volmaakte Grondbeginselen der Keukenkunde*）中的「締婚者」蜂蜜蛋糕食譜指示了讀者如何擀壓麵團，這表示它與厚厚的長條型香料蛋糕（參第 228 頁）是不同類型的麵團。作者還建議可以調整食譜將其做成小球型，變為小圓香料餅乾（參見第 213 頁）；或者塑型成香料小茶點（*theerandjes*）。如今在烏特列茲（Utrecht），香料小茶點仍然為人所知，它是一種以烤盤烘焙、只有一根拇指厚的香料蛋糕，切分成長條形或長方形。你可以想像，當我發現這件事時有多高興。香料小茶點就像「締婚者」一樣，是作為愛的象徵送給戀人。

18 世紀的食譜會做出一種無法操作的麵團，所以我減少了麵粉量。然而，它仍是一個堅硬的麵團，所以會需要花些力氣。這僅僅表示現代烘焙是多麼聚焦在使用簡單易操作的麵團；但當付出努力後，你會得到一塊怡人耐嚼的蜂蜜蛋糕作為獎勵。

你可以自行決定如何塑形：工整地做成一個長而扁平的長條型；在烤盤中烘焙、之後切分。用作求婚（參見第 225 頁）；或者全部留給自己。這是 18 世紀的食譜，在第 231 頁的照片中可以看到完成的蛋糕疊在一起並繫著絲帶。

份量：7 塊香料蛋糕

黃糖　250 g（9 oz）
蜂蜜　170 g（6 oz）
裸麥麵粉或中筋麵粉　330 g（11¾ oz）
丁香粉、肉豆蔻粉與肉桂粉　各 ¼ 小匙
碳酸氫鈉（小蘇打）　½ 小匙
糖漬香櫞皮　55 g（2 oz）
糖漬橙皮　55 g（2 oz）
牛奶　平滑麵團表面用

雙飾（選用）
糖粉　100 g（3½ oz）
水　2½ 大匙

作法

1. 在一個大型醬汁鍋中混合糖及蜂蜜。以小火加熱，確保它不會沸騰。當液體似乎沿著鍋邊向內移動（非氣泡）時離火。（若你有糖溫度計，溫度應為 80° C／175° F。）

2. 倒入一半麵粉並攪拌，然後加入香料並攪拌。將剩餘的麵粉與小蘇打粉混合後也加入其中。用力將麵團混合在一起，確保沒有殘留的麵粉塊。最後揉入糖漬香櫞皮與糖漬橙皮。

3. 將麵團移至撒了麵粉的工作檯面上，然後將其拍至剛好低於一支鉛筆的厚度。我將其切成大約為 6 × 14 cm（2¼ × 5½ inch）的長條形，共 7 塊。將一支湯匙浸入牛奶中，然後以湯匙背面來平滑麵團表面，這將使蛋糕頂部在烘烤後呈現出漂亮的光澤。

4. 將麵團轉至鋪了烘焙紙的烤盤上，加蓋靜置 24 小時；也可以立即烘烤，但麵團靜置至少 1 小時後質地與風味都會變得更佳。

5. 準備烘烤時，將烤箱預熱至 200° C（400° F），勿使用旋風功能。放入烤箱中層烘烤 20 分鐘，然後將烤盤移至網架上冷卻。

6. 烏特列茲香料小茶點會以糖霜裝飾。如果你想加上霜飾，請將糖溶解在水中製成膏狀，然後刷在熱熱的「締婚者」香料蛋糕上。

厚片史派克拉斯餅乾
Dikke speculaas

    Dikke spulaas（厚片或以烤盤烘烤的史派克拉斯餅乾）是一種傳統的聖尼古拉斯節與冬季點心，也是最常在家中製作的史派克拉斯餅乾類型，因為它不需要太多技術。麵團中沒有任何空氣，因為只是在烤盤上推伸延展並按原樣烘烤──沒有使用史派克拉斯餅乾模具壓出的花俏造型。成品是一種有嚼勁的史派克拉斯餅乾，邊緣薄脆、內部柔軟。你可以在餅乾中央向下壓，它會稍稍回彈。這種餅乾絕對不能烤透，因為它會變乾：15 至 20 分鐘就足以讓內部保持濕潤。當它冷卻時，會變得更脆，不過如果烘烤得當，它不會變乾，因為通常在它有機會變乾前就已經消失了。許多烘焙坊過去也曾販售過這種餅乾，有些老式烘焙坊現在仍有販賣。

    這是一份自製厚片史派克拉斯餅乾的家庭食譜，出自一位男士之手，他是現存最古老的道地比利時咖啡館之一的捍衛者。我在自己的著作《比利時咖啡館文化》（*Belgian Café Culture*）中寫到這個脆弱的比利時遺產，書中便提到了他和他的咖啡館「貓」（De Kat）。自從他給了我這個食譜後，我就經常製作這種餅乾，它已經成為親朋好友的最愛。

份量：1 片大型的長條史派克拉斯餅乾

無鹽奶油　250 g（9 oz），軟化
紅糖　330 g（11¾ oz）
肉桂粉　20 g（¾ oz）
丁香粉或英式綜合香料　¼ 小匙
全蛋　3 顆，打散
中筋麵粉　500 g（1 lb 2 oz）

作法

1. 將烤箱預熱至 200° C（400° F）。勿使用旋風功能。在烤盤上鋪上烘焙紙。
2. 將奶油和糖放入一個大型調理盆或裝了鉤形攪拌棒的電動攪拌機盆中，以低速揉捏或使用抹刀將奶油揉入糖中。一點一點地加入香料和全蛋，直到完全混合，然後開始一次一勺地加入麵粉，揉至混合均勻。
3. 將麵團拍成塊狀。它不應該太黏以至於黏在你的手上，所以盡量避免添加麵粉。若麵團太黏，最好使用木製抹刀，或先將其冷卻。
4. 將麵團塊放在烤盤上，將其推伸至 2-2.5 cm（¾ -1 inch）厚，然後整片烘烤。或者依照我喜歡的方法──將麵團分成兩半，形成兩個較小的麵團，這樣就有更多的硬皮邊緣讓每個人享用，也可以將其中一個用於贈禮。
5. 烘烤 20 至 25 分鐘，然後放在網架上冷卻。邊緣顏色會較其他部分深，並且有微小的裂縫。用手指按壓中央時會回彈。
6. 最好搭配一杯牛奶，在其溫熱時享用，根據你的飢餓程度隨意切成楔形。
7. 放在密封容器中保存。

哈瑟爾特史派克拉斯餅乾
Hasseltse speculaas

　　哈瑟爾特史派克拉斯餅乾是一種來自哈瑟爾特鎮、無固定形狀的軟式史派克拉斯餅乾，味道溫和。它以大型扁平長條或成人手掌大小的史派克拉斯餅乾出售。這種史派克拉斯餅乾的獨特之處，在於其表面有由小蘇打產生的裂痕。沒有裂痕就不是哈塞爾特史派克拉斯餅乾，只有將麵團靜置才能獲得正確的裂紋。

　　我高中附近的麵包方有許多老式糕點，在其他烘焙坊很難找到，因爲其他烘焙坊通常主打法式甜點。那家烘焙坊有飽滿的蘋果與櫻桃果餡卷（stroedel）、蘋果派（appelflappen）、麵包布丁及哈瑟爾特史派克拉斯餅乾。我以前經常買一個當作白天的點心。由於它只用了肉桂和一點丁香調味，所以吸引了很多人，也包括孩子們。

　　關於這種史派克拉斯餅乾的起源有很多故事，但沒有一個是眞實的，也沒有一個令人驚嘆。

份量：14-22 個史派克拉斯餅乾

黑糖　325 g（11½ oz）
無鹽奶油　175 g（6 oz），軟化
全蛋　1 顆
肉桂粉　10 g（⅜ oz）
丁香粉或英式綜合香料　¼ 小匙
海鹽　⅛ 小匙
淺色裸麥粉或中筋麵粉　500 g（1 lb 2 oz）
碳酸氫鈉（小蘇打）　1 小匙
全脂牛奶　50 ml（1¾ fl oz）

作法

1. 將奶油和糖放入一個調理盆或裝了球型攪拌棒的電動攪拌機盆中，攪打至奶霜狀，然後加入全蛋、香料與鹽，攪打至被充分吸收。混合麵粉與小蘇打，然後一勺一勺地加入，直到全體充分混合。

2. 揉捏直到形成一個光滑的麵團，加蓋並放在陰涼處靜置至少 24 小時至最多一週 [196]。您也可以立即烘烤，但成品上不會出現特有的裂紋。

3. 將烤箱預熱至 230° C（445° F）。勿使用旋風功能。

4. 將麵團稱量分成 50 g（1¾ oz）的小塊，然後將它們滾成約 22 顆小球，或者如果您願意，也可以製作更大尺寸的球型。將小球稍微壓扁成橢圓形，然後將其放在鋪了烘焙紙的烤盤上，中間留有足夠的空間，因爲烘烤時它們會攤平。你或者需要多個烤盤，也可保留部分麵團隔天使用。

5. 烘烤 15 至 18 分鐘，直到邊緣顏色稍微變深，然後將其放在網架上冷卻。冷卻後存放在密封容器中。舊的史派克拉斯餅乾可以用於燉菜，或作爲麵包粉，也可以用於東法蘭德斯甜派（參見第 160 頁）。

杏仁夾心史派克拉斯蛋糕
Speculaas stuffed with almond

　　史派克拉斯和杏仁是極佳的風味組合，而且在這個版本中它們真的非常出眾。這種杏仁餡的史派克拉斯只能在聖尼古拉斯節前後於商店中買到。我從來就不喜歡它，因為它很甜，但我媽媽卻非常喜愛，所以我們總是在十二月享用。在為這本書做烘焙測試，並將測試成品分給朋友、家人和我丈夫的同事時，我發現它廣受大眾歡迎，對小朋友來說也是。

　　另一種使用這種麵團和內餡的方法，是將擀薄的史派克拉斯麵團切出兩片方形，在中間放一些杏仁餡，以牛奶潤濕麵團周圍，然後將第二片方形麵團放在上面，把邊緣壓緊，這樣烘烤時它就不會開口。通常在這種史派克拉斯蛋糕上還會裝飾一些去皮杏仁。

份量：1 個邊長 23 cm（9 inch）的方形蛋糕

使用模具：1 個邊長 23 cm（9 inch）的方形烤模，事先上油並鋪上烘焙紙。你需要在烘焙前一天開始製作。

黑糖　325 g（11½ oz）

無鹽奶油　175 g（6 oz），軟化

全蛋　1 顆

全脂牛奶　50 ml（1¾ fl oz）

肉桂粉　10 g（⅜ oz）

丁香粉或英式綜合香料　¼ 小匙

海鹽　⅛ 小匙

碳酸氫鈉（小蘇打）　1 小匙

淡色裸麥麵粉或中筋麵粉　500 g（1 lb 2 oz）

全蛋　1 顆（打散），外加牛奶 1 大匙，蛋液用

去皮杏仁　裝飾用

杏仁內餡

使用第 217 頁的字母杏仁糕點內餡食譜

作法

1. 將糖與奶油一起攪打直至奶霜狀。加入全蛋和牛奶，然後將其攪打入奶油與糖的混合物中。加入香料與鹽。

2. 將小蘇打與麵粉混合，篩入蛋奶混合物中，然後攪拌至混合均勻。將麵團揉捏至光滑，然後移至密封容器中。靜置隔夜。

3. 此時依照第 217 頁的字母杏仁糕點內餡食譜製作杏仁餡，靜置隔夜。

4. 第二天，秤量出三分之二的麵團，將其擀成適合烤模的尺寸，邊緣較模具高出 4 cm（1½ inch）。以勺子舀入杏仁餡，表面抹平，然後擀開剩下的麵團，鋪在餡料上。盡可能工整地將四周邊緣壓緊。

5. 將烤箱預熱至 180° C（350° F）。勿使用旋風功能。

6. 在蛋糕表面刷上蛋液，將去皮杏仁按照選擇呈現的圖樣輕輕地按壓入蛋糕頂部，然後再次刷上蛋液。

7. 將蛋糕放入烤箱中層烘烤 30 至 35 分鐘，直到插入的測試籤上沒有沾黏為止。移至網架上，讓蛋糕在模具中冷卻。

8. 你可以將其切成立方體或長條，接著可以切掉側邊，露出內餡，這就是它們在本地包裝和販售的方式。邊角料可以當成給自己獎勵的點心享用！

壓模印花
PRINTING THE DOUGH

人們一直都在努力爲食物創造吸引人的形狀，無論是使用吉利丁製作塑型的果凍、將鮮奶油冷凍以模具製作冰淇淋，還是使用最古老的方法——以陶土或木製雕刻模具壓製麵團。在 13 世紀的巴格達烹飪書輯《料理之書》（*Kitāb Al-tabīkh*）中，有一份「魚形糕點」（*samak wa-aqras*）的食譜，這是一種甜點，做法是將蜂蜜和糖、杏仁粉與澱粉一起煮沸，再以玫瑰水和麝香調味，然後壓入魚形木雕模具中成型。

在荷蘭語中，它們被稱爲「蛋糕壓模」（*koekplank*）、史派克拉斯壓模（*speculaasplank*）或「蛋糕印花模」（*koekprent*，「prent」爲「印花」之意）；匈牙利語稱其爲「薑餅模」（*Mézeskalács ütőfák*）；德語爲「德式香料蛋糕模」（*Lebkuchenform*）或「小騎士餅乾模」（*Springerleform*）[197]；英語則是「薑餅模具」（gingerbread mould）。事實上，在許多北歐和東歐文化中和俄羅斯，都有以木雕模板爲麵團塑形的歷史。然而，正是在低地國家，尤其是尼德蘭，它們爲數最多，從那些倖存的古老木模以及它們如今仍然被廣泛使用的事實即可看出。

印花圖紋需以反向雕刻製作，這在印刷技術中稱爲「凹版」。在過去，烘焙師傅通常自己雕刻模具，但也可以委託巡遊手藝人雕刻，其中還有一些是由雕刻大師所製作。一位名叫溫尼克（Wennink）的商人甚至擁有一本可供顧客選擇的模型手冊，他還是是一位皇家供應商。在比利時，安特衛普有克勞茲公司（Cluyts）、列日有俄訶・林伯木模製造商（Eug Limbor Fabricateur de forme en bois）。他們各自有獨特的風格：克勞茲專門雕刻布拉邦地區的人物聖格里夫（參見第 129 頁）。

果木和榆木因其光滑的性質和強度成爲最佳選擇，較大的雕刻品則通常由山毛櫸木製成。模具可以是單面的，也可以是雙面的，也有在長木板上刻出各種不同的小型花樣，它們被稱爲「小物件」（*kleingoed*）或「投擲物件」（*strooigoed*），可以用來製作小型史派克拉斯餅乾（參見第 254 頁）。

最深的雕刻模具用於製作如迪南庫克硬香料餅（參見第 245 頁）、德式香料蛋糕（參見第 248 頁）和「泰泰」硬香料餅（參見第 253 頁）等老式香料蛋糕——它們在奶油出現前就已經存在。這些模具在雕刻刻紋外緣會有一個金屬邊，以切割堅硬的麵團。

蜂蜜蛋糕是人類歷史上最古老的烘焙食品之一。最早對模製蜂蜜蛋糕的描繪出現在《蘭道爾救濟院之書》（*Landauer Hausbuch*）[198] 中，其中描繪了一名名叫漢斯・布爾（Hanns Buel）的修士和一個烤箱與他的紐倫堡德式香料蛋糕。這本書的歷史可以追溯到約 1520 年。

17 世紀前的木製蜂蜜蛋糕沒有一個模倖存至今，不過一種通常在萊茵河中部地區發現的 15 世紀物件與其有相似之處，它被稱爲「塑形模版」，由陶土製成，和用於壓製麵團成形或蠟染用的模具外觀完全相同。[24] 它可能描繪《聖經》場景，如上帝的羔羊或朱迪斯斬殺赫羅弗尼斯（Judith beheading Holofernes）[199]，及衆所周知的民間人物如騎士、貴婦、傻瓜或死神，對應後來低地國家的蜂蜜蛋糕木模中雕刻的執政官（*stadhouder*，地方法官或統治者）、淑女，以及傻瓜的形象。

無論聖尼古拉斯對低地國家文化有多重要，他要一直到 19 世紀聖尼古拉斯節復興時才會身穿祭袍、頭戴法冠在蜂蜜蛋糕模具上出現（參見第 207-210 頁）。宗教改革期間禁止崇拜聖尼古拉斯，其人形糕點也被禁止。揚・史汀的 17 世紀畫作〈聖尼古拉斯節〉（參見第 209 頁）在背景中描繪了一個戴著法冠的人形蜂蜜蛋糕，這在當時非常大膽。

不過，當時的人們並不認爲這位聖人消失了，而認爲他只是喬裝掩人耳目。在刻著騎手的模具中，就能認出他的形象。雕刻木模中最常見的人物，是尼德蘭七省聯合共和國執政與英格蘭國王奧蘭治的威廉二世（Willem II of Orange, 1626-1650）及瑪麗・斯圖亞特（Mary Stuart），分別刻在一塊木板的兩側。他們唯一的孩子威廉三世（Willem III），同樣也是尼德蘭聯省共和國執政、也擔任英格蘭國王，並娶了英格蘭查理一

世（Charles I）的女兒瑪麗（Mary）[200]。與英格蘭之間的連結，使得人們在英國發現了一個刻有英格蘭皇室夫婦的罕見精緻蜂蜜蛋糕模，目前所有者是飲食歷史學家愛文・戴（Ivan Day）。他還提到有件可追溯至 19 世紀的英國皇家雕刻模，上面描繪了威廉四世（William IV）和阿德萊德王后（Queen Adelaide）。

我曾在描繪聖尼古拉斯市集和活動的繪畫與版畫上發現了尼德蘭聯省共和國執政的人像。在揚・卡斯帕・菲利普（Jan Caspar Philips, 1690-1775）一幅題爲〈十二月聖尼古拉斯節前夜〉（December Sinterklaasavond）的版畫創作中，一個孩童手裡拿著奧蘭治親王的照片。在威廉・凡米里斯（Willem Van Mieris, 1662-1747）創作的〈市場小攤〉（The Market Stall, 1730）的左方角落，也可以看到執政官的壓模糕餅。上面懸掛著鹿製成鹿形的蜂蜜蛋糕。在凡米里斯的另一幅畫中，我們可瞥見一家賣蔬菜和魚的商店，奇怪的是，還有整個層架上閃閃發亮的蜂蜜蛋糕，上面裝飾著金箔，裡面有個執政官人形，是位騎馬的人——通常也是描繪威廉二世，還有幾位女士和幾塊蜂蜜蛋糕。爲蜂蜜蛋糕（在英國則是爲薑餅）貼上金箔裝飾，是家戶在隆冬時節的快樂消遣。

聖人歸來

19 世紀，我們在揚・亨德里克・凡荷羅特費特（Jan Hendrik Van Grootvelt, 1808-1855）的畫作〈欣賞聖尼古拉斯節的甜點〉（Admiring Candy for the Feast of Saint Nicholas, 1841）中看到了烘焙坊櫥窗裡的聖尼古拉斯與心形壓模糕點，此時穿著聖披禮服的聖人不再是需要隱藏的祕密。大人小孩都圍在窗前，在冬夜的黑暗中，凸窗中的甜點閃耀著光芒，彷彿天堂敞開了大門。同一時期還有一幅由佩特魯斯・凡申德爾（Petrus Van Schendel, 1806-1870）創作的 17 世紀聖尼古拉斯市集畫作。在夜幕下，這幅名爲〈薑餅小販〉（The Gingerbread Seller）的畫作向我們展示了以金箔裝飾、閃閃發光的蜂蜜蛋糕正在燭光下秤重，在遠處的邊緣，我們可以看到執政官像是其中最大的。

蜂蜜蛋糕的雕刻紋樣總是很曖昧不明。威廉和瑪麗的蜂蜜蛋糕刻紋描繪了這對戴著皇冠的皇室夫婦，但皇冠後來演變成了羽毛和帽子，直到他們的皇室血統隨著時間的流逝而消失，最後被稱爲「戀人」。在 19 世紀，這兩尊雕像仍然經常以和 17 世紀相同的風格雕刻，表明存在重複雕刻相同紋樣的慣例，讓常見的蜂蜜蛋糕刻紋得以繼續流傳。執政官（參見第 241 頁）現在經常與獵人混淆，因爲他的腳邊有隻狗；當沒有狗但他身上有武器時，則會與士兵形象混淆。

另一對受歡迎的夫婦，則是農民和他的妻子，也叫揚・克拉森與卡特琳（Jan Klaassen en Katrijn）。他們經常被和聖格里夫或大齋中期主日伯爵（參見第 129 頁）搞混，在後者的壓模背面，是其妻的人像壓模，他們可以用其獨特的大鼻子來識別。這兩人的形象遠不如「戀人」優雅，奇怪地與英國的潘趣與茱迪相似。聖格里夫是狂歡節王子的前身：他出現在伊珀爾（Ypres）、布拉邦，以及特別在安特衛普，那裡有位蜂蜜香料蛋糕模具雕刻師傅專門製作這些雕像，而哈勒則是延續此傳統時間最長的城鎮。

殖民主義和戰爭也體現在船隻的雕刻和似乎正在採摘可可果的人像上。政治與宗教也未在壓模蜂蜜蛋糕中缺席，所以我們可以看到朱迪斯斬殺赫羅弗尼斯，這是一種罕見的雕刻紋樣，象徵著基督教反對新教和異端。蜂蜜蛋糕模具刻紋回應了社會上發生的一切。另有一些含義沒那麼隱晦的刻紋，如雕刻「奧蘭治萬歲」（Viva Oranje）的口號，慶祝對法國的勝利，還有一些其他刻紋則寫著「逃離拿破崙」（Away with Napoleon），通常會和騎著馬的人像雕刻連在一起。

另外還有輕鬆的心形和水果雕刻、風車、象徵婚姻的車輿和馬匹。豬、牛、公雞和貓等動物在過去很常見，天鵝和孔雀也是。肉販、點燈人、水果採摘工人和紡紗工等職業經常一起出現在小型史派克拉斯的模具上。蜂蜜蛋糕模上也會雕刻創新發明，如第一個熱氣球、齊柏林飛船、自行車與第一輛汽車。

在低地國家蜂蜜蛋糕模具中，大多數優秀雕刻所呈現的服裝時尚總是 17 世紀的風格；而在匈牙利，則是 18 世紀的經典奧地利風格，戴著高高的假髮。

蜂蜜蛋糕壓模呈現出的造型，其重要性在於，這是傳

播與堅守思想、理想和傳統的一種方式。就像印刷版印出的印刷品一樣，這些蜂蜜蛋糕（在德語也稱爲「壓模香料蛋糕」〔printen〕）是一種溝通交流的形式及方法。

麵粉與蜂蜜

早期的麵團僅由麵粉和蜂蜜製成，會做出一種堅韌的膏體，容易成型，在烘烤時可以保持其形狀與清晰的刻痕。這些蛋糕如石頭般堅硬，食用體驗遠遠稱不上令人愉悅，但它們又甜又漂亮。我相信它們被當成糖果：人們從蛋糕上掰下小塊來吮吸，就像吃硬式糖果一樣。如今在比利時的瓦隆大區，這種古老形式的蜂蜜蛋糕仍然存在於迪南庫克硬香料餅中（參見第 245 頁）。用於壓印麵團的精細雕刻模具描繪城鎮、神話生物、日常生活景象（儘管是幾個世紀前的）、水果、花卉與動物。描繪小鎮的蜂蜜蛋糕（小鎮的名字也刻在果木上）告訴我們，它們不是販售給人們食用、也不是眞的用來吃。它們永遠不可能便宜。這是用來珍藏的糕餅，可以作爲紀念品。如今迪南的烘焙坊會明確標示，不要咬他們的蜂蜜蛋糕，因爲會把牙齒咬斷。相反地，你應將這種硬餅乾浸泡在茶、咖啡或牛奶中軟化。

當糖的價格變得更便宜時，蜂蜜被糖完全或部分替代，後來又加入了奶油，使蜂蜜蛋糕的硬度大幅降低、更易食用。在麵團中添加油脂會使烘烤完後的印花變得不那麼清晰，因此，雖然這種蜂蜜蛋糕剛開始因其外觀和可食用性而受到重視，但糖和奶油以及鉀等膨脹劑容易取得後，蜂蜜蛋糕逐漸演化，如今木模已經過時了。

壓模香料蛋糕的衰落

印花蜂蜜蛋糕在過去日常生活的一部分：年輕人可以透過贈送女孩蜂蜜蛋糕或香料蛋糕來表達心意；女孩在市集或園遊會帶著一塊蜂蜜蛋糕，便表示自己已有婚約。在某些地區，村鎮集市的第一天結束後，女孩們會在枕頭下放一個薑餅人入睡，希望那年能找到丈夫。據說英國女王伊麗莎白一世曾爲她的每一位求婚者製作了一個薑餅人，這樣她就可以把他們的頭咬掉，以滅其雄風。人形蛋糕是一個強而有力的象徵，動物形狀也讓人想起異教風俗中的的祭品。

隨著工業革命，農村習俗開始消失。然而，對聖尼古拉斯市集和與之相關的壓模蜂蜜蛋糕禁令遭到激烈且高聲的反抗，喀爾文主義者也未能摧毀這一習俗。這就是爲什麼今天我們仍然可在聖尼古拉斯節享用壓模史派克拉斯餅乾與香料蛋糕或蜂蜜蛋糕。

烘焙師傅將木模傳承數代。當然，它們有時會破裂、由於多年使用而刻紋變淺，或者被蛀蟲侵蝕。當烘焙師傅朝向現代化時，還有一些模具就被淘汰了。他們或者停止製作蜂蜜蛋糕、改爲從大型烘焙坊購買蜂蜜；或者買一台搭配鋼製模具的史派克拉斯餅乾機，這種模具不會隨著時間的推移破裂或磨損，並大大縮減了生產時間。許多古老的木模消失在火爐中，它們的主人不知道這些模具的社會歷史和民藝價值。正如一位知名烘焙師傅曾經在我向他展示自己收藏的模具時告訴我的那樣：「那些破舊的廢物，我把我的扔進了垃圾箱」。這就是文化消失的方式。當它在現代不再占有一席之地時，人們無法看見它的價值，直到失去太多，才重新尋找。最美麗、最古老的木製史派克拉斯模具現在在古董店裡的售價是數百歐元或美元。

現在大多數烘焙坊都已現代化，人們再次開始重視幾十年來沒有改變的老式烘焙坊內部裝潢。在這裡，烘焙的季節性依然清晰可見：聖馬丁和聖尼古拉斯人形麵包會從九月開始出場，隨後在十一月底出現大大小小的壓模史派克拉斯。從十二月開始，則會有字母或聖誕花環形狀的杏仁糕點、嬰兒形狀的庫努麵包、戴芙卡特麵包與佛拉麵包，還有各種形式的新年華夫薄餅，爲新年帶來好運。三王蛋糕於 1 月 6 日上市，隨後在「消失的週一」推出香腸麵包和烤蘋果。然後是聖燭節的煎餅，懺悔星期二與狂歡節的油炸圓麵包和華夫餅。大齋期從洋李甜派開始，到復活節時以綴滿葡萄乾的麵包結束。從那時起，集市或園遊會來到鎮上，出售各種華夫餅、油炸圓麵包和甜派，直到夏季結束，聖馬丁節和聖尼古拉斯節又即將到來。

迪南庫克硬香料餅
Couque de Dinant

　　迪南庫克硬香料餅的傳說將我們帶回至 1466 年列日戰爭期間，對瓦隆小鎮迪南的進攻。大膽查理（Charles the Bold）[201] 派出軍隊鎮壓叛亂，他們燒毀了迪南並殺害了 800 名平民。鎮民們在缺乏食物和絕望的景況下，用麵粉和蜂蜜製作麵團，做出如石頭般堅硬的蜂蜜蛋糕，然後將其扔向勃艮第軍隊，迫使後者撤退。就在那時，在人們開始使用木模之前，迪南人民想到以他們著名的迪南銅器壓印庫克硬香料餅的想法。從那時開始，出於對迪南人民保衛自己城鎮的自豪感，人們開始烘烤迪南庫克硬香料餅，並經常印上該城風景作為紀念品販賣。

　　這是一個了不起的傳說，但其中有一絲真相嗎？亞琛德式香料蛋糕的歷史告訴我們，1466 年迪南被大膽查理摧毀後，許多銅匠（Kupfermeisters）帶著他們的銅藝文化和最愛的迪南印庫克餅乾遷至亞琛地區，促成了當地的銅與庫克硬香料餅文化。當時的亞琛確實有香料蛋糕的文化，但當地烘焙師傅認為，壓模庫克硬香料蛋糕來自迪南移民。這表示著迪南庫克硬香料餅在列日戰爭之前就已經存在，但很可能要歸功於迪南人以其作為投射武器的傳說，才有如今的重要性。

　　壓印麵團必須使用一個有著切割器和粗略外型的木雕模具，將麵團放在雕刻紋樣上並按壓入模。揉捏和擀開這個麵團要費不少力氣，所以我會將這個食譜留在對某事非常生氣、需要排解憤怒時：這是個終極壓力球。只不過千萬不要咬烤好的餅乾，因為它就和石頭一樣硬！

份量：依據模具尺寸不同，可製作數個庫克硬香料餅（可將食譜份量減半）

液態蜂蜜　470 g（1 lb）
淺色裸麥粉或中筋麵粉　600 g（1 lb 5 oz）
和米粉　模具撒粉防沾黏用

請注意：這種庫克香料餅堅硬如石，切勿咬它。將其掰成小塊，然後像硬式糖果一樣吮吸它，或將其浸泡在熱飲中軟化。**再說一遍，不要咬它**，因為你的牙齒會斷裂。本書不對任何齒牙受損負責！另外，不要將它扔向討厭的人。

作法

1. 在一個醬汁鍋中以小火加熱蜂蜜，當液體似乎沿著鍋邊向內移動（非氣泡）時離火（如果你有糖溫度計，溫度應為 80° C ／ 175° F）。將麵粉放入一個大型調理盆中，在中間挖出一個凹洞，然後倒入熱蜂蜜，用結實的木勺攪拌。當麵團降溫到可以操作時，將其揉成柔軟而結實的麵團。麵粉和蜂蜜的混合物會看起來鬆散易碎，但繼續揉捏，最終會聚合成團。

2. 將烤箱預熱至 240° C（465° F）或最高溫度。勿使用旋風功能。在烤盤上鋪上烘焙紙。

3. 將麵團擀成 1.5-2 cm（½ - ¾ inch）厚。如果使用木模，大致切出圖樣或木版的形狀（可在之後裁掉多餘的麵團）；如果不使用木模，請用你最喜歡的餅乾切模切出形狀。

4. 在模具上撒上和米粉，放上麵團，然後用手掌將其壓入雕刻紋樣中。現在用擀麵棍將表面擀平，然後以指尖輕輕地將麵團從模具周邊挑出，然後輕柔地將其完全取出。將塑形完成的麵團放在烤盤上，用水遍刷表面。

5. 烘烤 10 分鐘，直至呈現金黃並帶有一絲棕色，而非全體金棕色。密切注意烘烤狀態！

6. 剛剛烘烤完成時，庫克香料餅仍然能夠彎折，但它會逐漸變硬。從烤箱中取出後，立刻再次刷上水。

蘭斯庫克香料餅
Couque de Rins

　　蘭斯庫克香料餅是迪南庫克硬香料餅的蜂蜜蛋糕變化版，其中添加了糖，使香料餅乾變得柔軟而不再堅硬，成品是一種充滿蜂蜜香的甜味耐嚼蛋糕。

　　它是在 19 世紀由庫克香料餅師傅法蘭索瓦‧蘭斯（François Rins）在錯誤中意外發明的。他加了糖而非蜂蜜，然後才添加了蜂蜜與肉桂試圖掩蓋。有多少烘焙的起源故事是由「錯誤」造成的！如今，這兩種類型的庫克硬香料餅在迪南皆有出售。蘭斯庫克香料餅通常會堆疊出售，用絲帶綁在一起。本食譜是基於我在一本古老烹飪書中發現的配方。

份量：15 片大型蘭斯庫克香料餅

液態蜂蜜　300 g（10½ oz）
德梅拉拉糖　100 g（3½ oz）
中筋麵粉　270 g（9½ oz）
碳酸鉀粉（potassium carbonate powder）＊　3 g（⅛ oz）
肉桂粉　1 小匙

＊ 碳酸鉀有時以晶體形式出售，但你可以使用研缽和研杵將其搗碎成粉末。

作法

於烘焙前一天開始製作。

1. 將蜂蜜和糖放入中型醬汁鍋中，以小火加熱，並在蜂蜜開始從鍋邊向內移動時離火。將麵粉、碳酸鉀和肉桂放入一個大型調理盆中，在中間挖一個洞，然後倒入熱蜂蜜混合物，以結實的木勺攪拌。麵團此時看起來太流質，但靜置一晚後就會變得緊實。靜置隔夜。

2. 將烤箱預熱至 210°C（410°F）。勿使用旋風功能。在烤盤上鋪上烘焙紙。

3. 自調理盆中刮出麵團，並在撒了麵粉的工作檯面上揉捏，直到麵團不再鬆散易碎且不再黏手。

4. 將麵團擀成 5 mm（¼ inch）厚，然後以直徑 7 cm（2¾ inch）的圓形切模切出圓形麵團。將其放在烤盤上，每片之間留有足夠的空間，因為它們會延展至直徑 10 cm（4 inches）。

5. 烘烤 10 分鐘或直至呈現金黃色而非金棕色。移至網架上冷卻，然後保存在密封容器中，最長 3 週。

德式香料蛋糕與壓模香料蛋糕
Lebkuchen and printen

「*Lebkuchen*」（德式香料蛋糕）[186] 和「*printen*」（壓模香料蛋糕）是表示「蜂蜜香料蛋糕」（*koek*）或「香料蛋糕」（*peperkoek*）的最常見德語單詞。詞源很難確定，且有很多理論。「Lebkuchen」是通用名稱，而亞琛和東比利時地區則使用「printen」一詞。人們自 13 世紀以來一直在使用「Lebkuchen」一詞，而「printen」則在大陸封鎖 [202] 後出現，當時進口蜂蜜和甘蔗無法再進入歐洲，從甜菜中提煉的糖則成為亞琛壓模香料蛋糕中的甜味劑。在此之前，烘焙坊以加入蜂蜜和蔗糖的傳統方式製作德式香料蛋糕。

1466 年列日戰爭幾乎摧毀了迪南這座默茲河岸城市後，迪南的瓦隆移民來到亞琛，而製作薄片而非厚片香料蛋糕，以及以雕刻木模壓印麵團的做法也隨之傳至此地。完整傳說故事請參見第 245 頁。

雖然「壓模香料蛋糕」之名源自「壓印麵團」，但這些香料蛋糕通常呈圓形或矩形，聖誕節前後也會有心形的，並以糖霜裝飾。在極少數情況下，以堅果與糖漬水果裝飾的人形壓模香料蛋糕（*Printenmann*）也會出現，但壓模香料蛋糕的風俗在比利時和尼德蘭仍然最為盛行。

德式香料蛋糕存在一些地域性差異，其中最著名的是紐倫堡德式香料蛋糕，但最主要的種類還是蜂蜜蛋糕（*Honigkuchen*）、棕色德式香料蛋糕（*Braune Lebkuchen*）和堅果粉德式香料蛋糕（*Elisenlebkuchen*）。第一種是長條型的蜂蜜蛋糕，但在比利時和尼德蘭更受歡迎。棕色德式香料蛋糕是由最結實的麵團製成，可以做出更緊實的香料蛋糕，有硬質或稍軟（*weichprinten*）兩種。較軟的那種油脂含量較高；硬的則用於製作心型德式香料蛋糕（*Lebkuchenherzen*），人們認為其更為傳統。這些德式香料蛋糕或者毫無裝飾、或者刷上薄薄的糖霜，抑或以堅果裝飾。「聖體德式香料蛋糕」（*Oblatenlebkuchen*）則做為「oblaten」之用，「oblaten」是聖餐中的聖體 [49]，顯示了這些糕餅的修道院歷史。德式香料蛋糕的最高等級是堅果粉德式香料蛋糕：德國《食品法典》（*Deutschen Lebensmittelbuchs*，簡稱 DLMB）[203] 中列出了其成分，需要包含 25% 的杏仁、榛果或核桃以及最多 10% 的麵粉或 7.5% 的澱粉。由於成分中加了堅果粉，香料蛋糕因而變得更為柔軟。

德式香料蛋糕的獨特之處在於，還有加上巧克力覆面的做法；在比利時和尼德蘭，除了巧克力覆面的圓形

綜合香料餅乾之外，其他香料蛋糕都看不到這種做法。如今，德式香料蛋糕的裝飾較為低調，多使用堅果或糖漬水果，但直到 20 年前，都是將美麗的紙質圖片，以類似於鑲入佛拉麵包中烘烤的圓幣裝飾之法（參見第 69 頁），貼在香料蛋糕上製作「圖像德式香料蛋糕」（*Oblatenbild*）。聖尼古拉斯是很受歡迎的人物插圖，但邪惡的坎卜斯（Krampus）[204] 也是（見上圖左下角）。非宗教性的圖像則包括漢斯與格蕾特，以及祝願語。

從我還是個小女孩的時候起，我們每年都會去亞琛參加聖誕市集。如果沒有十二月時黑巧克力覆面壓模香料蛋糕的香氣和香料風味，聖誕節對我來說就不像聖誕節了。

份量：2 個大型德式香料蛋糕與 12-24 個小型壓模
香料蛋糕

坎蒂紅冰糖 [205]　100 g（3½ oz）（選用）
液態蜂蜜、甜菜糖漿或葡萄糖漿　400 g（14 oz）
淺色裸麥麵粉　300 g（10½ oz）
中筋麵粉　100 g（3½ oz）
去皮杏仁粉　100 g（3½ oz）
還原黃糖　85 g（3 oz）
糖漬香檬皮　35 g（1 oz），切碎
碳酸氫鈉（小蘇打）　5 g（⅛ oz）
碳酸鉀粉 *　5 g（⅛ oz）
德式香料蛋糕香料（見下方）　28 g（1 oz）
秈米粉　撒粉防沾黏用
牛奶　2 大匙，刷蛋糕表面用

* 碳酸鉀有時以晶體形式出售，但你可以使用研缽
和研杵將其搗碎成粉末。

德式香料蛋糕香料

（你可以製作超出食譜所需的份量，並將其存放在
密封容器中：此處可製作總共約 28 g ／ 1 oz。）

洋茴香籽粉　10 g（⅜ oz）
芫荽粉與肉桂粉　各 5 g（⅛ oz）
丁香粉、多香果粉、小豆蔻粉與肉豆蔻粉　各 2 g
　（¹⁄₁₆ oz）

作法

你需要在烘焙三天前製作麵團。

1. 若有使用冰糖，請用研缽和研杵碾碎糖晶體備用。這麼做是
   必須的，否則會折斷牙齒。你可以直接省略它，成品仍然會
   一樣好，但傳統上這種糕點會使用坎蒂紅冰糖。

2. 在一個大型醬汁鍋中以小火加熱蜂蜜或糖漿，確保它不會沸
   騰。當液體似乎沿著鍋邊向內移動（非氣泡）時離火。（如
   果你有糖溫度計，應為 80° C ／ 175° F。）如將蜂蜜煮沸會
   產生苦味。

3. 加入粉類、黃糖、研磨後的坎蒂紅冰糖（若有使用）、糖漬
   香檬皮、小蘇打、碳酸鉀粉和香料，以結實的木匙混合，然
   後揉捏，直到得到一個光滑而黏稠的麵團。麵團冷卻時會變
   硬。

4. 將麵團放入密封容器中，靜置一個月熟成 [206]。時間會改善
   其風味與質地，也會使麵團顏色變深（請參閱第 250 頁的照
   片，其上是已靜置一個月的壓模未烘烤麵團）。

5. 將烤箱預熱至 180° C（350° F）。勿使用旋風功能。在烤盤
   上鋪上烘焙紙。

6. 稍稍揉捏麵團，使其變得柔軟。將麵團擀成 7-10 mm（¼ -
   ½ inch）厚。如果你有秈米粉的話，可以用將其撒在木模上。
   將模具翻轉並輕拍背面以去除多餘的秈米粉。將麵團切成大
   約與模具中的刻紋大小相同的尺寸；如果麵團黏手，撒上秈
   米粉，然後將其壓入木模中。用擀麵棍擀平表面使其平整。
   接著用指尖將麵團從模具上挑起，放在烤盤上。若有需要，
   切掉多餘的麵團。如果你沒有模具，可以切出矩形或其他形
   狀，並將它們放在烤盤上。烘烤後，刻紋不會非常明顯，因
   為只有像迪南庫克硬香料餅那樣不使用膨鬆劑的麵團才能做
   到這一點，「泰泰」硬香料餅則次之。

7. 在香料蛋糕上刷上牛奶，以獲得漂亮的光澤。放入烤箱中層
   烘烤 15 至 18 分鐘。在烤盤上靜置數分鐘使其變硬，然後放
   在網架上冷卻。剛烤好的時候會很硬，但幾天後就會變軟。
   這些德式香料蛋糕可放在密封容器中保存數週。

以德國風格裝飾德式香料蛋糕或壓模香料蛋糕的點子
• 以整顆或切半去皮杏仁完全覆蓋表面或排列成圖案。
• 糖漬櫻桃，或糖漬櫻桃混合杏仁。
• 黑巧克力，或黑巧克力加上焙烤過的榛果。
• 一層薄薄的糖霜，使它們看起來像是表面結霜。

「泰泰」硬香料餅
Taai-taai

　　「泰泰」（*Taai-taai*）意爲「堅韌」或「有嚼勁」，因爲這種蜂蜜蛋糕非常堅韌，但不像迪南庫克硬香料餅那樣堅如磐石（請參閱第 245 頁）。1950 年代的一本烘焙坊手冊有 5 種食譜，均採用不同比例的蜂蜜、糖及淺色和深色糖漿。麵團以傳統方式製作，首先使用蜂蜜和黑麥麵粉製成母麵團，然後靜置。第二天，或甚至幾週後，所有其他成分——更多的麵粉、蜂蜜、糖漿、蓬鬆劑與香料——都必須被揉入母麵團中。這很難以手工完成：過去烘焙坊使用以馬力驅動的揉捏機器，後來又採用了工業揉捏機。我的成果都很糟，因爲無法在麵團靜置後妥善混合麵團，且同時不損壞電動攪拌機。這就是爲什麼本食譜是在一天內完成的，接著整個麵團需要靜置數天到數週的時間熟成。有些烘焙師傅會在新收成的穀物到來時就開始製作麵團，然後將其靜置至聖尼古拉斯節，按照傳統，人們會在聖尼古拉斯節期間食用這些糕點並作爲贈禮。

　　因爲麵團很硬，所以這些蜂蜜蛋糕非常適合壓模印花。實際上，過去木製模具會在雕紋周圍裝上鋼製切刀，因此可以較爲輕易地切割堅韌的麵團。

　　如今，「泰泰」硬香料餅多半出現在尼德蘭，不過我發現那些帶有金屬邊的模具是由列日的一家公司所製，這表示我們（比利時人）在不久前確實製作過這些硬香料餅，但後來更爲偏愛史派克拉斯餅乾。當然，迪南庫克硬香料餅在迪南依然存在。

份量：依據模具尺寸不同，可製作數個「泰泰」硬香料餅

液態蜂蜜　200 g（7 oz）
黃糖　100 g（3½ oz）
洋茴香籽粉　1 小匙
淺色裸麥粉　280 g（10 oz）
碳酸氫鈉（小蘇打）　2 小匙
鹽　一小撮（⅛ 小匙）
和米粉　撒粉防沾黏用
全蛋　1 顆（打散）
　或牛奶　刷香料餅表面用

作法

你需要在烘焙三天前製作麵團。

1. 在醬汁鍋中以小火加熱蜂蜜、糖及洋茴香粉。當液體似乎沿著鍋邊向內移動（非氣泡）時離火（如果您有糖溫度計，則溫度應爲 80° C ／ 175° F）。將麵粉、小蘇打和鹽放入大型調理盆中混合均勻。在中心挖一個洞，倒入加熱後的蜂蜜混合物，然後以結實的木勺攪拌。當麵團冷卻到可以操作時，揉成柔軟但結實的麵團。混合物一開始會顯得鬆散易碎，但最終會聚合成團。將麵團加蓋放置陰涼處至三天 [206]。

烘焙當天

2. 將烤箱預熱至 210° C（410° F）。勿使用旋風功能。在烤盤上鋪上烘焙紙。

3. 揉捏麵團使其柔軟，然後將其擀成 1.5-2 cm（⅝ - ¾ inch）厚。如果使用木製模具，則大致切出圖樣或木板的形狀（可在之後裁掉多餘的麵團）。

4. 在木模中撒上和米粉，將麵團放在上方，然後用手掌將其壓入刻紋中。接著以擀麵棍將表面擀平，然後用指尖輕輕地將麵團從模具周圍的側面挑起，輕柔地將其完全從模具中完全取出。如有必要可裁掉多餘的麵團。

5. 如果不使用木模，請用你最喜歡的餅乾切模切出形狀，或者在撒了粉的麵團上放一片蕾絲，用擀麵棍將圖樣壓入麵團中。

6. 將塑形後的麵團放在烤盤上並刷上蛋液。烘烤 12 分鐘，直至呈金黃色並帶有一絲棕色，而非全體金棕色。密切注意烘烤狀態！放在網架上冷卻。

史派克拉斯餅乾
Speculaas biscuits

當奶油進入麵團中，糖取代了蜂蜜，堅韌的香料蛋糕和蜂蜜蛋糕如迪南庫克硬香料餅、德式香料蛋糕、壓模香料蛋糕與「泰泰」硬香料餅，就出現了名爲「史派克拉斯」（荷語：*speculaas* 或 *speculatie*；德語爲 *Spekulatius*）的新手足。史派克拉斯之名起源尚不清楚，但詞源學家有兩種理論：一是它來自「*speculum*」，在拉丁語中是鏡像之意，因爲壓模蜂蜜香料蛋糕的成品是雕刻模具的鏡像，這當然言之成理，也解釋了爲什麼這個詞彙不僅出現在荷蘭語中，在德語文本裡也有；另一種理論是，它來自「*speculator*」，這是「主教」的古老詞彙，反映了史派克拉斯餅乾是種受歡迎的聖尼古拉斯節點心的事實。

史派克拉斯或史派克洛斯（speculoos）

多都瓦之家（Maison Dandoy）烘焙坊於 1829 年開業，以史派克拉斯餅乾聞名國內外，他們使用了 speculatie 或 speculaas 一詞的變體——法語中稱爲「史派克洛斯」（*speculoos*）。一個世紀後，另一家著名的烘焙坊「蓮花」（Lotus）推出了他們的蓮花薄脆餅史派克洛斯餅乾（Speculoos），這是第一家將餅乾單片包裝並在咖啡館和飛機上分發的公司。如今當提到史派克拉斯餅乾時，其中會含有更強烈濃郁的香料，但若是談到「史派克洛斯餅乾」，指的則是蓮花薄脆餅，它只含有肉桂，焦糖則帶來溫暖的風味。後者在近年已風靡全球，更名爲「Biscoff」，這在比利時引起了公眾的強烈抗議，因爲每個人都是和蓮花史派克洛斯餅乾一起長大的。

本食譜製作的是史派克拉斯香料餅乾，而非蓮花薄脆餅。每年聖尼古拉斯節時期，我們在學校裡都會得到一片大型的史派克拉斯壓模餅乾，通常是在參觀安特衛普青年劇場後。這是我所能找到與記憶中最接近的版本。我是唯一一個把整片史派克拉斯餅乾帶回家給父母看、在餐具櫃上展示幾天並與父母們分享的孩子。其他孩子都在走回學校的路上把自己的餅乾吃掉了。如果餅乾在回家之前就破了，我總是會非常沮喪。這種事發生時，讓人感覺遭到厄運。

麵團中的奶油和糖分越多，吃起來就越令人滿足，但蜂蜜蛋糕壓模的紋路也就越不清晰。我提供的食譜中，一種含有能夠留下壓模上清晰印花的奶油量，另外一種

則更爲細緻，也有全穀物的版本。

不使用木製模具

如果你沒有木製史派克拉斯餅乾或薑餅模具，仍然可以製作這種餅乾，只需使用你最喜歡的餅乾切模（心形總是好的）或餅乾壓模。

變化版：更多奶油、更爲細緻

當不使用模具或壓模時，可以增加奶油量，能夠做出更細緻的史派克拉斯餅乾，但無法良好地保留印花圖樣，因爲餅乾會在烘烤過程中攤平。這種類型的史派克拉斯餅乾非常適合夾在兩片奶油麵包間，通常會先將其浸入咖啡中再享用，這在比利時是一種早餐傳統，也催生了蓮花薄脆餅抹醬。

全穀物史派克拉斯餅乾

在比利時也有全穀物史派克拉斯餅乾。只需將食譜中的 100 g（3½ oz）中筋麵粉替換爲全穀物裸麥麵粉、斯佩爾特小麥麵粉或全麥麵粉即可。如果麵粉很乾，麵團真的沒有聚合成團，你可能需要加一些牛奶。

份量：以 4 × 6 cm（1½ × 2½ inch）的切模、木模或壓模製作 56 片小型史派克拉斯餅乾

無鹽奶油　160 g（5¾ oz），軟化（若使用木模）
　　或 190 g（6¾ oz）（不使用木模）製作精緻版本
黑糖　250 g（9 oz）
海鹽　½ 小匙
史派克拉斯香料　2 大匙（見下方）
全脂牛奶　45 ml（1½ fl oz）
中筋麵粉或淺色裸麥粉　320 g（11¼ oz）
玉米粉（玉米澱粉）　50 g（1¾ oz）
帶皮杏仁粉　50 g（1¾ oz）
碳酸氫鈉（小蘇打）　1 小匙
杏仁條（almond slivers）（選用）
秈米粉　木模撒粉防沾黏用（若使用木模）

史派克拉斯香料
（製作份量多於食譜所需，但可在罐中良好保存）
肉桂粉　2 大匙
丁香粉　½ 小匙
薑粉、肉豆蔻粉、芫荽粉、多香果粉、肉豆蔻皮粉、
　　小豆蔻粉、長胡椒（或你有的胡椒粉）
　　各 ¼ 小匙

作法

1. 將奶油與黑糖攪打成奶霜狀，這個過程會將空氣帶入脂肪中，這就是為什麼這一步很重要，最好使用電動攪拌機。混合物的顏色必須比你剛開始攪拌時更淺，持續攪拌，它會變得更接近奶霜質地。人們通常不會將攪打成奶霜狀這個步驟做足，但請務必做到：若你稍待一會，將會對它的外觀看來有多不同而感到驚訝。

2. 加入鹽、史派克拉斯香料與牛奶，攪拌均勻。將麵粉與玉米粉、帶皮杏仁粉和小蘇打混合，然後一點一點地加到奶油與糖的混合物中。揉捏直至充分混合，這可能需要一段時間，如果麵團看起來乾燥易碎，請不要驚慌；持續用手揉捏，它會變成一個光滑而結實的麵團。你可以使用攪拌機來攪拌奶油和糖，但剩下的步驟則需要耗費一些體力。用保鮮膜將麵團裹起，在陰涼處靜置隔夜或在冰箱中放置 1 小時（如果有時間，可以靜置最多三天）。

3. 將烤箱預熱至 170° C（325° F）。勿使用旋風功能。為了製作出杏仁堅果餅乾底，請將杏仁片撒在鋪有烘焙紙的托盤上。這也能防止麵團攤平，從而更好地維持其形狀和刻紋。

4. 揉捏靜置完畢的麵團，使其柔軟：如果它易碎或乾燥，這表示之前加入的糖或麵粉非常乾燥，但只要持續揉捏，它就會聚合成團。

5. 在木模中撒上米粉，在上方放一小塊麵團，然後用手掌將其壓入刻紋中。接著用擀麵棍將頂部擀平。用指尖輕輕地將麵團從模具周圍的邊緣挑起，然後輕柔地將其完全從模具中取出。裁掉多餘的麵團，將其放在烤盤上並重複此步驟，直到麵團用完。

6. 如果使用餅乾切模，請在撒了少許手粉的工作檯面上將麵團擀成約 8 mm（⅜ inch）厚，然後切出盡可能多的餅乾，將邊角料蒐集起來並揉捏在一起再次使用。或是將一片蕾絲放在撒了手粉的麵團上，然後用擀麵棍將圖樣壓入其中。將史派克拉斯餅乾放在冰箱中一小時：這將讓它們不易變形。

7. 放入烤箱中層烘烤。將小型史派克拉斯餅乾烘烤約 20 分鐘，大型史派克拉斯餅乾烘烤 20 至 25 分鐘。由於麵團是棕色的，所以很難給出確切指示，但我發現當餅乾邊緣呈深棕色時，效果會最好。

8. 剛剛烘烤完成的史派克拉斯餅乾能彎折且柔軟，但很快就會變硬。小的餅乾可以立即移至網架上，但將較大的餅乾，特別是人型，留在烤盤上直到變硬，以避免頭部或手臂斷裂。

9. 史派克拉斯餅乾可在密封的餅乾罐中保存三週，因此一次大量製作，好讓接下來的多次茶歇皆能享用，確實非常合理。

風味記憶
A MEMORY OF FLAVOUR AND SCENT

我媽媽總是說，當我回想起有關童年的記憶時，總是與食物連結在一起。我第一次在瑞士品嘗草莓時才3歲，我嘗了嘗，然後向窗外望去，父親就在那裡。他背著光，身後是海景，一艘巨大的船正從地平線上駛過。風味記憶將我對那片景色的記憶封存其中。

當我4歲時，在匈牙利的一個村莊裡聞到了紅椒的香氣，那裡每一座漆成白色的房子上都晾曬著一串串的紅椒。5歲時，我在捷克共和國的燉牛肉（gulash）中也聞到了同樣的氣味。就在那一年，我從布達佩斯多瑙河畔的一輛快餐車上買了現炸的厚切洋芋片，它們加了很多鹽，裝在一個尖錐形的紙袋裡。這是我和洋芋片的第一次接觸。

在某個夏日的長途步行後，我將第一個甜桃從牛皮紙袋中取出。我記得自己嗅聞著水果溫暖的果皮、研究了它的質地，還能回憶起試圖從它身上咬下最後一點果肉時，那洋紅色果核的苦味。

德國對我來說，代表著一家茶室裡一種灌了超多濃厚鮮奶油與櫻桃的奶油泡芙（Windbeutel）[207]。我們在一場暴風雪後、又於結冰的湖面上行走宛如數小時才找到那家店做爲暫棲之所。

聖誕節則是亞琛或科隆一年一度的聖誕市集上德式香料蛋糕的香料風味、一小口熱紅酒、肉桂、油膩的德式薯餅（reibekuchen）和紅色蘋果糖（candy apple）。然後是英格蘭，那裡有熱情的傳統美食。我第一次在那裡吃到甜美的連莖烤小番茄、第一次嘗到芬芳的印度風酒吧美食、神奇的印度薄脆餅（pappadum），以及在康沃爾海（Cornish sea）游完泳後品嘗康沃爾手拿餡餅（Cornish pasties）[208]的樂趣。

我試圖找出這些風味記憶，向父母詢問以前去過的匈牙利或捷克共和國的某些地方，這樣就可以品嘗記憶中的食物。重溫味道和氣味的記憶讓人非常激動，有點像是時間旅行，像全身都能理解並認出這個味道的記憶。伴隨著從未改變的風味油然而生的，還有一種舒緩之感，你以爲那個味道已經消失、卻又再度將其尋回。每次聞著那家從未改變食譜的烘焙坊紙袋時，就會帶回一片童年記憶，紙袋裡裝著自己曾在童年、青少年、學生

時期吃過的同一種葡萄乾麵包片，如今你已是一名成年女子，疑惑那些時間都跑到哪去了。

我搬回安特衛普，現在再次於同一家烘焙坊前排隊，16年前我將它與這座城市一起留在身後。

我們常常將這些氣味和味道視爲理所當然，當它們消失時，又總是懷念。我曾有20多年沒有再次去匈牙利或捷克共和國旅行，也搬離那個製作最好葡萄乾麵包的烘焙坊的城鎮。但最近再次前往匈牙利時，我在一罐現磨的紅椒粉中再次找到了那個氣味，它把那些砂土覆蓋的道路與在我們前方行駛的乾草車都帶回眼前。1989年酷暑難耐，媽媽在車上用奶奶的刀子切蘋果好爲我解暑。我記得它珍珠白的果肉、脆紅的果皮以及宛如草莓般的味道與香氣。

華夫餅

我在安特衛普的成長過程中，空氣中瀰漫著獨特的氣

味，對我來說這些就是這個城市的氣味。第一種也是最主要的一種，是焦糖與肉桂香，來自那些成日不停製作列日華夫餅的烤盤。當離開我們壯麗的中央車站，走往安特衛普的「香榭麗舍大道」時，就會聞到這種甜甜的香氣，當它消散、你也到達梅爾購物街時，下一個華夫餅店的香味就會撲面而來。梅爾街長約 550 公尺（600 碼），通常會有三到四間華夫餅店，其破舊的臨時小店擠在狹小的空間裡，只能容納一個人、一台華夫餅機和一台用來存放華夫餅麵團的冰箱。這些華夫餅店一點也不懷舊或正宗，但它們始終存在於我的成長歲月裡。

秋冬季的每個星期，以及寒冷的春日裡，我都會和母親一起去城裡，為自己買一片新鮮出爐的列日華夫餅：厚厚的、充滿酵母香、外表酥脆，表面點綴著焦糖化的糖粒，還有已經烤焦苦澀的焦糖；內裡還是黏黏綿軟的。這片華夫餅份量很足，是作為午餐而非點心，需要有胃口才能吃完一整片。

在 1990 年代中期的某個時點，我最愛的華夫餅店在通往安特衛普野海區（De Wilde Zee）的街道轉角處。其空間至少能容納 20 個烤盤，其中一些用於製作列日華夫餅，但也可以製作糖漿薄脆餅、奶油與布魯塞爾華夫餅。他們的麵團是全市最佳，焦糖化比例完美，一口咬下他們的華夫餅真是一種享受，因為它們總是恰到好處。令人傷心的是，如今列日華夫餅的香氣已經從安特衛普消失了。

餅乾之城

我的父母是老一輩，他們對安特衛普的氣味有著不同的記憶。我的家鄉過去被稱為「餅乾之城」（koekestad），不只是因為這座城市有兩家大型餅乾廠，還因為在安特衛普下了火車後，撲面而來的氣味就是新鮮出爐的餅乾香氣。

由於對英國的餅乾現象著迷不已，柏克拉爾（De Beukelaer）餅乾廠於 1885 年在安特衛普中央車站旁成立。這種氣味在該地區是如此與眾不同，讓我的父母都記憶猶新。

寇德曼餅乾廠（Cordemans，後來的帕蘭餅乾廠〔Parein〕）占據了安特衛普南部的主要地區。對當時去安特衛普旅遊的人來說，這座有著高高煙囪的餅乾工廠，在天際線上一定看起來就像大教堂一般雄偉。此餅乾廠附近曾有一個美麗的安特衛普南站，因此當人們在南站下火車時，也會聞到誘人的餅乾香氣。

安特衛普的另一種甜蜜氣味，是巧克力的味道。比利時第一家巧克力工廠於 1845 年在火車站旁的水壩廣場（Dam）上開業。這簡直就像一位行銷策略師仔細考慮了這些餅乾和巧克力廠的選址，好讓遊客們一到達安特衛普就能立刻聞到甜甜的香氣。

過去安特衛普的空氣中似乎總是瀰漫著甜美的香味，但隨著煉糖廠、餅乾廠和華夫餅風潮離開市中心，「餅乾之城」如今徒存其名。

荷蘭語單詞說明

複數通常是透過在單詞結尾加上「-en」形成，如「*krakeling*」（1個扭結脆餅）或「*krakelingen*」（多個扭結脆餅）；或「*vlaai*」（低地國甜派）及「*vlaaien*」（多個低地國甜派）。後綴「-je」通常表示「小的」，就像法語或英語中的「-ette」一樣，如「*Nieuwjaarsrolletjes*」（新年小捲餅）。有時我們也會在單詞中加上「-ke」，例如「*vlaai*」（1個大型派）或「*vlaaikes*」（多個小型派）。若要表明食譜屬於特定城鎮或地方，我們會使用後綴「-se」來代替「-ese」或「-ian」，如「*Diestse*」（來自迪斯特〔*Diest*〕）或「*Brugse*」（來自布魯日〔Bruges〕）。

食材指南

麵粉的蛋白質含量越高，麵團會越有彈性。因此，蛋白質含量高的麵粉適合製作麵包和其他輕盈或有彈性的糕點。蛋白質含量較低的麵粉（如中筋麵粉）適合製作蛋糕和餅乾。

與白麵粉不同，全麥麵粉是棕色的，因為它由全穀物製成，且仍然含有麩皮。本書食譜中並未使用低筋麵粉和自發粉。請避免使用經漂白的麵粉。

●中筋麵粉（Plain flour / all purple flour）：每 100 g（3½ oz）麵粉約含 10 g（⅜ oz）蛋白質（10%）。

●高筋麵粉（Strong〔bread〕flour）：每 100 g（3½ oz）麵粉約含 12.5 g（½ oz）蛋白質（12-13%）。

●淺色裸麥粉（White rye flour）：過篩後的淺色裸麥粉。

●全穀物裸麥粉（Wholemeal rye flour）：由全穀物棕色裸麥製成。

●裸麥粒（Rye groats）：完整的棕色裸麥仁。本書使用的是裸麥碎粒，即將穀粒碎裂成更小的顆粒。需經燙煮與浸泡。

●裸麥麩皮（Rye bran）：穀物的堅硬外層，在研磨成白麵粉之前被去除，但穀粒保留完整以製作全穀物麵粉。麩皮外觀為小碎片狀。

●蕎麥粉（Buckwheat flour）：由蕎麥這種草本植物的種籽製成的麵粉。它並非小麥或禾本科植物的種籽（cereal）[209]，不含麩質。

●酵母（Yeast）：我偏愛乾酵母，因為可以放在食品儲藏室裡方便使用，因此也在本書的食譜中使用速發乾酵母（instant dry yeast）。如果你喜歡使用新鮮酵母，請使用乾酵母（dry yeast）[210] 的雙倍份量。

●水（Water）：本書食譜中指示的水量是供新鮮麵粉使用；較陳舊的麵粉可能需要更多水；存放在潮濕空間的麵粉所需水量則較少。你必須學會判斷麵團的好壞，並永遠在加入最後一部分的水之前先稍候，並觀察麵團的狀態。

●奶油（Butter）：除非另有說明，否則皆爲無鹽奶油，脂肪含量至少爲 80%。

●蛋（Eggs）：皆爲中型蛋，去殼後重量爲 47-50 g（1¾ oz）。如果你只能找到更大或更小的蛋，直接秤量相同重量代替。

●牛奶（Milk）：全脂牛奶，最好是有機牛奶。

●鮮奶油（Cream）：本書的食譜主要使用到高脂鮮奶油（double cream），這是英國對乳脂肪含量 38% 以上的鮮奶油的稱呼。在許多國家，全脂鮮奶油的乳脂肪含量介於 33% 與 35% 之間。仔細閱讀瓶身標示，選擇乳脂肪含量最高的那種，避免輕盈的版本。

●紅糖（Brown sugar）：書中使用的是從甜菜根提煉的糖：將其加熱後再冷卻直至出現晶體，然後將這種棕色晶體磨成我們稱爲「坎蒂」（kandij）的紅糖。您可以使用任何優質紅糖，儘管它可能是我們所說的「*basterdsuiker*」（還原紅糖）[211]，它是將白糖加入焦糖著色而成，而非眞正經過焦糖化產生的糖。

●葡萄糖漿（Glucose syrup）：可以從烘焙用品店購買。你可以使用蜂蜜代替，儘管花費會更高，這就是烘焙坊使用葡萄糖的原因。

●濃縮蘋果糖漿（Appelstroop）：也稱爲「蘋果奶油」（apple butter）或「蘋果醬」（apple spread）。

●杏桃核仁（Apricot kernels）：過去會使用苦杏仁代替杏仁香精。這種杏仁含有毒素，吃太多可能有害。杏桃核仁含有相同的毒素，但程度要小得多，這使它們成爲一個很好的替代品。**嚴格遵守本書中的份量，且不要在未將其放入糕點中的情況下食用。不要像吃普通堅果那樣吃杏桃核仁。在儲存罐上貼上標籤，並將其放在孩童與在找零食點心的室友無法接觸之處。**

大匙與小匙

使用量匙時，始終是平匙而非尖匙 [212]。

1 大匙 = 15 ml（½ fl oz）

1 小匙 = 5 ml（³⁄₁₆ fl oz）

熱壓華夫餅機與烤盤

　　雖然能夠使用古董華夫餅模很棒，但並不是每個人都和我一樣，是個擁有這些罕見品的狂熱收藏家，也不是每個人都有能力操作它們。如果你對使用專門的烤盤製作不同華夫餅感到很興奮的話，請參閱以下指南。在比利時，擁有不只一種烤盤的熱壓華夫餅機很常見，因為，老實告訴你，比利時是華夫餅之國，華夫餅是我們身分認同的一部分。

　　如今，布魯塞爾（或佛拉蒙）華夫餅是以非常深的華夫餅鐵烤盤製成的，真的就是只能用來製作這種華夫餅。你可以用淺一些的烤盤製作，同樣美味，而且那個淺烤盤也適用於其他華夫餅，這表示可以嘗試更多食譜，所以是萬用烤盤。

　　不用多說，你無法使用深烤盤製作如幸運華夫薄餅和烏布利薄餅這種超薄的餅乾狀華夫餅。你可以用冰淇淋甜筒烤盤來製作，或購買此處列出的兩種熱壓機之一，以便變換烤盤。它們要價稍高（儘管還不到專業用那麼昂貴），但使用上也更有彈性，且只需要一台機器。

　　我想聲明，沒有任何熱壓華夫餅機品牌有贊助或資助本書。我只是想讓你知道，根據我的自身經驗，家庭烘焙的最佳設備為何，這樣你的熱壓華夫餅機就會為你（或許還有你的孩子）帶來一生的歡樂……與華夫餅。

配有可更換華夫餅烤盤的 FriFri 熱壓華夫餅機，是我們父母與祖父母在比利時使用的 Nova Electro 熱壓華夫餅機的 21 世紀版本。
以下烤盤可與 FriFri WA102A - BMC2000 熱壓華夫餅機搭配使用。

4×6 FriFri M001 烤盤：
深烤盤，適合製作厚片佛拉蒙華夫餅、布魯塞爾華夫餅與列日華夫餅。

4×7 FriFri M002 與 6×10 FriFri M003 烤盤：
普通烤盤，可製作厚度為 1.5 cm（½ inch）的華夫餅，適用於 16 及 17 世紀華夫餅、鹹味華夫餅、瑞胡菈的華夫餅；也可製作較薄的列日、佛拉蒙與布魯塞爾華夫餅。

FriFri M004 淺烤盤：
適用於幸運華夫薄餅、新年小捲餅的淺烤盤；也可用於製作烏布利薄餅、圖爾奈華夫餅、糖漿薄脆餅。

FriFri M007 烤盤（較 M004 更薄）：
適用於烏布利薄餅、糖漿薄脆餅的淺烤盤。

配有可更換華夫餅烤盤的 Lagrange 熱壓華夫餅機，是從 1950 年代開始生產的法國品牌。如今該機依然有著相當復古的外觀。
以下烤盤可與 Lagrange 039425 熱壓華夫餅機搭配使用。

5×8 030122 烤盤：
普通烤盤，適用於 16 及 17 世紀華夫餅、鹹味華夫餅、瑞胡菈的華夫餅；也可製作較薄的列日、佛拉蒙與布魯塞爾華夫餅。

030222 小華夫餅烤盤：
適用於圖爾奈華夫餅的淺烤盤（上有花式壓印，如第 59 頁所示）、幸運華夫薄餅與糖漿薄脆餅。

另外還有……
Nordicware 的克魯姆卡克酥餅熱壓爐烤盤（放於爐灶上使用，非電子產品）：可用於製作古老風格的烏布利薄餅。

若要製作寬格紋的糖漿薄脆餅餅，可考慮使用便宜的冰淇淋甜筒機；圖爾奈華夫餅、幸運華夫薄餅與糖漿薄脆餅也適用。

香料蛋糕模具

我知道，我知道，我蒐集的香料蛋糕（或史派克拉斯／德式香料蛋糕）木模令人相當印象深刻。但就像我迷戀古董華夫餅模一樣，我並非希望你把所有的生日禮金花在古董模具上。然而，如果在網上搜尋，可以找到許多價格實惠的簡單木模，它們將使你在為麵團壓模印花時感到滿意。實際上，現代雕刻模具效果更好，因為它們是為現代麵團而生產的。

也就是說，購買香料蛋糕木模絕非必要。你可以使用餅乾模具來製作有趣的形狀。我偏愛心形，因為很大程度上，它仍然是一種古老造型（儘管恐龍形的史派克拉斯餅乾會頗受孩子們歡迎）。我希望你從本書食譜獲得樂趣。對某些人來說，添購特殊模具表示增加他們可使用的廚具收藏；而對其他人來說，這並不那麼重要，這也完全沒問題。

本書使用的餐具

　　正如我的其他著作中只使用英國陶瓷一樣，我希望這本書只使用比利時和尼德蘭陶瓷。我要感謝尼德蘭的海訥台夫特藍瓷（Heinen Delfts Blauw）與比利時的皇家伯赫（Royal Boch），這兩家著名陶瓷製造商助我實現了這個目標。此外，才華洋溢的陶瓷藝術家揚娜．凡克理夫（Janah Van Cleven）完全理解我的願景，並創作了許多美麗的作品，結合傳統的尼德蘭與比利時風格及新技術，更加彰顯書中描述。

　　海訥台夫特藍瓷：heinendelftsblauw.com
　　皇家伯赫：royalboch.com
　　揚娜．凡克理夫：lovebirdceramics.com

關於烤箱使用的重要說明

　　如今，大多數家用烤箱除了傳統的頂部與底部加熱外，還具有風扇輔助或對流功能。我必須強調這一點：避免使用旋風功能烘焙。（如果你的烤箱只有旋風功能，請將溫度降低 20°C ／ 36°F，並將烘烤時間縮短 5 至 8 分鐘。）
　　我從經驗得知，在旋風功能下，烘烤通常會讓家庭烘焙者得到令人失望的結果。儘管我在之前的著作中提到過這一點，但人們仍然繼續使用旋風功能，然後寄給我坍塌的蛋糕與表面、底部上色不足的蛋糕照片。風扇輔助或對流功能會產生強烈熱能，這能讓你的起司通心粉表面上色產生美妙的效果，但對蛋糕或派卻很糟。我決定在每一篇說明中都寫上「不要使用旋風功能」，因為很多人不會閱讀書後的實用資訊，或者讀完就忘了，這是可理解的。
　　另一件需要注意的重要事項是：當談到溫度時，永遠不要相信烤箱的標示。買一個烤箱溫度計，你會為烤箱溫度的差別之大感到驚訝。對於起司通心粉來說，這沒什麼大不了，但對糕點來說，則可能代表烤焦與完美之間的差異（我的烤箱溫度相差 20 至 40°C，通常會更多，而這非常重要！）
　　我收到很多表面烤焦的糕餅照片，因為烘焙者將他們的糕點在烤箱中放得太上層。考慮烤盤的放置位置真的很重要，當糕點應該放在烤箱中層時，表示烤盤位置應該更低。烤箱最上層是用來放起司通心粉，而非刷過蛋液的美麗麵包或派的。
　　記得隨時注意烤箱中的糕點，祝各位烘焙愉快！

像這樣的一本書如果沒有一些人的幫助和建議，就不可能完成。在個人層面上，我要感謝我的丈夫布魯諾·菲爾浩文（Bruno Vergauwen）的無盡支持，還有本書及封面上精美的插畫。

也要衷心感謝 Murdoch Books 全體人員，自 2016 年我的處女作發行以來，就是我的主要出版商。

接著我要感謝一些人的建議與專業知識，有時甚至是他們提供的獨特機會。感謝布魯塞爾比利時皇家藝術博物館（KMSK Brussels）的麗斯貝特·德貝莉（Liesbeth De Belie）和來自皇家安特衛普美術館（KMSK Antwerp）的菲德列克·永基爾（Frédéric Jonckheere）讓我在博物館的地下墓穴裡研究本書中的一些重要藝術作品。感謝安特衛普的亨德里克·康希安斯遺產圖書館（Erfgoed Bibliotheek Hendrik Conscience Antwerp），特別是彼得·羅西斯特（Peter Rogiest）。感謝安德烈·德爾卡特（Andre Delcart）讓我與圓幣裝飾藝術家瑪麗—克莉絲緹娜·梅爾（Marie-Christine Meire）取得聯繫，謝謝瑪麗—克里斯蒂娜分享您的知識。

感謝克納普烘焙坊（Bakery Knapen）的傑克·克納普（Jack Knapen）提供的建議與故事，並教我如何以傳統方式烘乾洋梨。感謝麵包屋烘焙坊（Broodhuis）的雅各·杜勒韋（Jakob Druwé）教我製作赫拉明茲貝亨馬頓凝乳乳酪塔。來自迪南德佛賽糕點店（Defossez）的希爾薇（Sylvie）向我示範如何製作佛萊米派。多個瓦隆派餅兄弟會允許我使用他們的食譜來製作我自己的版本；還有洛泰爾地區協會（Confrérie du Pays du Lothier）及瓦弗爾白乳酪協會（Confrérie du Stofé de Wavre）。感謝吉娜·古斯（Gina Guth）教導我製作美國比利時派。謝謝戴芙卡特烘焙坊（De Duivekater）製作了完美的可羅斯戴芙卡特麵包（Kroes Duivekaters）讓我得以拍攝照片。

感謝阿貝爾糕點公司（Firma Abel）的約翰·浩特克爾（Yohan Hautekeur）和布姆油炸點心鋪（Booms Frituur）的侯貝爾·德羅佛爾（Robert De Roover）提供的建議，以及關於油炸圓麵包、華夫餅與其他園遊會甜點的故事。謝謝德庫克拉爾胡特靈口袋餅（Geutelingen De Koekelaere）的彼得（Pieter）提供的故事，以及為我的食譜提出的建議。

感謝坎蒂可（Candico）的克里斯·凡黑斯（Chris Van Hese）為我示範坎蒂紅糖的精煉過程。

感謝比利時陶瓷藝術家揚娜·凡克理夫（Janah Van Cleven）的陶藝天賦，她為本書創作了一些彰顯箇中描述的關鍵作品。謝謝海訥台夫特藍瓷（Heinen Delfts Blauw）和皇家伯赫（Royal Boch）寄了幾套餐具給我以供試驗，使本書真正成為一本僅使用該地區陶器的作品。

感謝舊金山 Omnivore Books 的希莉亞（Celia）；安特衛普 Luddites 及布萊頓（Brighton）Cookbookbake 的尤西恩（Jorien）與理查（Richard），謝謝他們的建議和支持。

最後，感謝歷史學家安妮·格雷博士（Dr Annie Gray）始終如一的出色表現、一直以來的支持與她為本書所撰的推薦序。

感謝以下機構允准複製其收藏的畫作

蓋蒂圖像（Getty Images）
第 197 頁〈派皮、烤雞、水壺、橄欖與麵包的靜物畫〉（*Still life with pastry crust, chicken, a pitcher, olives and bread*），克拉拉・佩特斯（Clara Peeters, 1594-1657）

比利時聯合銀行安特衛普（KBC Antwerpen），
史奈德與羅考克斯之家（Snijders&Rockox Huis），安特衛普
第 146-147 頁〈荷文諺語〉（*Spreekwoorden*），小彼得・布魯赫爾（Pieter Brugel II）

皇家安特衛普美術館（KMSKA Koninklijke Musea voor Schone Kunsten Antwerpen）
第 71 頁〈水瓶座〉（*Aquarius*），彼得・史奈爾斯（Peter Snijers, 1681-1752），（藏品編號 5103），皇家安特衛普美術館—佛拉蒙社群藏品

比利時皇家藝術博物館（KMSKB Koninklijke Musea voor Schone Kunsten van België - Brussels）
第 14 頁〈狂歡節與大齋期之戰〉（*Het gevecht tussen Carnaval en Vasten*），小彼得・布魯赫爾（複製編號 12045 藏品）
第 68 頁〈煎餅、華夫餅與戴芙卡特麵包的冬季靜物畫〉（*Winterstilleven met pannenkoeken, wafels en duivekater*），漢斯・弗蘭肯（Hans Francken）（複製編號 3825 藏品）J・赫蘭斯—藝術攝影（J. Geleyns–Art Photography）

華盛頓國家美術館（National Gallery of Art Washington）
第 199 頁〈牡蠣盤、水果與葡萄酒〉（*Dishes with Oysters, Fruit, and Wine*），奧夏斯・貝爾（Osias Beert, 1580-1623）開放取用規範

荷蘭國立博物館（Rijksmuseum Amsterdam）
第 25 頁〈斯海爾德河岸旁的安特衛普碼頭吊塔〉（*Het Kranenhoofd aan de Schelde te Antwerpen*），賽巴斯提安・法蘭克斯（Sebastiaen Vrancx）
第 114 頁〈麵包師傅阿倫特・奧斯特瓦德與其妻凱瑟琳娜・凱澤斯瓦德〉（*Bakker Arent Oostwaard en zijn vrouw Catharina Keizerswaard*），揚・哈維克松・史汀（Jan Havicksz. Steen）
第 209 頁〈聖尼古拉斯節〉（*Het Sint-Nicolaasfeest*），揚・哈維克松・史汀

資料來源與引用文獻
SOURCES AND REFERENCES

資料來源

① Van Keymeulen, Jacques, *Het 'Vlaams', een taal of een misverstand?*, UGent Biblio, *biblio.ugent.be/publication/6979123/file/7102703.pdf*

② Gerlache Alain, in Plan B, episode 13, *Walen 'Untermenschen'?*, 20/12/2019

③ Kockartz, Andreas, in Plan B, episode 9, *De Laatste Belgen*, 22/11/2019

④ Thijs, Alfons K L, *De geschiedenis van de suikernijverheid te Antwerpen (16de–19de eeuw) : een terreinverkenning, in Bijdragen tot de geschiedenis,* 1979

⑤ Van der Wee, Herman, *The growth of the Antwerp market and the European Economy (fourteenth-sixteenth centuries)*, Vol II, 1963

⑥ Derycke, Ivan (ed), in *Antwerpen Bierstad - acht eeuwen biercultuur*, 2011

⑦ Goldstein, Claudia, *Pieter Bruegel and the Culture of the Early Modern Dinner Party*, 2013

⑧ Poelwijk, Arjan, *'In diensten vant Suyckerbacken' De Antwerpse suikernijverheid en haar ondernemers 1580–1630*, 2003: quoted from Von Lippman, E O, from *Geschichte des Zuckers seit dem ältesten zeiten...*, 1970 (original 1929)

⑨ Ramsay, George Daniel, *The Queen's Merchants and the Revolt of the Netherlands: The End of the Antwerp Mart,* Volume 2, Manchester University Press, 1986

⑩ National Geographic, *New York World's Fair,* April 1965

⑪ Thiele, Ernst, *Waffeleisen und Waffelgebäcke in Mitteleuropa*, 1959

⑫ Anon, *Cockbouck*, EHC B 79834, c.1580, and transcription in: *Een Antwerps kookboek voor Leckertonghen*, Braekman, Willy, 1995

⑬ Anon, Ordinances concerning Duivekater, Amsterdam City Archive: A06903000086, A06903000087, A14782000051, A14786000111, A14786000132

⑭ Anon, *Ordinance no. 119,* 22 December 1698, City Archives Namur, Belgium, as mentioned in, Brouwers P-P (ed.), *Cartulaire de la commune de Namur, Part 6: 1692–1792,* 1924

⑮ Bert, Louis, *Rond den Heerd*, Brugge, 1879

⑯ Van Vaernewyck Marcus, *De historie van België*, 1829

⑰ Van Waesberghe, Ioannis, *Gerardi Montium sive altera imperialis Flandriae metropolis eiusque Castellanian*, Brussels, 1627

⑱ De Leeuw, B, De Wilde, P., en Verbeke, K, o.l.v. Deprez, A, *De briefwisseling van Guido Gezelle met de Engelsen 1854–1899*, KANTL, 3 delen, Gent, 1991

⑲ Kouwenhoven, John, A, *The Columbia Historical Portrait of New York*, 1953: quoted in: ACG 52, 1995, Rose, Peter G, *Dutch Colonial foodways*

⑳ *Brabantsche Mattentaarten,* De Volksstem, Kookkunst, 8 August 1896

㉑ Hennepin, Nicholas, *A New Discovery of a Vast Country in America, Extending Above Four Thousand Miles, Between New France and New Mexico*, London, 1699

㉒ Van der Ven, Dirk Jan, *Feestbrood in midwinter*, Libellon serie n° 204, 1936

㉓ Anon, *Compendium medicinale, Reyner Oesterhusen, Doctor of Deventer, Holland*, c. 1500, British Library, MS SLOANE 345

㉔ Weiner, Piroska, *Carved Honeycake Moulds*, 1981

引用文獻

Academie voor de Streekgebonden Gastro-nomie (ASG) no. 50–51, Sept 1995; no. 2, April 1996

Aerts, Erik, Daeleman, Paul, de Keukeleire, Denis, *Antwerpen Bierstad, acht eeuwen biercultuur*, 2011

al Tabîkh, Kitâb & b.al-Hasan b, Muhammad & b.al-Karîm, Muhammad, Perry, Charles, (tr.) *A Baghdad Cookery Book, al-Baghdadi*, 2005, original: *MS Ayasofya 3710* in the Süleymaniye Library

Anon, *Brabants kookboek,* EHC 744810, c.1651–1700, and transcription in *Brusselse recepten uit Antwerpen*: Ferro, R N (ed), Terroir: mededelingsblad en verzamelde opstellen / ASG jg. 30, no. 4, 2014-2015

Anon, *De Amsterdamsche banket-bakker*, Volume 1, 1866

Anon, *De hoofsche pasteybacker*, In: *De verstandige huyshouder*, Amsterdam 1669. Transcription by: Willebrands, Marleen

Anon, *De mey-blom of de zomer-spruyt*, Amsterdam, ca 1734: digital at dbnl.org

Anon, *De Verstandige Kok ofte sorghvuldighe Huys-houdster*, Antwerpen, 1668, 1671 & 1805

Anon, *De volmaakte Hollandsche keuken-meid*, Amsterdam, 1772, 1746 & 1838

Anon, *Den verstandigen hovenier, Den verstandigen kock*, Antwerpen 1685

Anon, *Den verstandigen kok*, Gent, 1781

Anon, *Den volmaecten cocke: keukenboeck der oud vermaerde abdije van Affligem bij Aelst ...*, c.1700–1800, Ockeley, Jaak (ed. & tr.) in no. 32 'Ascania-Bibliotheek', 1975

Anon, *Derden placcaet-boeck van Vlaenderen, inhoudende de placcaeten, ordonnancien, reglementen, tractaeten, alliancien, ende andere...*, Volume 2, 1685

Anon, *Een notabel boecxken van cokeryen*, 1510, plus new edition edited by R Jansen-Sieben, Marleen Willebrands, De Kan, 1994

Anon, *Handboekje voor koek- en banketbakkers, benevens konfituriers, als ook koks en keukenmeiden*, 1840

Anon, *Koock en geback boeck*, c.1704 in *Dit te saamen lustig geklopt*, 2011

Anon, *Le Ménagier de Paris*, and translation in: *The Good Wife's Guide: A Medieval Household Book*, Greco, Gina L. (tr), Rose, Christine, M. (tr), and recipe translation by Dr. Annie Gray in *Food for Thought,* Macmillan 2020

Anon, *Lodge's Wit's Miserie, or the World's Madnesse*, 1596

Anon, St. Bartholomew, from the *Hours of Catherine of Cleves*, Utrecht, The Netherlands, c.1440. Morgan Library, New York: MS M.917/945, pp. 228–229

Anon, *Schatkamer, der nederduytische en francoysche tale begrypende,* Rotterdam, 1654

Anon, *Selected receipts of a Van Rensselaer Family,* 1785-1835, Historic Cherry Hill, 1976

Ansion, Frédéric, *Binche au fil de l'Histoire,* Editions Luc Pire, 2014

Athenaeus, *The Deipnosophists. Or Banquet Of The Learned Of Athenaeus*, London,1854

Baedeker, K, *Belgique et Hollande*, 1888, 1891

Baillien, Marie-Sophie, *Perceptie van België door jonge Walen (NLM1 en ALM1) en Vlamingen (FLM1) in 2020: Stereotypen, identiteitsgevoel, nationalisme en toekomstbeeld*, Université de Liège (Tom Lanoye quote)

Barella, Madame, *Manuel de Cuisine et de Pâtisserie*, Bruxelles, 1903

Barnes, Donna R, and Rose, Peter G, *Matters of Taste: Food and Drink in Seventeenth-century Dutch Art and Life*, 2002

Barneveld, D, *De oude banketbakkerij*, 1968

Battus, Carolus, *Medecynboek & coc-boeck*, 1593, *Het secret-boek vol heerlijke konsten*, 1609 & 1694, and transcriptions of Christianne Muusers en Marleen

Willebrands in *Het excellente kookboek van doctor Carolus Battus uit 1593*, 2020, and ASG 9, no. 37, 1991

Bellens, Tim, *Antwerpen: een archeologische kijk op het ontstaan van de stad*, 2020

Berends, R, en Werkgroep Deventer OVT: *Tijd van steden en staten: 1000-1500*, 2005.

Berends, René, *De geschiedenis van Deventer Koekbakkers*, Het gilde der koekbakkers, 2013

Bicker-Raye, Jacob, *Het dagboek van Jacob Bicker Raye 1732-1772* (eds. F Beijerinck en M G de Boer). H J Paris, Amsterdam, 1935

Blankaart, Steven, *De Borgerlyke Tafel, Om Lang Gesond Sonder Ziekten te Leven*, 1683

Borella, S P, & Harris, H G, *All About Pastries*, 1900

Braekman, Willy, *Een Antwerps kookboek voor 'Leckertonghen'*, 1995

Braekman, Willy, *Medische en technische middelnederlandse recepten*, Gent: KANTL, 1975

Braekman, Willy, *Een nieuw Zuidnederlands kookboek uit de vijftiende eeuw*, Brussels: 1986, and online transcription: Muusers, Christiane, *The convolute Ghent* KANTL 15, coquinaria.nl/

Brantegem, Herman, *Doods, Begrafenis- en Rouwgebruiken te Okegem*, Tijdschrift Hobonia, November 25, 2020

Bruylant, Emile, *Biographie Nationale de Belgique*, Tome 21ème, Brussel, 1911

Burema, Dr L, *De voeding in Nederland van de Middeleeuwen tot de twintigste eeuw*, Assen 1953

Caesar, Julius, *De Bello Gallico*, Book I

Cauderlier Philippe Edouard, *Het Spaarzame Keukenboek*, 1930

Cauderlier Philippe Edouard, *Gebak en confituren*, 1905

Chomel, M Noel, *Huishoudelyk woordboek*, 1743

Chong, Alan & Kloek, Wouter, *Still-life Paintings from the Netherlands 1550–1720*, 1999

Colinette, Tante, *Le Guide de la Ménagèrie*, 1917

Crowen, T J, *Mrs. Crowen's American Lady's Cookery Book*, New York 1847, *American Lady's System of Cookery*, New York, 1860,

Davelaar, R, *Schriftelijke opleiding van H H broodbakkers in de banketbakkerij*, c.1927

Davidson, Alan, *Oxford Companion to Food*,

1999

d'Huyvetter C, de Longie, B and Eeman, M, met medewerking van Linters, A, *Inventaris van het cultuurbezit in België*, 1978

de Boerin, *Maandschrift van den Belgischen Boerinnenbond*, 1929

de Boerinnenbond, *Ons Kookboek*, 1954

de Brune, Johan, *Emblemata of zinne-werck ...*, Amsterdam, 1624

de Casteau, Master Lancelot, *Ouverture de Cuisine*, translation based on transcription by Thomas Gloning, 2011, 2012 Daniel Myers

de Gouy, Jan *De burgerskeuken en pasteibakkerij in ieders bereik*, 1924

de Longé, G, *Coutumes de la ville d'Anvers*, vol 3, as mentioned in Goldstein, Claudia, *Pieter Bruegel and the Culture of the Early Modern Dinner Party*, 2013

de Puydt, Hendrik, *Den wonderbaren leeraar en uitlegger van den bakkersstiel*, Gent, 1898

de Telegraaf, *Amsterdamse Koeketers*, 4 april 1937

de Volksstem, 1895, 1 maart 1895

de Volksstem, 1900, 1 september 1900

de Volksstem, 4 juni 1898

de Vries, Marleen, *De Boekenwereld*, Jaargang 31, 2015

Deutsches Lebensmittelbuch, bmel.de

Devriend, K.L. (INL.) - *Naar hoger melkverbruik. Een keuze van recepten voor melkdranken, keukengerechten en gebak bereid met melk en zuivelprodukten.*

Dodoens, Rembert, *Cruydeboeck*, Antwerp, 1554

Ehlert, Trude, *Küchenmeisterei: Edition, Übersetzung und Kommentar...*, 2010, first published 1485

Erasmus, Desiderius, *The Colloquies of Erasmus*, Volume 1 & 2, London, 1878

Evelyn, John, *The Diary of John Evelyn*, E S de Beer (ed), 1959

Fagel, R, *The Origins of the Spanish Fury at Antwerp (1576): A Battle Within City Walls. Early Modern Low Countries*, 4, 2020

Ferro, R.N. (ed.), *De recepten van Bakkerij Soecker Alkmaar 1782*, ACG, Terroir no. 135, 2019

Gessler, J (ed), *De bouc vanden ambachten*, 1371, as published in: *Het Brugsche Livre des mestiers en zijn navolgelingen*, Brugge 1931

Grimbergen, E M, *De volmaakte Hollandsche keukenmeid*, 1931, & *De volmaakte*

Vlaamsche keukenmeid, 1931

Grimm, Jacob and Wilhelm, *German dictionary*, Leipzig 1854–1961, Volume 12, Col. 467, sv 'Lebkuchen'

Guicciardini, Lodovico, Petrus Montanus (ed), *Beschrijvinghe van alle de Neder-landen*, Cornelis Kiliaan (tr), 1979, facsimile from 1612

Haagsche Post, 5 April 1924, *Amsterdamse Koeketers*

Hamer-Uitgave voor de Volksche Werkgemeenschap, December 1940

Hemminga, *Koock ende huyshoudt boeck : receptenboek van Hemminga*, Ferro, R N (ed), ASG 47, no. 3, November 1995

Henderson, George and Dele, Olasiji, Thompson, *Migrants, Immigrants, and Slaves: Racial and Ethnic Groups in America*, 1995

Het Liers Vlaaikesboek, Stadsmuseum Lier, 2018

Hochstrasser, Julie Berger, *Still life and trade in the Dutch Golden Age*, 2007

Huis van Alijn, *Sinterklaasintrede, bavikhove*, 1949, object VI-0007-0001

Irving, Washington, *The History of Old New York*, 1809

Jansen, H P H, *Lexicon Geschiedenis der Lage Landen*, 1983

Jansen-Sieben, Ria and van Winter, Johanna Maria, *HS 476 UB Gent* in *De keuken van de late middeleeuwen. Een kookboek uit de lage landen*, 1989

Janssens, Paul; Zeischka, Siger, *La noblesse à table: des Ducs de Bourgogne aux rois des Belges (The dining nobility : from the Burgundian Dukes to the Belgian royalty)*, 2008

Kalm, Pehr, *Travels Into North America: Containing Its Natural History*, Volume 2, T Lowndes, 1771

Keijser, Paula, *Suikerriet, suikerverdriet: slavernij in enkele 18e-eeuwse teksten*, 1985

Kiliaan, Cornelis, *Etymologicum Teutonicae Linguae*, Antwerpen, 1599 (1ste druk)

Kittelberger, Karl F, *Lebkuchen und Aachener Printen. Geschichte eines höchst sonderbaren Gebäcks*, 1988

Klingshirn, William E, *Caesarius of Arles: The Making of a Christian Community in Late Antique Gaul*, 1994

Knight, Christine, *Deep-frying the nation: Communicating about Scottish food and nutrition, Food and Communication:*

Proceedings of the Oxford Symposium on Food, 2015

Kreis, Soest, *Mitteilung der schule Eineckerholsen*, 1949, quoted in, Thiele, Ernst, *Waffeleisen und Waffelgebäcke in Mitteleuropa*, 1959

Lambrecht, Joos, *Nederlandsche Spellijnghe*, Gent, 1550, facsimmile by Heremans, Jacob and van der Haeghen, Ferdinand, 1882

Le Dictionnaire de l'Académie françoise dedié au Roy (1st edition), Paris, 1694

Le Graive, Emile, *Le Patissier Royal Belge*, 1912

Leslie, Eliza, S*eventy-Five Receipts for Pastry, Cakes, and Sweetmeats By A Lady of Philadelphia*, Boston, 1828

Leufkens, H, *Mooi Zuid-Limburg I en II*, 1937

Löhr, J. A. Christian, *Voorvallen en merkwaardigheden uit het leven den kleinen Andries*, Amsterdam, 1821

Loofft, Marcus, *Niedersächsisches Koch-buch*, 1766

Magirus Antonius, *Koocboec oft familieren Keukenboec*, 1612, in Sels, Hilde and Willebrands, Marleen: *Lieve schat, wat vind je lekker?*, 2007

Magirus, Antonius, *Koock-Boeck ofte familieren Keuken-Boeck*, Leuven, c.1612

Manden, A.C., *Recepten van de Haagsche kookschool*, 1896

Mariani, John F, *Encyclopedia of American Food and Drink*, New York, 1999

Marks, Gil, *Encyclopedia of Jewish Food*, 2010

Martino, Maestro, *Libro de Arte Coquinaria* (The Art of Cooking) ca.1465, Scans at Washington Library of Congress

Martino, Maestro, *The art of cooking : the first modern cookery book, composed by The Eminent Maestro Martino of Como*; Luigi Ballerini (ed), Jeremy Parzen (trans), 2005

Monaghan, Tom, *Renaissance, Reformation and the Age of Discovery, 1450–1700*, 2002

Moore, Clement Clarke, *Twas the night before Christmas,* 1823

Nannings, J H, *Brooden gebakvormen en hunne Beteekenis in de Folklore*, 1932

Niermeyer, A, *Verhandeling over het Booze wezen in het bijgeloof onzer natie*, 1840

Nieuwland, Petrus, *De bespookte waereld ontspookt,* 's-Gravenhage, 1766

Nuremberg City Library, Solg.Ms. 25.2 °, f. 12r

Ortelius, Abraham, *Theatre oft Toonneel des aerdt-bodems...*, Antwerp, 1571–1584

Perckmans, Frans, *Sinte Mette,* 1949

Pohl, Hans, *Die Portugiesen in Antwerpen (1567–1648): zur Geschichte einer Minderheit,* 1977

Pohl, Hans, *Die Zuckereinfuhr nach Antwerpen durch Portugiesische Kaufleute während des 80jährigen Krieges, in Jahrbuch für die Geschichte von Staat, Wirtshaft und Gesellschaft Lateinamerikas IV,* 1967

Reisig, J H, *De suikerraffinadeur; of Volledige beschrijving van het suiker, deszelfs aankweking, bereiding en verzending*, Dordrecht, 1793

Rodríguez, Domingos, *Arte De Cozinha,* 1680

Rose, Peter G, *Food, Drink and Celebrations of the Hudson Valley Dutch*, 2009

Rowley, Anthony, *Une histoire mondiale de la table: Stratégies de bouche*, 2009

Sceperus, Jacobus, *Geschenk, op geseijde [zogenaamde] St. Nicolaes Avont*, Gouda, 1658

Schilstra, J. J, *Prenten in hout. Speculaas, taai- en dragantvormen in Nederland*, 1985

Scholliers, Peter, *Buitenshuis eten in de Lage landen sinds 1800*, 2002

Scully, Terence, *The Viandier of Taillevent*, 1988

Serrure, C A, *Keukenboek, uitgegeven naar een handschrift der vijftiende eeuw*, Maatsch. Der Vlaemsche Bibliophilen, Gent, 1872

Sharpe's London Magazine, Volume 1, 1846,

Sleeckx Domien, *Kronyken der straten van Antwerpen*, Deel 2, 1843

Spillemans, Adriaen, *Beschrijving van Cornelis van Zele*, Stadsarchief Antwerpen (SAA), T1317, fol. 32

Stroobants, Aimé, *Patacons uit het Dendermondse*, 1992

Sweers, Erik, *Van Sunderum tot klozum: sinterklaas op de wadden*, historien.nl

Sys Annelien, Segers, *De geheimen van de mattentaart*, Centrum Agrarische Geschiedenis (CAG)

Ter Gouw, Jan, *De volksvermaken*,1871

Teyras, J B, *De Hollandsche banketbakker, of De kunst van banketbakker, likeurstoker en…*, 's-Gravenhage, 1830

The Bredasche Courant, 28 September 1917

Thijm, Jozef Alberdingk, *St Niklaasgoed*, 1850

Tijdschrift voor Nederlandse Taalen Letterkunde, Jaargang 101(1985)

Van den Bergh, Laurens Philippe Charles, *Nederlandsche volksoverleveringen en godenleer*, 1839

Van Berkhey, J le Francq, *Natuurlyke historie van Holland.* Deel 3, 1772-1776

Van den Brenk, Gerrit, *'t Zaamenspraaken tusschen een mevrouw, en een banket-bakker en Confiturier., banket-bakker en Confiturier te Amsterdam,* 1758

Van der Donck, Adriaen, *Descriptions of the New Netherlands,* 1655, 2008

Van der Ven, Dirk Jan, *Ons eigen volk in het feestelijk jaar*, 1942; *Friese volksgebruiken weerspiegeld in Europese folklore,* 1972

Van Loon, Gerard, *Antwerpsch chronykje, in het welk zeer veele en elders te vergeefsch gezogte geschiedenissen sedert den jare 1500 tot het jaar 1574 zoo in die toen vermaarde koopstad als de andere steden van Nederland,* 1743

Van Poolsum, Jacob, *Groot placaatboek vervattende alle de placaten, ordonnantien en edicten, der ... Staten's lands van Utrecht*, Vol III, 1729

Verbeke, Eleonora, *Winckelboeck HS*, Sint-Janshospitaal, Brugge,1751

Verhaegen, George H M J, *Rationeele broodvoorziening in Nederland*, 1942

Volkskunde, jr no. 120, Jan–April, 2019 photo *Sinterklaasintrede c.1900*, J. C van Nuenen Nationaal Archief, Collectie Spaarnestad

Vorselman, Gheeraert, *Eenen nyeuwen coock boeck*, 1560, facs. 1971, Cockx-Indestege, Elly (ed)

Wannée, C J, and Baere-Rovers, A G, *Kookboek van de Amsterdamsche Huishoudschool*

Wiesner, Merry E, *Working Women in Renaissance Germany*, 1986

Wolthuis, J, Vragen van den dag; Maandschrift voor Nederland en koloniën,..., *Amsterdamsche woorden,* 1919

Wyts, Margareta, *De recepten van Margareta Wyts (1575/6–1615) kookkunst uit de tachtigjarige oorlog*, ACG, Terroir, 2013, vol. 118

1. ．塞巴斯蒂安・勒普雷斯特・德・沃邦（Sébastien Le Prestre de Vauban, 1633-1707）是法國元帥與知名軍事工程師。他系統性地改進並創新了要塞建築，其築城理論體系影響歐洲軍事學術長達一世紀以上。由沃邦設計的 12 處法國要塞與城市城牆在 2008 年正式成爲聯合國教科文組織（UNESCO）世界遺產，稱爲沃邦防禦工事體系（Fortifications de Vauban）。

2. 即 16 世紀低地國家文藝復興時期的代表畫家老彼得・布魯赫爾（Pieter Bruegel the Elder, 1525-30-1569），以風景畫及描繪農民生活的風俗畫最爲出名。參見第 14-15 頁。

3. 即尼德蘭黃金時代最出名的女畫家克拉拉・佩特斯（Clara Peeters, 1594-1657）。參見第 25、70 及 196-197 頁。

4. 亨德里克・康希安斯遺產圖書館以法蘭德斯的荷語文學先鋒作家亨德里克・康希安斯（Hendrik Conscience）爲名（參見譯註 20）。該圖書館始於 1481 年，一位名爲威廉・鮑威爾（Willem Pauwels）的律師捐贈 41 冊藏書，安特衛普市政廳以此契機建立了市立圖書館。如今此圖書館已經擁有 150 萬件館藏，是研究荷語文學、法蘭德斯文化遺產與安特衛普歷史最重要的圖書館之一。

5. 英國在宗教改革後，食物被去神聖化，不再能代表上帝的力量，認爲沉溺美食是墮落、放縱的行爲（特別和腐化的天主教法國相對），節制飲食與斷食則是道德文明的表現。維多利亞時代的中產階級道德觀如自律、節慾等也影響了人們對飲食的看法。加了香料、調味的食物會導致人們道德腐化、不理性；食用單調乏味與軟糊的食物則是美德。學校也給學童提供這樣的餐點，認爲有助於塑造良好品格。

6. 艾倫・戴維森（Alan Davidson, 1924-2003）是一位英國外交官與知名飲食作家，在外交官卸任之後成爲全職飲食研究與寫作者，出版作品十餘本，代表作是花了 20 年撰寫，超過百萬字的《牛津食品指南》（The Oxford Companion to Food, Oxford University Press, 1999）。

7. 大齋期（荷語與英語爲 Lent，意爲「春天」）在天主教與東正教會稱爲「四旬期」，指的是復活節前 40 日的齋戒期，起源於耶穌基督在曠野中禁食禱告、接受魔鬼試探的四十晝夜。天主教傳統在此期間一日只能吃一餐正餐，以齋戒、克己等方式自省及懺悔罪惡，準備迎接復活節到來。

8. 法蘭德斯伯國（荷語：Graafschap Vlaanderen；法語：Comté de Flandre）是歐洲中古時期的一個封建諸侯國，其範圍約略包括目前的尼德蘭澤蘭省（Zeeland）南部、比利時的東法蘭德斯省（Oost-Vlaanderen）、西法蘭德斯省（West-Vlaanderen）與法國北部的諾爾省（Nord）。

9. 在印歐語中，國家或大規模的城市與地區（名詞）會有特定對應的形容詞形式，漢語翻譯時多半會將譯法統一，如「法國」（France）對應「法國的」（French），但「法蘭德斯」（Flanders）與「佛拉蒙」（或譯佛萊芒、佛萊明等）是例外。在英語中，法蘭德斯的居民可稱爲「The Flemings」或「The Flemish」，但作爲形容詞形容地域、語言時，只用「Flemish」。本書會將地區譯爲「法蘭德斯」、此地居民譯爲「佛拉蒙人」、語言則爲「佛拉蒙語」或「佛拉蒙荷語」。
以下也列出這兩個詞彙在荷、法、德、英語中的稱呼法：
「法蘭德斯」：Vlaanderen（荷）、Flandre（法）、Flandern（德）、Flanders（英）；
「佛拉蒙」Vlaams（荷）、flamand（法）、flämisch（德）、Flemish（英）。

10. 尼德蘭林堡省爲尼德蘭最南端的一省，與比利時和德國接壤；法蘭德斯林堡省則屬於比利時，是比利時法蘭德斯大區中最東邊的一省，北部以默茲河（法語：Meuse；荷語：Maas）與尼德蘭爲界。

11. 此處的「西法蘭德斯」屬於比利時，而「法國法蘭德斯」則屬法國，位於與比利時交界的上法蘭西大區（Hautes-de-France）中，大致包括里爾（Lille）、杜奈（Dounai）與敦克爾克（Dunkerque）三個省區，此地傳統語言爲一種荷語方言。

12. 「Diets」是大約 1200-1550 年間對中古尼德蘭地方語言的總稱，包括如布拉邦語、佛萊蒙語、林堡語、烏特列茲語（Utrechtse）等，當時用來表示其爲一般民眾所說的白話，而非上層階級使用的拉丁語或法語。

13. 比利時經歷多次國家改革，從中央集權制轉爲擁有一套複雜政治體系的聯邦國家，賦予不同地域和語言、文化的族群相當自治權，以期縮小族群與地域

間的緊張關係。除了三個社群和三大區之外，還有四個語言區域（荷語、法語、德語及首都法荷雙語區）。2010 年，瓦隆政府決定推廣使用「瓦隆尼亞」之稱取代「瓦隆大區」，但比利時憲法中該大區的法定名稱至今仍爲「瓦隆大區」。

14. 勃艮第公爵是勃艮第公國（Duché de Bourgogne, 918-1482）統治者之爵位。勃艮第公國領土曾涵括現今法國東部勃艮第—法蘭琪—康堤（Bourgogne-Franche-Comté）大區及尼德蘭、比利時、盧森堡的低地國區域。1369 年，當時的勃艮地公爵菲利普二世（Philippe II l'Hardi, 1342-1404）與勃艮第女伯爵兼法蘭德斯女伯爵瑪格麗特三世（Marguerite III de Flandre, 1350-1405）成婚，當時爲全歐最富庶地區之一的法蘭德斯伯國和勃艮第自由伯國（Franche Comté de Bourgogne, 982-1678）因而併入勃艮第公國。

15. 西屬尼德蘭是低地國中一部分神聖羅馬帝國領地的統稱，於 1556 年至 1714 年間與西班牙爲共主邦聯關係。

16. 《波第其的啞女》是法國作曲家奧伯（Daniel-Francois-Esprit Auber, 1782-1871）的作品，由劇作家斯克里布（Eugène Scribe）與德拉維涅（Germain Delavigne）撰寫腳本，於 1828 年 2 月 29 日在巴黎歌劇院首演，以 1647 年拿波里反抗西班牙統治爲背景，描寫貴族欺騙平民啞女感情引起民怨的故事，是有豪華場景、舞台特效、芭蕾表演的法式大歌劇（Grand Opéra）始祖。

17. 即開創比利時薩克森—科堡—哥達王朝的利奧波德一世（Leopold I, 1790-1865）。

18. 瓦隆尼亞通行法語、法蘭德斯通行荷語。作者意指即使同樣說法語，瓦隆尼亞的勞動階級仍然被菁英階層歧視。

19. 金馬刺戰役發生於 1302 年 7 月 11 日法蘭德斯伯國的科特萊克（Kortrijk〔荷〕／ Courtrai〔法〕，今屬比利時）。法蘭德斯伯國曾屬法蘭西王國，在 1297 年併入王室領地，卻始終有效抵抗其中央集權，並在 1294 年的英法戰爭中選擇與英國結盟。法國在 1300 年重新恢復統治，並將原本的法蘭德斯伯爵扣爲人質，引起當地極大不滿。1302 年 3 月，由於法國貴族在此地徵收過高賦稅，遭到根特居民強烈反抗，從而引起後續戰爭。法蘭德斯方在此次戰役中大勝，並繳獲大批法國騎兵的金馬刺，此戰役因此得名。如今金馬刺戰役日在比利時佛拉蒙社群中爲官方紀念假日。

20. 康希安斯曾參與 1830 年的比利時獨立運動，並在比利時上層統治階級獨尊法語時以荷蘭語寫作，爲荷語文學先鋒作家。他一生創作超過 100 部長篇與短篇小說，當時極受歡迎，作品至今仍被視爲佛拉蒙文學經典。他最出名的作品，便是本文中提到以金馬刺戰役爲靈感寫就的浪漫民族主義小說《法蘭德斯之獅》。

21. 貝爾蓋人隸屬高盧人，西元前 2 世紀時居於高盧東北部、萊茵河下游，性格好鬥，曾多次反抗羅馬人統治。

22. 行省（provincia）是羅馬共和國時期與其後的帝國時期在羅馬之外設立的行政區劃，每個行省由中央派遣的羅馬人總督統治。比利時高盧行省（Gallia Belgica）在西元前 27 年或西元前 16-13 年時的奧古斯都時期設立，範圍包括今日的尼德蘭、比利時、盧森堡以及法國東北、德國西部。現代比利時國名便是源自於此一古稱。

23. 安比奧里克斯（Ambiorix）是在羅馬共和國末期高盧東北部貝爾蓋人的一位王子，其名在拉丁語中意爲「在各方皆爲王」。由於曾在凱撒征服高盧過程中頑抗，在 19 世紀時逐漸成爲比利時的民族英雄。

24. 馬林（Malines）荷蘭語爲「梅赫倫」（Mechelen）位於比利時安特衛普省北部，是法蘭德斯的歷史藝術名城之一，與安特衛普、布魯日、布魯塞爾、根特和魯汶齊名。

25. 「Waterzooi」是源於根特的一種燉菜，名字源於荷語的「煮沸」（zooien）。此燉菜最早以淡水魚或海魚爲主食材，如今多用雞肉，可能是因爲根特地區的河流曾被嚴重污染。湯中會加入蛋黃、奶油，並以胡蘿蔔、洋蔥、韭蔥、馬鈴薯與香芹、月桂葉和鼠尾草等香料共煮。

26. 西慕瓦河是馬斯河右岸的支流，流經比利時東南方和法國東北，沿岸垂釣盛行，鱒魚則是此地重要的魚類之一。

27. 布魯塞爾肉販街位於市區熱鬧之處，過去是屠宰集中之地，現在則多爲販賣淡菜、海鮮的餐廳，是遊客雲集之處。

28. 新西班牙指的是新西班牙總督轄區（Virreinato de Nueva España IPA, 1521-1821），是西班牙管理北美洲和菲律賓的殖民地總督轄地，首府位於墨西哥城。管轄範圍包含今墨西哥、中美洲（除巴拿馬）、美國西部地區、加拿大英屬哥倫比亞的西南部、加勒比海群島，以及亞洲的菲律賓都督府（包含今日的菲律賓、關島、加羅林群島、馬里亞納群島、西屬艾爾摩莎和德那第蘇丹國）。

29. 安特衛普在 16 世紀時爲歐洲印刷業重鎮，來自法

國、在此地開業的克里斯多福‧普朗坦（Christophe Plantin〔荷語為 Christoffel Plantijn〕, 1520-1589）則是當時全歐頂尖的書籍印刷、出版商。在他過世之後，普朗坦出版（Plantin Press）由普朗坦女婿楊‧莫雷圖斯（Jan Moretus）繼承，並持續營業至 1867 年。普朗坦與莫雷圖斯家族的故居、印刷廠如今為普朗坦—莫雷圖斯印刷博物館（Museum Plantin-Moretus），是聯合國教科文組織世界遺產名錄中首位收錄的博物館。

30. 參見譯註 29。

31. 西班牙在《明斯特和約》中承認尼德蘭七省聯合共和國獨立，位於斯海爾德河以南的安特衛普屬於西班牙統治範圍（西屬尼德蘭）。

32. 奧斯坦德（Ostende）是今日比利時佛拉蒙大區西法蘭德斯省瀕臨北海的一座城市。

33. 此處的「荷蘭」與「澤蘭」指的是尼德蘭七省聯合共和國中的「荷蘭伯國」（Graafschap Holland）與「澤蘭伯國」（Graafschap Zeeland），過去皆為神聖羅馬帝國的諸侯國之一。荷蘭伯國大約位在今日尼德蘭的北尼德蘭省與南尼德蘭省境內；澤蘭伯國則大約位於今日的澤蘭省。

34. 梅爾街是安特衛普的主要商店步行街，連接安特衛普市政廳及中央火車站。就購物人潮與店鋪租金來說，此處也是比利時最重要的商店街。街道兩邊有許多過去名門望族的府邸，建築與藝術風格皆有可觀。

35. 布爾拉劇院完工於 1834 年，由當時安特衛普的城市建築師皮耶‧布爾拉（Pierre Bourla, 1783-1866）設計，為新古典主義風格。該劇院是歐洲如今碩果僅存、擁有原創五層舞台機關設計的劇院，1938 年起成為國家保護建築，被視為比利時最重要的歷史建築之一。

36. 勒‧葛雷爾家族在 19 世紀開始向報業與媒體業發展，其媒體基金後來買下了《安特衛普日報》（Gazet van Antwerpen）並在法蘭德斯掌控數家天主教報紙。

37. 「Brown sugar」類似台灣的紅糖、二砂等，在比利時、法國、尼德蘭等地通常還會再細分為深色與淺色等種類。由於各國對糖的製程、成品與定義不同（見本文），本書在提到「brown sugar」時將譯為「紅糖」，但「light brown sugar」（淺色紅糖）則譯為黃糖、「dark brown sugar」（深色紅糖）則譯為黑糖。

38. 通常中文僅會將「kandij」或「kandij suiker」譯為「紅糖」，但由於此處的「kandij」指的是如冰糖般大顆粒的紅糖，文中緊接著還提到磨成較小顆粒的「kandij sugar」（坎蒂紅砂糖），加上各國製糖

方式與成品不同、種類複雜，為免混淆，本書中多數的糖會加入音譯讓讀者容易辨別。

39. 黃金糖漿也是製糖精煉過程中的副產品，是英式烘焙中不可或缺的食材之一。

40. 此處採用音譯，因「cassonade」在比利時、瑞士、盧森堡、法國北部與加拿大魁北克等地，指的是以文中過程製造的非精製棕色甜菜糖，然而在法國指的卻是非精製棕色蔗糖。比利時的「cassonade」在法國稱為「vergeoise」。

41. 聖馬丁（也譯為聖瑪爾定，316-397）被天主教列為聖人，他最著名的傳說是在羅馬擔任軍人時，某次於暴風雪中割下自己的衣袍與一名乞丐分享，而該乞丐其實是耶穌的化身。據說他於 11 月 11 日病逝，因此該日被定為聖馬丁節。由於宗教改革者馬丁‧路德（Martin Luther, 1483-1546）是在 11 月 11 日受洗而得名馬丁，因此德國的新教徒也會一起慶祝此日。一般慶祝活動是在當天晚上由孩童提燈籠遊街並唱相關應景歌曲。

42. 啤酒酵母主要可分為愛爾酵母（Ale）和拉格酵母（Lager）兩種。愛爾酵母是人類最早開始使用的啤酒酵母，發酵溫度較後者高，以攝氏 18 度至 23 度為主。由於愛爾酵母在主要發酵旺盛時期會產生大量的酵母泡沫漂浮在麥汁上，早期釀酒師們認為這種酵母菌都在頂層工作，因而也稱為「頂層發酵」（Topfermenting）。

43. 格魯修斯博物館坐落於 15 世紀格魯修斯（Gruuthuse）領主的宮殿內，館藏中 13 世紀到 19 世紀布魯日工藝美術品最為豐富。

44. 「無畏的約翰」（法語：Jean sans Peur；荷語：Jan zonder Vrees）即勃艮地公爵約翰一世（Jean I, 1371-1419），他曾延續其父菲利浦二世（見譯註 14）的分離主義政策，企圖使勃艮第成為一完全獨立的公國，並致力加強對尼德蘭的控制。他曾於 1408 年率勃艮第軍隊鎮壓列日市民起義。

45. 大衛之星（Star of David）即六芒星，是由兩個一正一反的正三角形組合成的六角星形，又稱希伯來之星、所羅門之星、猶太之星等，由於被視為代表了大衛王所用的盾牌或盾牌上的徽章形狀，也稱為「大衛之盾」（Magen David），象徵上帝對大衛和其士兵在戰爭中的保護力量，其後成為猶太教與猶太人民約定俗成的象徵。

46. 「好人菲利普」（法語：Philippe le Bon；荷語：Filips de Goede）即勃艮地公爵菲利普三世（Phlippe III, 1396-1467），是「無畏的約翰」之子，也是英法百年戰爭中的重要政治人物，曾率領勃艮第軍隊在貢比涅圍城（siège de Compiègne）中俘獲聖女貞德並售予英格蘭，使她最後被處以火刑。菲利普

三世在位時以戰爭和聯姻等手段大幅擴張勃艮第公國勢力，特別是吞併了尼德蘭。勃艮第公國的政治中心從那時起實際轉移至尼德蘭，低地國家也成為勃艮第的經濟支柱。

47. 「帝國之鷹」源自羅馬的尊榮象徵「阿奎拉」（Aquila，即拉丁語中的「鷹」），神聖羅馬帝國和近代德國如德意志第二帝國（1871-1918）、德意志共和國（1919-1933）及德意志第三帝國（1933-1945）的紋章中均有出現。自 1949 年後，德意志聯邦共和國國徽也一直使用相同的設計，但稱為聯邦之鷹（Bundesadler）。

48. 司庫之家（Treasurer's House）是約克郡的著名觀光景點之一，也是第一個整體被捐贈給英國國民信託協會的古建築。原本的主人法蘭克‧格林（Frank Green）是富有的工業家族之後，自 1897 年買下這棟房子後迅速將其整修擴建為一棟裝飾豪華的鄉舍，內部陳列眾多古董家具、陶瓷、紡織與繪畫等珍貴收藏品。1900 年曾接待後來成為英王愛德華七世（Edward VII）的威爾斯王子一家到訪。

49. 聖餐中的聖體（host）指的是在天主教與基督教的儀式中會中所領受的麵餅，被視為耶穌基督的正體。根據不同教派教義，麵餅可發酵或不發酵。「Host」源於拉丁文的「hostia」，意為犧牲。

50. 根據《新約聖經‧馬太福音》第 2 章第 1-12 節記載，耶穌基督誕生時，有來自東方的三位賢士（Magi）來朝拜耶穌，天主教會在 1 月 6 日主顯節慶祝此日。

51. 本書中的「普通華夫餅烤盤」指的是「深度中等」的華夫餅烤盤，參見第 263 頁。

52. 「Fromage blanc」及「quark」皆為不經過熟成的新鮮白乳酪，為牛奶加入乳酸菌後發酵、凝結（有時還會加入凝乳酶）而成，有時也會添加鮮奶油調整質地。「Fromage blanc」為法語，即「白乳酪」之意，本書中再次出現時會直譯為「新鮮白乳酪」；「quark」則為日耳曼語源，盛行地區為尼德蘭、德國及中東歐等日耳曼系國家，本書其後會音譯為「夸克乳酪」。

53. 民事婚禮指的是由政府主管機關主持，非宗教性的法定婚禮儀式。

54. 秈米即較沒有黏性的長米、在來米。

55. 古法蘭克語乃由法蘭克人聚居地（今日德國西北部）的原始日耳曼方言演變而來，屬西日耳曼語支，流行於 4 至 9 世紀，後在今日法國北部及比利時瓦隆尼亞與古法語同化。受到古法蘭克語影響的語言包括法語、現代德語、荷蘭語、盧森堡語等。

56. 采邑主教（或稱親王主教）指的是以教會諸侯身分治理一或多個公國，並同時擁有政教雙重權力的主教。自 4 世紀起，羅馬帝國因蠻族入侵與自身內亂而衰亡，一些城邦的主教須擔任羅馬指揮官的職責，管理世俗政務，甚至包括領軍禦敵；在中古時代封建社會成形後，又自高階領主處獲得封地，進而同時擁有教會頭銜與世俗領主之位。

57. 即「原糖」（raw sugar），精煉糖在精製處理前的粗砂糖，類似台灣的二號砂糖。「Raw」指僅經過一次結晶，和白砂糖（granulated sugar）與細砂糖（caster sugar）等精煉糖經過兩次以上結晶相對。因起源於過去為英國殖民地的德梅拉拉（Colony of Demerara，現為獨立國家圭亞那〔Guyana〕），在英國也被稱為「德梅拉拉糖」。

58. 該名本身沒有任何意義。

59. 台灣與氣候濕熱地區需特別注意存放環境的溫度與溼度控制，作者建議可放入密封容器或密封袋中於冰箱冷藏，製作前取出回復至室溫再使用。

60. 「派偶」也稱為「派柱」（pie block），是英國一種用來製作派殼的圓柱形工具，上方有把手，外觀看來有點像穿著蓬裙的人偶。以此製作派殼時，是以類似蓋印章的方式在圓形麵糰上向下壓，然後雙手像捏陶般左右旋轉，將周圍麵糰沿柱往上揉捏，最後將派柱抽出，形成一個有深度的派殼。

61. 將臨期又稱降臨期、待降期，是為了慶祝耶穌基督誕生前的準備與等待期，由聖誕節往前推算 4 個主日開始至聖誕夜結束。將臨期的第一主日被西方基督教教會曆視為一年之始。

62. 參見第 37 頁。

63. 馬克斯‧康賽爾是比利時知名糕點師，也是布魯塞爾華夫餅和蘋果甜甜圈（荷語：appelbeignet 或 appelflat）的發明人。他的家族企業已延續六代，目前在比利時西法蘭德斯的奧斯坦德開設一家以他為名的華夫餅餐廳「Etablissement MAX Consael」。

64. 「Lick」為英語中的「舔舐」之意。

65. 波珀靈厄（Poperinge）是比利時佛拉蒙大區東法蘭德斯省的一個城市。

66. 該店即是法國知名糕餅店「梅爾特」（Méert），在里爾、魯貝（Roubaix）與巴黎有多家分店。

67. 參見第 29 頁正文與譯註 40。

68. 傳統製糖流程中，在糖漿濃縮、結晶時未將糖蜜（molasses）分離析出精煉的成品稱為紅糖（brown sugar），再依糖蜜含量多寡分為黃糖（light brown sugar）與黑糖（dark brown sugar）。白砂糖（white sugar）則是在糖蜜分離後精製產生的無雜色無特殊風味、僅有純淨甜味的糖。在傳統製程下，紅糖較白糖保留了較多礦物質與營養素，但在現代製糖工業中，為了加速生產流程，幾乎皆是在大量製造白砂糖後重新批覆糖蜜製得還原黃糖（soft

light brown sugar）與還原黑糖（soft dark brown sugar），質地較原糖（raw sugar, demerara sugar）細緻、濕潤。

69. 糖漿夾心華夫餅在台灣多半被稱為荷蘭焦糖煎餅、荷蘭焦糖鬆餅、荷蘭煎餅或荷蘭餅。

70. 指紅色或白色、呈現圓形或手指形的小蘿蔔。

71. 調和自然發酵酸啤酒是比利時自然發酵酸啤酒（Lambic）的一種，將新發酵（1 年）與舊發酵（2 至 3 年）的自然發酵酸啤酒混合，新酒中仍有殘餘糖分，可供二次發酵。比利時自然發酵酸啤酒指的則是在布魯塞爾周邊製作的一種特色啤酒：以 30 至 40% 未發芽小麥及 60 至 70% 大麥麥芽釀製，使用天然酵母和空氣中的乳酸菌及醋酸菌自然發酵而成，酸度明顯。

72. 萊斯特乳酪產自英國中部萊斯特郡（Leicestershire）的萊斯特（Leicester），傳統上會在成品中加入胡蘿蔔汁或甜菜汁，使外觀呈橘紅色，因此亦稱紅萊斯特乳酪（Red Leicester），現今則以天然食用色素「胭脂樹紅」（Annatto）染色。

73. 普切塔（bruschetta）是由羅馬方言「bruscato」（炭烤）演變而來，是義大利非常普遍的一種前菜，基礎是在烤麵包片上抹上蒜頭與橄欖油，再撒上胡椒、鹽等，最常見的配料則是切碎的番茄加上新鮮香草，通常為羅勒、百里香等。

74. 又稱車窩草、峨參、山蘿蔔等，是一年生香草植物，也是組成法式綜合香草（fines herbes）的其中之一。

75. 斯佩爾特小麥（spelt）是一種古老穀物，為現代小麥的遠親，具有獨特的堅果味。由於醣分含量較低（低 GI）、容易帶來飽足感，且採全穀形式研磨，在歐美烘焙中被視為麵粉的健康代替選項。

76. 贊河（Zaan）是北荷蘭省的一條河流，源自阿姆斯特丹水域艾灣（IJ），所流經的區域皆以它為名。

77. 內里斯・奇里安（Cornelis Kiliaan, 1530-1607）是出身南尼德蘭的詞典編纂家、語言學家、翻譯家與詩人，曾為本書第 24 與 26 頁中提及的全歐頂尖書籍印刷出版商普朗坦工作，並極獲後者信任。奇里安編纂的荷語—拉丁語辭典（*Dictionarium Teutonico-Latinum*）是全歐第一部引進語言比較法的辭典，列出同一詞彙在相近或相關語言中的表現形式。《詞源學》則是這本辭典的修訂第三版，也是他的代表作。

78. 赫爾柏蘭・布雷德羅（Gerbrand Bredero, 1585-1618）是尼德蘭黃金年代著名的詩人與劇作家。

79. 三王節即主顯節。

80. 聖靈降臨節或聖靈降臨日又稱五旬節「Pentecost」（來自希臘文的「pentekoste」，表示「第 50 個」），紀念以色列人出埃及後第 50 天、摩西自耶和華處領受十誡之日。在基督教中，這天落在復活節後的第七個星期日，是《聖經》記載聖靈降臨早期門徒，使其能說方言、向外傳揚福音之日。「White Sunday」、「Whitsunday」之名在中世紀英格蘭出現，得名自當日受洗者在洗禮儀式時身穿的白袍，「Whitsun」則是現代略稱。由於緊接著的「Whit Monday」是英國國定假日（1971 年後改為五月的最後一個週一），現代使用時多指假期本身，較無「Pentecost」代表的宗教意涵。

81. 奧丁是北歐神話中阿薩神族（Æsir）的主神，為魔法之神、戰爭與死亡之神、知識之神，身材高大、獨眼長鬚、頭戴寬邊帽，雷神索爾（Thor）為他的三子之一。傳說中奧丁會在尤爾節（Yule，古日爾曼民族的隆冬慶典，為期 12 天，基督教化後逐漸與聖誕節合而為一）的狂獵（wild hunt）中騎著通體雪白的戰馬史萊普尼爾，帶領亡靈在夜空中飛翔，前往死後的世界。據說小朋友們會在屋外留下給史萊普尼爾的水與食物如蘋果、稻草等，而奧丁則會留下禮物回贈表達謝意，這便是聖尼古拉斯節與聖誕節中聖尼古拉斯或聖誕老人分送小朋友們禮物的起源。

82. 喜樂主日（Laetare Sunday）是基督教大齋期的第四個週日，約位在長達 40 天的大齋期中間，因此又稱為大齋中期主日（Mid-fast）。Laetare 是拉丁文中的喜樂、歡欣之意，在喜樂主日可以略微舒緩齋節期間的嚴格生活，如能夠舉行婚禮、僕人們也可休假回去拜訪自己接受洗禮的教堂（「母堂」：mother church），因此又被稱為「母親主日」（Mothering Sunday），英國的母親節便訂在此日。

83. 揚・史汀（Jan Havickszoon Steen, 1626-1679）是尼德蘭黃金時代最重要的日常風俗畫家之一，畫作富有幽默感、色彩豐富，能呈現畫中人物的心理活動。

84. Stoeteman、Stutenkerl 與 Wekkeman、Weckman、Weggekèl 這兩大類名稱，來由是使用的麵團種類和麵包形狀。「Stute」指的是使用麵粉、糖、油脂與酵母製成的麵團；「wecken」則是使用麵粉、鹽、酵母、水的麵團，而「man」即為人形。「Hefekerl」直譯則為「酵母（麵包）人」。

85. 最早是製作聖尼古拉斯人形麵包，後來轉變為銜著煙斗的人形，其時點據信在 17 世紀。隨著菸草消費的出現，當時使用一種稱為「煙斗泥」（pipe clay）的細質白色黏土燒製陶土煙斗的工藝經英格

蘭與尼德蘭傳入德國。此工藝在 17 世紀發展鼎盛，陶土煙斗因而成為極受歡迎的配件。另一種傳說則是：18 世紀時，有位麵包師傅在聖尼古拉斯節的製作人形麵包旺季中，所需的主教權杖裝飾用完，在路過一個菸草店時，看見櫥窗陳列的煙斗，靈光一閃，認為煙斗倒過來的形狀和權杖非常相似，從此以此代替。

86. 泥金裝飾手抄本（illuminated manuscript）是一種內文經過精美裝飾的手抄本，內容通常與宗教相關。這種手抄本在上色前會先貼上金箔，首字母和頁面邊框經裝飾性處理、裝飾圖形多半取材自中世紀紋章或宗教徽記，內頁中也經常有彩色插圖。

87. 克利夫的凱薩琳（1417-1479）是 15 世紀海爾德公國（Duchy of Guelders）公爵夫人，《克利夫的凱薩琳祈禱書》是她與海爾德公爵阿諾（Arnold, Duke of Guelders, 1410-1473）成婚時委託藝術家所製，是現存泥金裝飾手抄中最為繁複精美的作品之一，書中並繪製了凱薩琳的家族世系與她本人。

88. 在荷蘭語中，字尾加上「je」，是一種對事物的暱稱，類似於中文的「小」。「Mik」在低地國家不同區域意義不完全相同，可以是小圓麵包，也可以就是「一塊麵包」。而直到 1970 年代，也有專指裸麥麵包之意。「Mik」的語源來自拉丁文的「mica」，意為麵包屑。

89. 白脫牛奶是奶油製作過程中的副產物。不斷攪打鮮奶油使脂肪分離後會剩下液態乳清，乳清再發酵便是白脫牛奶。

90. 阿特主保瞻禮節遊行是在每年 8 月 28 日，為慶祝阿特主保聖人「布里由德的聖朱利安」（Julien de Brioude，本為羅馬士兵，後因皈依天主教並殉教成為聖人）舉辦的大型慶典，已有超過 600 年歷史。最可觀之處便是有多個重達 100 多公斤的巨人塑像參與遊行。

91. AGA 與 Esse 都是廚房加熱設備與爐灶系統的品牌。Esse 是蘇格蘭人詹姆斯・史密斯（James Smith）在美國為西部拓荒者設計的無煙煤燃燒封閉式爐灶，藉沉重鑄鐵外框蓄熱運轉，可從較低溫但持續的熱源吸收熱度，並同時烹飪與供暖，較傳統火爐更節能與潔淨。史密斯在 19 世紀中將此發明帶回英國，成立 Esse 品牌，結果生意興隆，包括皇室與許多名人、主廚皆是愛用者。AGA 是由曾獲諾貝爾獎的瑞典物理學家古斯塔夫・達倫（Gustaf Dalén, 1869-1937）為減輕妻子烹飪勞苦而發明的爐灶設備，能以同一熱源同時加熱兩個煎烤盤與兩個烤爐。1957 年後 AGA 生產全數移至英國。

92. 「Appelstroop」即為荷蘭文的「蘋果糖漿」（apple syrup），是一種由蘋果與糖一起熬煮濃縮製成的深色黏稠糖漿，從中世紀至今，主要產區皆在比利時與尼德蘭的林堡地區（Limburg）。蘋果糖漿多半做為三明治抹醬使用，也可作為食材加在不同菜餚中。

93. 糖漿（treacle）是將糖蜜（molasses）混合精煉糖漿製成，最常見的就是金黃糖漿（golden treacle）與黑糖漿（black treacle），為英式烘焙與烹飪中深受喜愛的食材之一。糖蜜則是食糖加工過程中產生的副產品，無法再結晶製糖，其質地黏稠、顏色深黑、風味濃苦，但含有比白糖更多的營養物質。

94. 關於此一傳統的起源有幾種說法，一說來自於中世紀，當時官員們會在一年之始的週一宣誓就職，接著會有伴隨飲宴的盛大慶祝活動；另一說則認為起源於 18 世紀，各職業行會會在該週一慶祝新年伊始。由於當日並非工作日，因而被稱為「消失的週一」。

95. 肉豆蔻（Myristica fragrans）的果實包含種籽「肉豆蔻」（nutmeg）與假種皮「肉豆蔻皮」（或「肉豆蔻花」〔mace〕），兩種皆為著名香料。

96. 「Beschuiten」為「beschuit」的複數。

97. 「麵包師傅的一打」之所以為 13 而非 12 的由來，據說起源於中世紀的英格蘭。當時若麵包師傅被發現以偷斤減兩的方式出售麵包牟利，將會被嚴厲懲罰，罰則包括罰金與鞭刑。由於當時很難要求每個麵包重量、尺寸皆整齊劃一，有的麵包師傅甚至沒有磅秤可秤量麵團，為了避免因意外短少而被鞭笞，麵包師傅會自動加入額外的份量。

98. 一種將堅果、種籽或果乾以硬糖包覆的老式糖果。

99. 「Greque」是法語中「希臘」（Grèce）的形容詞。

100. 根據摩西律法，家中長子屬於神的。長子誕生後 40 天，父母須備禮儀將其贖回；產婦也呈獻祭品以潔淨自己。聖母瑪麗亞雖童貞產子，仍遵守此一規定，在耶穌誕生後 40 天，於耶路撒冷聖殿點燭舉行潔淨儀式，將耶穌奉獻給天主。因此該日又稱聖母行潔淨禮日、獻主節。

101. 懺悔星期二是聖灰星期三前日，當天許多基督徒會反思己身之罪，並決定在大齋期間要獻上何種獻祭。

102. 聖灰星期三是大齋期首日，教會會於當日舉行塗灰禮，將去年棕枝主日（Palm Sunday）祝聖過的棕櫚枝燒成灰後塗在教友額頭上，作為悔改象徵。

103. 首次有關於「吉勒」的文獻記載出現於 1795 年，當時統治此地的法國督政府（Directoire）禁止穿

戴面具，據說吉勒便是由反抗此一規定的人物形象演變而來。如今流傳最廣的傳說，是由 19 世紀著名歌曲作者、記者阿道夫・戴爾梅（Adolphe Delmée）發想：傳說吉勒是古印加人之後，身有刺青，頭部以羽毛裝飾，出現在 1549 年由匈牙利的瑪麗亞（Mary of Hungary, 1505-1558，曾是西屬尼德蘭總督）舉辦、歡迎其兄長查理五世（Karl V, 1500-1558，神聖羅馬皇帝、西班牙國王）來訪的慶祝遊行中。

104. 吉勒的傳統服飾中，包含掛著數個銅製鈴鐺的腰帶，平均約有 7 至 9 個。

105. 「Harlequin」與「Pierrot」都是戲劇中的丑角，兩者皆源自於義大利的即興喜劇（Commedia dell'arte），16 至 18 世紀時在全歐廣受歡迎。「Harlequin」是劇中的滑稽角色，身穿帶有菱型格紋的鮮豔服飾，喜歡惡作劇；「Pierrot」則是求愛不得的憂傷小丑角色，穿著寬鬆白衣，頭戴黑色便帽，後來在法國默劇中得到進一步發展。

106. 洗浸式乳酪（washed-rind cheese）指的是在發酵過程中，定期或不定期以鹽水或酒類、果汁、油等促進發酵與生菌的方式製成的乳酪。這種乳酪表面會形成一層菌床，生成外皮包覆乳酪，成品也會有特別濃烈的氣味。

107. 濯足節（Maundy Thursday）是復活節前的星期四，為紀念耶穌基督在最後的晚餐中為十二門徒親自濯足、將麵包與葡萄酒分給門徒享用，因而設立聖體聖事及濯足儀式的重要日子。

108. 即西法蘭克帝國的君主查理二世（823-877），西元 875 年後繼承了加洛琳王朝（Carolingian Empire）的「羅馬皇帝」（emporor）稱號。

109. 卡羅・巴圖斯（荷語：Carl Baten）為 16、17 世紀低地國家醫師，著作並翻譯多部醫學書籍及文藝作品。其醫學書籍為荷語首見，《廚藝之書》也是現存最古老的荷語食譜書之一。

110. 由於在糕餅歷史發展早期，麵包與蛋糕、餅乾間的分界模糊，特別在過去膨鬆技術不發達，油脂、糖與膨鬆劑皆難以取得時，而現代西方烘焙中仍然保留著這些特色，所以許多糕點質地介於三者之間，很難完全劃分，因而文中也會混用不同稱呼。

111. 參閱譯註 87。該藝術家名姓不詳，因此以其傑作「克利夫的凱薩琳祈禱書」為名。

112. 施瓦比亞是位於德國西南部一個擁有特殊歷史、文化及語言的族群，起源自中古時期的施瓦比亞公國（Dutchy of Swabia）。目前該族群約有 800 萬人口。

113. 德魯伊是在古英國及歐洲大陸基督教化前，於凱爾特人崇拜大自然的信仰中位居統治地位的賢者，在當時權力可與國王匹敵。德魯伊既是僧侶，也是醫生、教師、先知與法官。

114. 猶太教或希伯來曆法中每週一天的休息日，紀念神創世六日後休息的第七日。

115. 希多・何塞爾（Guido Gezelle, 1830-1899）是布魯日出身的作家、抒情詩人，同時也是羅馬天主教神父。他以佛拉蒙語創作，並致力於教育及翻譯，被認為是啟發荷語文學最重要的詩人。

116. 在英國出產蘋果酒（Cider）的西部地區，人們會聚在一起飲酒、歌唱、跳舞，並向果樹澆熱蘋果酒，祝願其健康繁茂。當地人認為，祝酒儀式能喚醒果樹並驅趕阻礙其生長的邪惡力量，確保秋季豐收。歐洲其他受到凱爾特文化影響的地區，如法國中部及歐洲中部等地，也保留著祝酒的古老傳統。

117. 希斯・霍特康是阿姆斯特丹知名糕點店「霍特康烘焙坊」的創辦人。

118. 勃艮第的瑪麗（1457-1482）是 15 世紀瓦盧瓦勃艮第王朝（Maison de Valois-Bourgogne）統治勃艮第公國（Duché de Bourgogne）的女公爵，其最大貢獻為廢除中央集權議會制，改為低地國各地省分與城鎮推派代表的合議制，賦予各地相當的自治權。

119. 奧蘭治—拿索家族（荷語：Huis Oranje-Nassau）是尼德蘭王國的王室家族。

120. 英國滑稽木偶劇，由穿著鮮豔服裝的木偶夫妻潘趣與茱迪在舞台上打鬧鬥嘴，沒有固定劇本，由演員即興發揮。該劇起源於義大利，於 1662 年 5 月 9 日在倫敦柯芬園（Covent Garden）首演，至今已有超過 350 年歷史。每年這天都有歡慶活動。

121. 狂歡節王子是在狂歡節前及期間主持相關儀式的主席。尼德蘭南部地區會在前一年的 11 月 11 日前後選出狂歡節王子，部分城市的市長也會在狂歡節前一週舉行象徵性儀式，將整座城「交接」給狂歡節王子。

122. 英格蘭中世紀至 17 世紀左右，每年聖誕節慶期間（大約是 12 月 25 日至來年 1 月 6 日左右）會抽籤選出一位於「愚人慶典」（Feast of Fools）中擔任執事的主持人，稱為「混亂之君」。愚人慶典最早流行於教會和神職人員中，期間高低階教士角色翻轉，低階教士接管教會事務，並模仿諧擬正式教會儀式，也有化妝遊行、飲酒作樂等喧鬧活動。愚人慶典起源於古羅馬時期向農神薩圖恩（Saturn）祈福的農神節（Saturnalia），這是當時奴隸階級唯一被允許自由參加慶祝的節日，許多社會常規在狂歡氣氛中翻轉，譬如允許賭博、奴隸們可和主人

同桌吃飯等。羅馬帝國基督教化後，農神節慶典中的許多儀式被轉化沿用至聖誕節或相關節日，如農神節中會選出一位「農神節之王」（King of the Saturnalia），此人可以對他人下命令等，和法國在主顯節時吃國王派，獲得小瓷偶（或蠶豆、豌豆）的人可以當一天的國王或王后等。

123. 主教堂指的是在一教區或教派內的主要教堂；若對特定個人來說，則是其受洗的教堂。

124. 五旬節「Pentecost」（來自希臘文的「pentekoste」，表示「第 50 個」）又稱聖靈降臨節或聖靈降臨日，紀念以色列人出埃及後第 50 天、摩西自耶和華處領受十誡之日。在基督教中，這天落在復活節後的第七個星期日，是《聖經》記載聖靈降臨早期門徒，使其能說方言、向外傳揚福音之日。「Sinksen」來自中古荷蘭語的「cinxen」，後者源自拉丁文的「cinquagesima」（50 日慶典），和希臘文的「pentekoste」相對；「foor」則是作者在文中解釋的貿易市集之意。

125. 一種由紙片或紙漿再加入其他材料（如布料）加固，並以膠水、澱粉或紙糊等黏合的複合材料。

126. 鄰避心態、效應、情結英語直譯爲「不要在我家後院」（縮寫爲 NIMBY），是指大眾共享公共設施產生的效益，但帶來的風險及成本卻由設施附近居民承受，導致地區的房地產下跌、生活成本提高等，因此引發居民抵制，不但阻礙公共設施建設，甚至可能影響社會秩序的現象。

127. 阿爾伯特·克伊普（Aelbert Jacobszoon Cuyp, 1620-1691）是尼德蘭黃金時代重要畫家之一，畫作主題大部分是風景畫，以清晨或傍晚金色陽光下的河畔風光最爲知名。

128. 紐約英文原名「New York」即「新約克」之意。

129. 本書原文全名爲 Het secreet-boek vol heerlijke konsten。

130. 香櫞中文又稱枸櫞，英語爲「citron」，是芸香科柑橘屬的一種植物，與檸檬外觀相似，但更大且皮厚，酸度較檸檬稍低。

131. 將硬幣彎折當作愛情信物的起源，據說最早來自 13 世紀的英國。原本是人們在向聖人許願時，爲回報其恩惠，會將硬幣彎折（如此即不能再使用）做出承諾，此後帶在身邊當成責任的提醒。其後演變爲愛情信物，於 19 世紀時特別流行。追求者會將彎折的六便士硬幣送給心儀女子（將努力賺來的硬幣彎折代表承諾），若女方收下便代表兩情相悅、若丟棄則表示拒絕。這種作爲愛情信物的硬幣經常會將反面磨平再刻上戀人的姓名首字母、紀念日或其他有意義的圖像與文字等等。

132. 伊瑟河（法語：Yser；荷語：IJzer）是一條起源自法屬法蘭德斯、流經比利時西法蘭德斯省並自比利時新港（Nieuwpoort）入北海的河流。

133. 甜點奶餡（pastry cream） 法文爲「crème pâtissière」，即台灣人熟悉的「卡士達醬」（custard cream）。不過在英語中，「custard」泛指各種質地從稀到濃稠的蛋奶醬，和擁有固定做法與質地的甜點奶餡不同，因此本書在提到「pastry cream」會譯爲「甜點奶餡」，但提到「custard」時則譯爲「卡士達」。

134. 在伊莉莎白一世（Queen Elizabeth I）統治時期，英國妓院會免費提供糖煮洋李乾給顧客，當時人們相信洋李有預防和治療性病的功效，同時也有強力催情效果。莎士比亞在其作品《亨利四世》（Henry IV）及《量罪記》（Measure for Measure）中皆有提及。參見第 149 頁。

135. 指的是如餅乾般酥鬆的塔皮、派皮麵團，類似法式甜點裡的「沙布列麵團」（pâte sablée）、「酥脆麵團」（pâte brisée），而非千層派皮麵團（pâte feuilletée，英語爲「puff pastry」）。

136. 阿弗爾海姆（Avelgem）是比利時佛拉蒙大區西法蘭德斯省的一個市鎮。

137. 活躍於 16 世紀中後期、身分與性別皆無法確認的尼德蘭畫家。「布倫瑞克首字母」的稱呼來自於他一幅留下姓名首字母「J・V・A・M・S・L」的畫作──〈窮人的晚餐〉（The Poor Man's Dinner），該作品諧擬〈最後的晚餐〉，藏於德國布蘭茲維（Brunswick，德語：Braunschweig）的安東·烏爾里西公爵美術館（Herzog Anton Ulrich-Museum）。

138. 比利時與法國北部及皮卡第地區（Picardie）的傳統派餅之一，最知名的是鹹派，內餡以蔬菜、乳酪、鮮奶油等製成，如知名的皮卡第鹹派（flamiche picarde）是韭蔥口味。但也有甜味的佛萊米派，如在平坦的派皮上鋪上蘋果、洋梨等烘烤。

139. 「Gooseberry」與「currant」在中文中經常同名爲「醋栗」，兩者有近親關係，同屬於茶藨子屬（genus Ribes），但「gooseberry」莖上有刺且果實通常較「currant」大，成熟時呈綠色或深紅色，本書中將其譯爲「鵝莓」以作區別。

140. 「Bake Off」是「The Great British Bake Off」（《英國烘焙大賽》）的簡稱，是一個烹飪比賽實境秀，由業餘烘焙愛好者參賽競爭，專業主廚作爲評審，每一輪比賽淘汰 1 人，最後勝出者爲冠軍。該節目第 1 季是在 2010 年 8 月 17 日播出，受到廣大歡迎，

目前在英國已製播到第 12 季，另外也有其他衍生比賽系列。該節目形式被全球許多國家購買後製作當地版播出，本書作者正是比利時版本——《法蘭德斯烘焙大賽》（*Bake Off* Vlaanderen）的評審之一。

141. 法式塔皮的入模手法會用手指直接將塔皮與塔圈壓緊貼合，但本書中則是以一塊麵糰代替手指將派皮與模具壓緊貼合。

142. 或「*tarte au maton*」。

143. 中世紀著名的法國食譜合集，當時極受歡迎，多次由不同出版社再版。相傳是法王查理五世（Charles V）與查理六世（Charles VI）的御廚、人稱泰爾馮（Taillevent）的紀堯姆・蒂瑞勒（Guillaume Tirel）所著。

144. 滑鐵盧鋪路工人是當地非常知名的勞工階層，不僅為滑鐵盧鋪設石子路，參與的工程更遠至世界各地，包括葡萄牙、美國等地，甚至包括俄羅斯紅場。

145. 一般烘焙使用與當成零嘴食用的「杏仁堅果」（almond）其實是扁桃（almond）的種子，由於外形與杏仁類似而誤譯。而用來提取杏仁香精、真正的「杏仁」，是杏桃（apricot）的種子（apricot kernel），可以再略分成甜杏仁（南杏）與苦杏仁（北杏）兩類。

146. 瓦弗爾在 13 世紀時人口增長、商業發展繁盛，出現了能與當時封建領主相抗衡的資產階級。1222 年，當時的布拉邦公爵亨利一世（Henri I, 1165-1235）頒給瓦弗爾包含減稅、人口移動及其他優惠的特許權，使當地發展更為繁盛。其後在人們口耳相傳中，變為仁慈的領主讓與阿麗絲在 1222 年賦予該地資產階級自由貿易及特許權。自 1954 年開始，瓦弗爾將這個歷史傳說製成大型露天戲劇，以該市為舞台上演，劇中有超過 300 名演員，是該市的重大活動。

147. 此處的「柔滑」指的是無殘留塊狀水果。

148. 粗粒秈米粉（rice semolina）與秈米粉（rice flour）的差異只在顆粒粗細，前者可以在家自行將秈米洗淨後晾乾，再以果汁機或食物調理機打碎過篩即可。

149. 或「*tarte à maste(i)lles*」。

150. 即圓米。

151. 「Cury」來自古法語的「*queuerie*」，即「cooking」烹飪之意。

152. 每一位廚師的綜合香料使用的香料種類與調和比例皆不同，14 世紀的《巴黎家計專書》（*Le Ménagier de Paris*）中建議使用摩洛哥豆蔻（grains of paradise，也被譯為「天堂籽」）、薑、肉桂、肉豆蔻、糖與高良薑（Galangal）製作「溫和香料」。與「溫和香料」相對，還有一種「強烈香料」（*poudre forte*），使用一些香氣更為強烈的香料如胡椒。

153. 尼維勒當地將乳酪、奶油、蔬菜與香料等混合製成的乳酪餡稱為「macayance」。

154. 「À point」是法語中形容「恰好」、「正好」的狀態，也是會在選擇牛排生熟程度時使用的詞彙，指的是表面煎成褐色，中心為紅色，逐漸過渡為粉紅色、褐灰色至外層的「三分熟」（medium rare）程度。

155. 如佛萊米派大胃王比賽（*Le tournoi du plus gros mangeur de Flamiche*）。

156. 類似披薩但比披薩更薄的一種烤餅，在酵母麵團上塗酸奶油，再加上洋蔥、培根等配料，可作為開胃菜及主食。亞爾薩斯位於法德邊境，歸屬權曾在兩國間數次易主，「flammkuchen」（德語）也稱為「tarte flambée」（法語）。

157. 在法式料理中，「flambé(e)」指的是淋上烈酒後再以火點燃，揮發酒精、留下香氣的手法，如淋了蘭姆酒或柑曼怡橙酒（Grand Marnier）的火焰可麗餅（*crêpes flambées*）。

158. 法國料理烹飪術語，即將奶油用小火煮至焦化，發出榛果般的香氣。

159. 〈傻瓜西蒙〉（Simple Simon）是一首英語搖籃曲，出自於 1764 年的一本暢銷故事書，此處引用的是搖籃曲開頭第一句「*Simple Simon met the pieman going to the fair*」。傻瓜西蒙的人物形象流傳已久，可能來自於英國伊莉莎白一世女王時期的暢銷故事書，或一首 1685 年左右的民謠〈不幸的傻瓜西蒙與其殘忍的妻子瑪潔莉〉（*Simple Simon's Misfortunes and his Wife Margery's Cruelty*）。

160. 多爾郡是美國威斯康辛州東北部的一個郡，與綠灣（Green Bay）和密西根湖毗鄰，境內接近 80% 的面積為水面，是北美知名度假勝地之一。

161. 雨格諾新教（Huguenot）又譯胡格諾派，是法國基督新教信仰喀爾文思想的一支教派，俗稱法國新教。16 世紀時於歐洲宗教改革運動中興起，長期遭受迫害。

162. 16 世紀馬丁路德（Martin Luther, 1483-1546）掀起宗教改革運動後，脫離天主教教會的新基督教徒。

163. 比利時安特衛普市的一個區，原本為獨立市鎮，1983 年與鄰近六市鎮一起併入安特衛普。

164. 夏樂華（Charleroi）是比利時瓦隆大區人口最多的城市，也是全國人口排名第五的大城市。

165. 如外觀爲扁平輪狀的尼德蘭豪達乳酪。

166. 意指 16 及 17 世紀歐洲國家以義大利威尼斯的精工技術與風格製作的玻璃製品。威尼斯玻璃因手工精細、色彩豐富知名，12 世紀隨著貿易發展，威尼斯成爲世界玻璃製造業的中心，威尼斯玻璃則成爲當時高級玻璃製品的代名詞。

167. 即聖誕節慶第 12 夜，爲主顯節前夜。

168. 聖靈節是一個天主教慶典，多於復活節後第七個週日——聖靈降臨節舉辦慶祝活動。聖靈節源自 12 世紀基督教思想家、來自義大利的「菲奧雷的約阿希姆」（Joachim of Fiore）傳揚的聖靈思想。約阿希姆將歷史劃分爲聖父（1260 BC-0）、聖子（0-1260）和聖靈（1260-）三個時代，認爲聖靈時代將帶來和平、正義、平等、寬容和兄弟之愛；人們將過著簡單、純眞、幸福和遠離罪惡的生活。當時許多知識分子如但丁及歐洲皇室成員都被這種烏托邦的願景吸引，但在聖靈時代的意識形態中，天主教會屬於聖子時代、應在聖靈時代消失，約阿希姆及其追隨者於是受到教會壓制。1256 年，教皇亞歷山大四世（Alexander PP. IV, 1199 - 1261）譴責這種意識形態爲異端，隨後，聖靈時代運動幾乎在歐洲各地被消滅，但由於葡萄牙王后伊莎貝爾（Isabel de Portugal, 1271-1336）及其夫婿迪尼什一世（Dinis I, 1261-1325）爲約阿希姆願景支持者，也同時認爲不必消滅天主教會與階級，他們創建了供奉聖靈的教堂與兄弟會組織聖靈節慶典，聖靈節於是在葡萄牙倖存。其後亞速爾群島建立了聖靈奉獻中心，聖靈信仰成爲該地特殊文化元素，並隨著移民傳至美國。

169. 多香果又名衆香子、牙買加胡椒，是原產於美洲熱帶地區的植物。未成熟的果實與葉子乾燥後可做爲香料，由於果實具有丁香、胡椒、肉桂、肉豆蔻等多種香料的味道，因此被稱爲多香果。

170. 在東儀天主教（Eastern Catholic Churches）與東正教會（Eastern Orthodox Church）中，十字聖號手勢是將拇指、食指與中指集爲一點，象徵聖三位一體；其餘兩指緊貼手掌，代表耶穌基督的人性與神性。在許多描繪聖尼古拉斯復活三個孩童的畫作中皆會看到這樣的手勢。

171. 這部書是由法國國王路易十二（Louis XII, 1462-1515）的宮廷畫家讓・布爾迪雄（Jean Bourdichon, c.1457/1459-1521）爲皇后布列塔尼的安妮（Anne de Bretagne, 1477-1514）所繪，由於規格弘大而稱爲「大祈禱書」。全書共 467 頁，除了 49 幅全幅全彩人物故事圖外，另 300 多頁祈禱文頁面中，每一頁皆繪有不同植物主題的邊框裝飾。由於裝飾的植物圖案華美無匹、種類繁多，被視爲一部極其可貴的植物學圖鑑。

172. 紐倫堡在 1449-1539 年間，曾有非常盛大的面具狂歡節於每年的懺悔星期二舉行。起源是 1348 年紐倫堡的工藝行會叛亂起義，威脅神聖羅馬帝國政經局勢，唯有屠夫和刀匠沒有參與。爲獎勵這兩個行會，皇帝特許他們每年在城市舉行特殊的舞蹈表演與遊行，屠夫與刀匠們會穿上天鵝絨與絲綢的奇裝異服並戴上面具遊行表演，主題不限，15 世紀還引入大型遊行花車。因狂歡遊行內容越來越荒誕不羈，教會也成爲被挪揄的對象，於是在 1539 年被禁，直到 1974 年才恢復常規舉辦，但並非年年皆有。「Schembartlauf」直譯爲「面具跑者」，其來由是遊行中負責維護街頭秩序、留出表演空間的年輕人隊伍。

173. 指南美洲安地斯山脈地區原住民的文化，特指受到印加帝國影響者。

174. 歐洲基督教化後，教會定 11 月 1 日爲諸聖節，以紀念所有知名或不知名的忠誠聖人與殉道者，聖人（saint）可指任何進入天堂的忠誠信徒，不限於被教會封聖者（Saint）。

175. Hema 是一家尼德蘭連鎖零售百貨公司，於 1926 年在阿姆斯特丹創立。其名爲「阿姆斯特丹荷蘭均一價公司」（*Hollandsche Eenheidsprijzen Maatschappij Amsterdam*）之縮寫。商店特色爲相對廉價的雜貨日用品，絕大多數爲 Hema 自有品牌。目前在比利時、法國、德國、盧森堡等多個歐洲國家，甚至墨西哥及阿聯酋皆有開設分店。

176. 去除了麩皮與胚芽的裸麥粉，也稱「白裸麥粉」。

177. 台灣與氣候濕熱地區需特別注意存放環境的溫度與溼度控制，作者建議可放入密封容器或密封袋中於冰箱冷藏。

178. 將麵團旋轉 90 度後再次折疊。

179. *Stoeteman*、*Stutenkerl* 與 *Wekkeman*、*Weckman*、*Weggekèl* 這兩大類名稱，來由是使用的麵團種類和麵包形狀。「*Stute*」指的是使用麵粉、糖、油脂與酵母製成的麵團；「*wecken*」則是使用麵粉、鹽、酵母、水的麵團，而「*man*」即爲人形。「*Hefekerl*」直譯則爲「酵母（麵包）人」。

180. 最早是製作聖尼古拉斯人形麵包，後來轉變爲衛

著煙斗的人形，其時點據信在 17 世紀。隨著菸草消費的出現，當時使用一種稱爲「煙斗泥」（pipe clay）的細質白色黏土燒製陶土煙斗的工藝經英格蘭與尼德蘭傳入德國。此工藝在 17 世紀發展鼎盛，陶土煙斗因而成爲即受歡迎的配件。另一種傳說則是：18 世紀時，有位麵包師傅在聖尼古拉斯節的製作人形麵包旺季中，所需的主教權杖裝飾用完，在路過一個菸草店時，看見櫥窗陳列的煙斗，靈光一閃，認爲煙斗倒過來的形狀和權杖非常相似，從此以此代替。

181. 過去在盧森堡，這種麵包會被塑形成手插在褲袋中的人形，而在盧森堡語裡，「boxen」（複數）意爲褲子。

182. 將等量的果泥與糖一同熬煮至最低水分的濃縮狀態，然後倒入模具中成形的水果保存法。由於以模具成形、且用來塗抹，與乳酪與奶油特色相似，過去借用了兩者的名稱，名爲「fruit cheese」或「fruit butter」，然其中沒有任何乳品成分。

183. 德國西北部萊茵河兩岸地區。

184. 荷語「koek」直接對應的英語詞彙爲「cake」，但同時也是美式英語中「cookie」的語源（參見第 223 頁）。雖然「koek」的成分中絕大多數沒有蛋，但由於「cake」在中文慣譯爲「蛋糕」，本書中大部分沿譯以稱呼此類糕點，少數則依實際質地譯爲「餅」或「餅乾」，或統稱「糕點」。

185. 荷語「lijfkoek」、「liefcoecken」、「liefcoecken」、「liefkoek」和「lyfkoeck」中的「lijf」、「lief」與「lyf」源自原始日爾曼語（Proto-Germanic）的「līban」（持續）、「lība-」（身體）與「lib-ēn-」（生命）。古日爾曼時代會爲節慶製作能夠長期存放的烘焙糕點，而使用蜂蜜與香料製作的糕點比起不加甜味劑的麵包來說，保存期限更長，因而這類名稱的原意可能是能夠長期存放不易腐壞的糕點（living cake 或 living cookie）。

186. Lebkuchen 中文慣譯爲「德式薑餅」，但其實絕大多數食譜成分沒有薑（參見第 223-224 頁作者正文說明），它其實就是「蜂蜜香料蛋糕」。

187. 美式軟餅乾「cookie」與英式的「biscuit」差異在於前者的麵團較軟而厚、質地較緻密，尺寸也比較大，而後者較爲硬、薄，質地也比較酥脆。

188. 以人物、動物或有特殊意涵的形狀塑形的麵包與糕點，如第 220 頁的聖馬丁與聖尼古拉斯人形麵包。

189. 德文「漢薩」（Hansa 或 Hanse）意爲「商會」或「會館」。漢薩聯盟是 12 世紀中期開始，在中歐的神聖羅馬帝國與條頓騎士團（Deutscher Orden）諸城市間形成的商業與政治聯盟。14 世紀晚期至 15 世紀早期發展達到鼎盛，加盟城市最多達到 160 個。15 世紀中葉後，由於歐洲各國國工商業發展與新航路開闢而轉衰，1669 年解體。

190. 參見第 92 頁。

191. 英式薑餅早期會加入麵包（bread）做爲材料之一，所以英語才稱爲「gingerbread」。

192. 泡打粉是由小蘇打混合玉米澱粉及乾燥酸性物質如塔塔粉製成。澱粉可吸收溼氣，隔離小蘇打及乾燥酸性物質，避免提早作用產生二氧化碳。將泡打粉加入麵糊後會吸收濕氣，酸性物質會與小蘇打作用產生二氧化碳。因此若麵團需要靜置，便不宜使用泡打粉，否則可能在烘烤前氣體便已消失。

193. 英式綜合香料（mixed spice）又稱「布丁香料」（pudding spice），在英式烘焙中經常使用，可在英國超市買到現成品。成分大多包含肉桂、肉豆蔻籽、肉豆蔻皮、薑、丁香、五香粉與芫荽籽等，每家品牌的混合比例不同。「南瓜香料」也稱爲「南瓜派香料」（pumpkin pie spice），用於製作南瓜派。

194. 北英格蘭的約克郡的特色薑餅，過去使用當地主要作物的燕麥製作，如今則多用小麥麵粉。製作完成後需靜置數週熟成。可參見作者的《英式家庭經典烘焙：燕麥在北，小麥在南，大不列顛甜鹹糕點發展及 100 道家庭食譜》一書第 76 頁。

195. 和黃金糖漿一樣是製糖精煉過程中的副產品，在英式烘焙中經常使用。黃金糖漿顏色較淺，可以蜂蜜或楓糖漿取代；黑糖漿顏色較深，可用糖蜜代替。

196. 台灣與氣候濕熱地區需特別注意存放環境的溫度與溼度控制。作者建議可放入密封容器或密封袋中於冰箱冷藏。

197. Springerle 是德國南部一種以洋茴香籽調味的厚片壓模香料蛋糕，過去多在宗教節日或全年其他世俗節日製作，現今則多半在聖誕節出現。「Springerle」意爲「小騎士」或「跳躍者」，起源未知，可能與模具上的騎士印花有關，也可能來自麵團烘烤時膨脹（「躍升」）的形象。

198. 1388 年，紐倫堡的貴族康拉德·孟德爾（Konrad Mendel）在當地的十二使徒禮拜堂邊建立了「兄弟之家」（Brüderhauses）收容因年老而無法執業謀生的工匠。自 1425 年起，爲當時住在兄弟之家的手藝人一一繪製肖像，並將他們過去的職業紀錄在「救濟院之書」（Hausbuch）上。孟德爾後來在德國南部其他地方也建立了「十二兄弟會之家」（Zwölfbrüderhäuser）。1501 年，富有的

礦業家馬圖斯・小蘭道爾（Matthäus der Jüngere Landauer）在紐倫堡建立了第二座十二兄弟之家，也同樣製作了「救濟院之書」。兩本救濟院之書共留存 5 冊，3 冊來自孟德爾的十二兄弟會，2 冊則來自蘭道爾的十二兄弟會，以逾 1,300 張插圖描繪了 15 至 19 世紀的眾多工藝與手工藝品，被認爲是歐洲最廣泛、最有價值的歷史工藝品系列圖像來源，目前全部內容皆已數位化並開放給大衆在網路上查閱。

199. 朱迪斯的故事來自《舊約聖經》，美麗寡婦朱迪斯色誘亞述統帥赫羅弗尼斯後將其斬首，解救以色列伯圖裏亞城（Bethulia）免受屠城擄掠之難。

200. 即瑪麗二世（Mary II, 1662-1694），1689 年位爲英格蘭女王、愛爾蘭女王、蘇格蘭女王，與威廉三世共治。

201. 即於 1467-1477 年擔任勃艮第公爵的查理一世（Charles I, 1433-1477）。

202. 1806 年 11 月 21 日拿破崙在柏林宣布啟動大陸封鎖，禁止任何來自英國的貨物登上歐洲大陸，意圖經濟封鎖英國，爭奪歐陸商業及美洲殖民霸權。

203. 《食品法典》並非具約束力的法令，而是由包含科學家、食品檢驗專家、消費者及食品工業等領域代表組成的法典委員會（1962 年成立）制定，參考所有相關方的期望，規範生產者、食品加工業者及各類特定食品衛生與品質的貿易與食品標示指南。經德國聯邦食品及農業部（BMEL）公布，作爲補充食品法規之用。

204. 「坎卜斯」語源爲中古德語的「krampen」（爪子），在阿爾卑斯地區傳說中，是與聖尼古拉斯相對的半羊半魔的嚇人妖怪，於聖尼古拉斯節的前夜到達，會以樺樹枝鞭打壞小孩，並拖至其洞穴內吃掉。

205. 參見第 28 頁及譯註 38。

206. 台灣與氣候濕熱地區需特別注意存放環境的溫度與溼度控制。作者建議可放入密封容器或密封袋中於冰箱冷藏。

207. 德文直譯爲「風袋」，形容泡芙蓬鬆可填餡的外型與性質。

208. 餡餅（pasty）是英國特色糕點，全英皆可見但以康瓦爾郡最爲出名。是在圓形酥皮上放上生的餡料（通常是肉類與蔬菜），對折成半圓形、再將邊緣往內折後封口烘烤。康瓦爾餡餅在 2011 年獲得歐盟地理標示保護制度（Protected Geographical Indication）認證。

209. 中文裡「cereal」和「grain」不分，皆譯爲「穀物」，但其實兩者在英語中有所區別：「cereal」指的是種植來食用其種籽的禾本科植物（Poaceae 或 Gramineae），除蕎麥（蓼科）與藜麥（莧科）外，絕大多數的糧食皆屬於禾本科植物，如稻米、小麥、大麥、燕麥、小米等。而「grains」則包含了蔬菜與禾本科植物的可食種籽，因此除前述「cereal」類的種籽外，也包含各種豆類如綠豆、大豆、小扁豆（lentil）等。蕎麥粒屬於 grain 而非 cereal。

210. 速發乾酵母：乾酵母（dry yeast 或 active dry yeast）：新鮮酵母的比例約爲 1:1.5:3。

211. 「Basterdsuiker」荷語原意爲「等級較差的糖」。

212. 平匙（level）指的是匙中承裝物與匙面平齊，尖匙（heaped）則是表面高起。

作者

瑞胡菈・依絲文（Regula Ysewijn）

　　瑞胡菈・依絲文是比利時飲食史學家、作家與攝影師。她專注在英國與低地國家的食物與社會史，經常往返倫敦與比利時。除了寫作之外，她也經常到處演講並出席電視節目，針對飲食史與飲食文化做相關示範與介紹。她擔任英國美食協會（The Guild of Fine Food）頒發的「英國星級美食大獎」（Good Taste Awards）與「世界起司大獎」（World Cheese Awards）的評審已有 10 年，同時也是比利時烘焙比賽電視節目《法蘭德斯烘焙大賽》（*Bake Off* Vlaanderen）的兩位評審之一。《法蘭德斯烘焙大賽》是英國收視率最高的節目《全英烘焙大賽》的比利時版。

　　依絲文的著作《驕傲與布丁》（*Pride and Pudding*）和《比利時咖啡館文化》（*Belgian Cafe Culture*）都受到英國廣播公司第四台（BBC Radio Four）《美食節目》（*The Food Programme*）的讚揚。《驕傲與布丁》也入圍了弗南梅森餐飲獎（Fortnum & Mason Food and Drink Awards）以及安德烈西蒙獎（Andre Simon Award）。繁體中文著作有：《英式家庭經典烘焙》（日出出版）。

　　依絲文與其作品經常登上國際媒體，包括《英國衛報》、《時代雜誌》、《星期日泰晤士報》以及 *Elle*、*Flow*、*Stylist*、*Great British Food*、*Jamie* 等雜誌，以及英國廣播公司第四台《美食節目》、*Woman's Hour*、BBC One *Breakfast* 等節目，Delicious UK and NL 網站等。傑米・奧立佛（Jamie Oliver）曾對《星期日泰晤士報》透露，依絲文的部落格「Miss Foodwise」是他最喜愛的部落格。

個人網站：regulaysewijn.com
Instagram：missfoodwise
Facebook：www.facebook.com/MissFoodwise
X（Twitter）：RegulaYsewijn

譯者・審訂

Ying C. 陳穎

　　高端甜點師轉身，華文世界首位以系列深度專文拆解法式甜點奧祕的作者。畢業於「廚藝界的哈佛」Ferrandi 高等廚藝學校，擁有台大商研所、荷蘭 Utrecht University 社會研究雙碩士學位與數年國際品牌行銷經歷。歷經巴黎米其林星級廚房 Le Meurice、Saint James Paris 及知名甜點店 Carl Marletti 等嚴格淬煉，擁有法國專業甜點師資格認證。

　　著有《法式甜點裡的台灣》、《法式甜點學》、《巴黎甜點師 Ying 的私房尋味》、《Parisfor the Sweet Tooth》；譯有《英式家庭經典烘焙》、《人氣甜點師的新穎傳統甜點藝術》。目前持續第一手引介與開拓法式甜點的專業知識與趨勢，作品散見各大媒體。同為巴黎社群媒體界知名意見領袖，攝影作品亦散見國際媒體。

Facebook：Ying C. 一匙甜點舀巴黎
Instagram：applespoon

比利時節慶經典烘焙

裸麥與蜂蜜蛋糕，低地國家中心的飲食文化、糕餅發展及74道傳統食譜

Dark Rye and Honey Cake:
Festival baking from the heart of the Low Countries

作　　　者	瑞胡菈·依絲文（Regula Ysewijn）	
插　　　圖	布魯諾·菲爾浩文（Bruno Vergauwen）	
譯　　　者	Ying C. 陳穎	
選　　　書	Ying C. 陳穎	
審　　　訂	Ying C. 陳穎	
裝 幀 設 計	李珮雯（PWL）	
責 任 編 輯	王辰元	

發 行 人	蘇拾平
總 編 輯	蘇拾平
副 總 編 輯	王辰元
資 深 主 編	夏于翔
主　　　編	李明瑾
行 銷 企 畫	廖倚萱
葉 務 發 行	王綬晨、邱紹溢、劉文雅

出　　　版　日出出版
新北市 231 新店區北新路三段 207-3 號 5 樓
電話：（02）8913-1005 傳真：（02）8913-1056

發　　　行　大雁出版基地
新北市 231 新店區北新路三段 207-3 號 5 樓
24 小時傳真服務 （02）8913-1056
Email：andbooks@andbooks.com.tw
劃撥帳號：19983379　戶名：大雁文化事業股份有限公司

初 版 一 刷　2023 年 12 月
定　　　價　1280 元
I　S　B　N　978-626-7382-45-5
I　S　B　N　978-626-7382-40-0（EPUB）

國家圖書館出版品預行編目 (CIP) 資料

比利時節慶經典烘焙：裸麥與蜂蜜蛋糕，低地國家中心的飲食文化、糕餅發展及 74 道傳統食譜／瑞胡菈·依絲文（Regula Ysewijn）著；陳穎譯 .-- 初版 .-- 臺北市：日出出版：大雁文化事業股份有限公司發行，，2023.12
　面；公分
譯自：Dark Rye and Honey Cake: Festival baking from the heart of the Low Countries
ISBN 978-626-7382-45-5（精裝）
1. 點心食譜 2. 飲食風俗 3. 比利時

427.16　　　　　　　　　　112019904

DARK RYE AND HONEY CAKE: FESTIVAL BAKING FROM THE HEART OF THE LOW COUNTRIES by Regula Ysewijn
Copyright:
　Text © Regula Ysewijn 2023
　The moral right of the author has been asserted.
　Design © Regula Ysewijn 2023
　Illustrations © Bruno Vergauwen 2023
　Photography © Regula Ysewijn 2023
This edition arranged with MURDOCH BOOKS, an imprint of Allen & Unwin through BIG APPLE AGENCY, INC., LABUAN, MALAYSIA.
First published in English 2023 by Murdoch Books
Traditional Chinese edition copyright:
2023 Sunrise Press, a division of AND Publishing Ltd.
All rights reserved.